高等院校信息技术规划教材

Linux网络服务器配置、管理与实践教程（第2版）

周奇 编著

清华大学出版社
北京

内容简介

本书以 Red Hat 公司最新版本 Red Hat Enterprise Linux 5 为平台，对 Linux 的网络服务应用进行了详细的讲解。全书以理论够用、实践第一为原则，力求使读者能够快速、轻松地掌握 Linux 技术与应用。本书内容包括 Linux 服务器搭建与测试、DHCP 服务器搭建与应用、DNS 服务器搭建与应用、邮件服务器搭建与应用、FTP 服务器搭建与应用、Web 服务器搭建与应用、Samba 服务器搭建与应用、流媒体服务器搭建与应用、NFS 的配置与应用、防火墙服务器搭建与应用、网络访问、数据库服务器、代理服务器搭建与应用。

本书可作为高等院校计算机类和信息技术类专业的教材，也可以作为 Linux 网络管理工程师的培训教材。

图书在版编目(CIP)数据

Linux 网络服务器配置、管理与实践教程/周奇编著. —2 版. —北京：清华大学出版社，2014(2018.7 重印)

高等院校信息技术规划教材

ISBN 978-7-302-36948-6

Ⅰ. ①L… Ⅱ. ①周… Ⅲ. ①Linux 操作系统－高等学校－教材 Ⅳ. ①TP316.89

中国版本图书馆 CIP 数据核字(2014)第 135781 号

责任编辑：焦 虹
封面设计：常雪影
责任校对：李建庄
责任印制：李红英

出版发行：清华大学出版社
网　　址：http://www.tup.com.cn，http://www.wqbook.com
地　　址：北京清华大学学研大厦 A 座　**邮　　编**：100084
社 总 机：010-62770175　**邮　　购**：010-62786544
投稿与读者服务：010-62776969，c-service@tup.tsinghua.edu.cn
质量反馈：010-62772015，zhiliang@tup.tsinghua.edu.cn
课件下载：http://www.tup.com.cn,010-62795954
印 刷 者：清华大学印刷厂
装 订 者：三河市溧源装订厂
经　　销：全国新华书店
开　　本：185mm×260mm　**印　　张**：23.25　**字　　数**：579 千字
版　　次：2011 年 12 月第 1 版　2014 年 9 月第 2 版　**印　　次**：2018 年 7 月第 7 次印刷
定　　价：44.90 元

产品编号：060245-03

前言 Foreword

由于Linux的基本原理是比较成熟和稳定的，因此，本书第1版介绍基本工作过程和相关配置的部分相对稳定，不应当有很大的改动。从另一方面看，计算机网络技术发展非常快，考虑到我国高等教育的实际情况，编者认为，第2版所增加的内容必须严格控制，教材的篇幅不宜增加过多。

在本书第2版中，每一章都增加了故障排错的内容，重点讲解在服务器配置与管理中可能出现的一些企业级常见的故障现象及解决办法。根据教学及市场需求，增加了第13章，可以解决提高服务器访问速度、用户访问限制和安全性能等问题。

我国高等教育正处在一个转型期，无论是本科还是高职教育都应该在教学过程中注重学生岗位能力的培养，有针对性地进行职业技能以及解决问题的能力和自学能力的培养及训练。

根据IDC的报告统计，全球Linux市场的年均增长率为44.0%。今天，Linux已进入了企业的关键性业务应用领域，包括数据库、电子邮件、防火墙、应用软件开发、Web服务等。世界500强企业、中小企业以及政府机构都将Linux作为长期需求的可行性选择。在我国，Linux在经历了概念炒作的火爆与应用极其匮乏的落差之后，近几年已经步入了相对成熟的发展与应用阶段。由于市场需求十分强烈，很多高校都开设了Linux的课程。

相对于其他操作系统，Linux在企业应用方面的优势虽然非常明显，但中小型企业却很少投资使用Linux服务器。购买Linux服务器，其操作系统成本虽然较低，但后期的维护成本却会不断增加，例如相关技术人员的培训费用等。Linux技术人员的匮乏，制约了Linux的推广。更好地普及Linux网络应用技术，满足市场需求，是本书的创作初衷。

本书是经过多年课程教学、产学研的实践，以及教学改革的探索，根据高等教育的教学特点编写而成的。它的特点是以理论够用、实用，强化应用为原则，使Linux应用技术的教与学得以快速和轻松地进行。

本书每章开始都有教学提示和教学目标，每章末都有本章实训和课后作业，供学生及时消化对应章节的内容。每章中均以具体实例进行分析、讲解，可使读者在实际案例中学习知识。在实训部分，给出了实训目的、实训内容和步骤以及部分代码，可使读者在启发式的向导中完成实训。

全书共分13章，内容包括Linux服务器搭建与测试、DHCP服务器搭建与应用、DNS服务器搭建与应用、邮件服务器搭建与应用、FTP服务器搭建与应用、Web服务器搭建与应用、Samba服务器搭建与应用、流媒体服务器搭建与应用、NFS的配置与应用、防火墙服务器搭建与应用、网络访问、数据库服务器、代理服务器搭建与应用。

建议本课程教学时数为64～80学时，授课时数和实训时数最好各为32～40学时。

本书涉及的所有程序、案例等相关资料均可在清华大学出版社网站下载。编者的电子邮件地址是zhoudake77@163.com，欢迎大家相互交流。

由于编者水平有限，书中不妥之处在所难免，衷心希望广大读者批评指正。

编　者

目录 Contents

第1章 chapter 1

Linux 服务器搭建与测试

教学目标与要求

Red Hat Enterprise Linux 5 是企业 Linux 解决方案中最高端的产品，它专为企业的相关应用和数据中心而设计。本章以 Red Hat Enterprise Linux 5 为例介绍安装 Red Hat Linux 服务器前的准备工作、安装的详细步骤和配置方法，最后介绍了在 Linux 中的常用网络配置和网络环境测试。通过本章的学习，读者应该做到：

- 了解 Linux 及其特点。
- 理解 Linux 服务器的概念及功能。
- 掌握 Red Hat Enterprise Linux 5 服务器的安装方法。
- 掌握在虚拟机上安装 Red Hat Enterprise Linux 5 的方法。
- 熟练掌握网络配置和网络环境测试的方法。

教学重点与难点

Linux 的发展及其特点，服务器的基本概念及常用服务器的功能，操作系统安装过程中的分区和安装方法。

1.1 Linux 简介

Linux 产生于 1991 年，它是由芬兰赫尔辛基大学学生——Linus Torvalds 开发的。当时他不满意为教学而设计的 MINIX 操作系统，因此设计了一个非常类似于 UNIX 的操作系统来代替 MINIX 操作系统，这就是最初的 Linux。最初 Linux 只有核心程序(内核)，功能等各方面都不尽如人意。为了更好地完善它，Linus Torvalds 一开始就将源代码发布到芬兰的 FTP 站点上供人免费下载，意在让所有志同道合的人共同完善它。这样很快就吸引了许多 Linux 爱好者参与 Linux 内核的开发，有人还自愿开发 Linux 操作系统的应用程序。程序员们将自己所开发的程序放在网上让大家一起来修改，增加新的功能，不断各尽其能改进它，从而使得 Linux 得以飞速发展。

Linux 是一种开放源代码的计算机操作系统，它支持多进程、多线程、多用户，性能稳定，实时性好，功能强大（特别是网络功能）。同时，Linux 的兼容性和可移植性也很好，它可以在基于 Intel 386、486、Pentium、Pentium Pro、Pentium MMX、Pentium Ⅱ型处理器以及 Cyrix、AMD 的兼容芯片（如 6x86，K6 等芯片）的机器上运行，目前它也广泛应用于嵌入式设备。

由于 Linux 是一套免费和自由的操作系统，所以 Linux 有许多发行版。国外发行的有 Red Hat（称为“红帽 Linux”）、OpenLinux、Suse Linux、Turbo Linux 等，国内主要有 Red Flag Linux（红旗 Linux）。其中最具影响力的 Linux 发行版本还是 Red Hat，目前 Red Hat 销售量最高、安装最简便，是非常适合初学者的 Linux 发行版。其优势主要表现在：首先，Red Hat 已成为行业标准，有很多基于它开发的软件；其次，Red Hat 也是自由软件，获得它的途径很多，可以免费使用；最后，Red Hat 产品稳定性比较好，功能强大，操作非常方便。

Red Hat 自 1994 年发行首个版本以来，发展迅速，不断更新，硬件支持越来越多，可靠性越来越高，用户数量不断增加，其发行版本也越来越高。在 4.0 版以后，Red Hat Linux 已经可以在世界三个领先的计算机硬件平台上运行：Intel 兼容 PCS、Digital Alpha 计算机和 Sun SPARC。它采用统一的源程序树和 RPM（Red Hat Package Management）技术，从而使用户配置不同平台的 Red Hat Linux 以及在这些平台管理各种应用软件都非常容易。在 Red Hat Linux 9 之后，Red Hat Linux 的发展分为两个方向：个人版（Fedora Core）和企业版（Red Hat Enterprise Linux）。个人版是免费的，仅局限于个人用户，但是它的更新非常快；而企业版拥有个人版的所有功能，它是 Red Hat Linux 9 的延续，主要为企业服务器而设计。用户可以用 Red Hat Enterprise Linux 来构造一个可靠、安全及高效率的平台。在 Red Hat Enterprise Linux 中也分为三个版本，分别为 Red Hat Enterprise Linux AS、Red Hat Enterprise Linux ES 和 Red Hat Enterprise Linux WS。无论选购哪一个版本，都会提供统一的程序、管理及用户环境。

下面对这三个版本进行简单的介绍。

Red Hat Enterprise Linux AS 是 Red Hat Enterprise Linux 家族中最强的一个版本。它支持大型服务器，比较适合大型企业部门及数据中心。该版本主要是为企业关键业务提供服务的 Linux 解决方案，它内置 HA/Cluster 功能，适合运行中间件、数据库、ERP 和 CRM 等关键业务，同时支持各种平台的服务器，适合作为网络服务器，如 DNS 服务器、FTP 服务器、DHCP 服务器、邮件服务器和 Web 服务器等。

Red Hat Enterprise Linux ES 比较适合于中型企业应用。它能与其他两版本兼容，常应用于网络边缘到中型部门的应用环境。其主要应用也是网络服务器，如 DNS 服务器、FTP 服务器、VPN 服务器、邮件服务器和 Web 服务器等。

Red Hat Enterprise Linux WS 版本是另外两个版本的桌面/客户端伙伴，提供了一个理想的开发平台。它是专为桌面应用环境而特别设计的，支持的开发工具非常多，如办公软件、电子设计 EDA 软件、石油/天然气勘探分析软件和 ISV 客户程序；但是它不提供网络服务器应用，比较适合应用于客户端。

Red Hat 公司最新推出的 Red Hat Enterprise Linux 5 和以上版本，具备很多全新的特性,引起了业界的广泛关注。

1.2 Linux的特点

Linux操作系统之所以发展如此迅猛,这与它所具有的良好特点是分不开的。由于Linux是通过Internet协同开发的,使其稳定性、健壮性兼备的网络功能非常强大。它也包含了UNIX的全部功能和特性。下面从几个方面对Linux的特点进行阐述。

1. 免费自由

Linux遵循世界标准规范——公共许可证GPL,也遵循开放系统互联(OSI)国际标准,所以它的兼容性非常好,可方便地实现互联。由于Linux是免费的操作系统,因此任何人都可对它进行复制、修改和使用。

2. 高效、安全、稳定

Linux是对UNIX操作系统的继承,所以其稳定性好,执行效率也高。除此之外,Linux还采取了许多安全技术措施,包括读、写权限控制,审计跟踪,带保护的子系统,核心授权等,这为网络多用户环境中的用户提供了安全保障。由于服务器是长年运行的,并对安全性要求非常高,所以这个特点非常重要。

3. 可移植性

可移植性是指在Linux操作系统中编译的源程序不需要再修改,或只需少量修改,移到另一个平台时它仍然具有能按其自身的方式运行的能力。由于Linux操作系统完全遵循POSIX标准,所以Linux可移植性非常好,能够在从微型计算机到大型计算机的任何环境和任何平台上运行。

4. 支持多用户和多任务

多用户是指系统资源可以同时被多个用户各自拥有,即每个用户对自己的资源有特定的权限,互不影响。Linux具有多用户的特性。多任务是指计算机同时执行多个应用程序,且每个程序相互独立运行。Linux系统调度每一个进程,公平地使用处理器。实际上,从处理器执行一个应用程序中的一组指令到Linux调度处理器再次运行这个程序之间的时间很短,用户是感觉不到的。

5. 集成图形界面

Linux的传统用户界面基于文本的命令行界面,也就是Shell。它不仅可以联机使用,还可在文件上脱机使用。Shell具有很强的程序设计功能,用户可以使用它进行编程,这些程序为用户扩充系统功能提供了更高级的手段。Shell程序可以单独运行,也可以与其他程序同时运行。现在Linux也提供了与Windows图形界面类似的X-Window系统,用户可以很方便地利用鼠标、菜单、滚动窗口条等设施,从而呈现给用户一个直观、易操作、交互性强的友好的图形化界面。

6. 设备独立性

设备独立性是指应用程序独立于具体的物理设备。Linux操作系统把所有外部设备统一作为文件来处理,只要安装设备的驱动程序,任何用户都可以像使用文件一样来使用这些设备，而其具体存在形式对用户而言是透明的。

Linux是具有设备独立性的操作系统，其内核具有高度适应能力，随着更多的程序员加入Linux编程，会有更多硬件设备加入到Linux内核和发行版本中。此外，Linux的内核源代码是免费的，因此，用户可以修改内核源代码，以便适应新增加的外部设备。

7. 强大的网络功能

在Linux网络架构下可以自由选择在网络领域中的网络协议与功能等，Linux在通信和网络功能方面更胜于其他操作系统。其他操作系统没有包含如此紧密地和内核结合在一起的连接网络的能力，其网络特性也不灵活。而Linux为用户提供了强大的、完善的网络功能。完善的内置网络是Linux的一大特点。

Linux提供了很多支持Internet、完全免费的软件，用户能用Linux与世界上的其他人通过Internet进行通信。Linux具有文件传输的网络功能，通过Linux命令就能实现网络上的文件传输。Linux还支持远程访问，除允许进行文件和程序的传输之外，还为用户提供了访问其他系统的接口。使用远程访问的功能，用户可以很方便地使用多个系统服务。

1.3 安装前的准备工作

在安装Red Hat Enterprise Linux 5系统之前，了解计算机的硬件信息非常重要。如果计算机硬件配置与Red Hat Enterprise Linux 5的系统要求不兼容，将会使用户无法成功安装Red Hat Enterprise Linux 5系统。除了要了解硬件信息之外，还需要掌握Linux安装的基础知识，比如安装的方式、硬盘分区和文件系统，才能设计出Linux最优的分区方案。下面将详细介绍Red Hat系统安装前的相关知识。

1.3.1 硬件要求

Red Hat Enterprise Linux 5系统与近几年厂商提供的多数硬件兼容。由于硬件的技术规范变化很快，因此也可能与用户的计算机硬件不兼容。Red Hat Enterprise Linux最新的硬件支持列表可以在以下网址中查到：http://hardware.redhat.com/hcl/。

Red Hat Enterprise Linux 5对硬件的要求如下。

- CPU：Pentium以上的处理器。
- 内存：至少128MB，推荐使用256MB以上的内存。
- 硬盘：至少需要1GB以上的硬盘空间，完全安装大约需5GB的硬盘空间。
- 显卡：VGA兼容显卡。
- 光驱：CD-ROM/DVD-ROM。
- 其他设备：如声卡、网卡和Modem等。

1.3.2 系统硬件设备型号

系统硬件设备型号可以通过查询计算机配置单来获取。如果计算机已经运行了

Windows 系统，可以通过 Windows 中的“设备管理器”来查看计算机的硬件配置信息，方法如下。

(1) 在 Windows 中，右击“我的电脑”图标，会弹出一个快捷菜单。

(2) 在菜单中选择“属性”，弹出“系统属性”对话框。

(3) 在 Windows 98 中，直接单击“设备管理器”标签，将会看到电脑硬件配置的图形化表示(确定被选的是“按类型查看设备”单选按钮)。在 Windows XP、Windows 2000 和 Windows 2003 中，单击“硬件”标签，单击“设备管理器”按钮，会显示 “设备管理器”对话框，如图 1.1 所示。

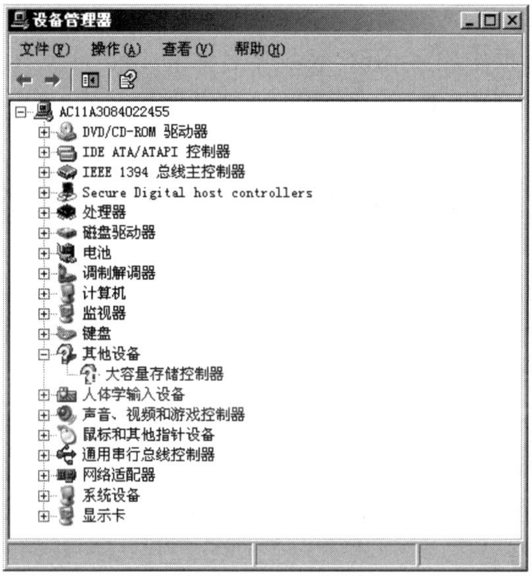

图 1.1 “设备管理器”对话框

1.3.3 各种安装方式

Red Hat Enterprise Linux 5 系统的安装有以下几种方式。

1. 从光盘中安装

在引导装载程序屏幕中选择“光盘”选项，然后单击“确定”按钮。当出现提示时，在光盘驱动器中插入 Red Hat Enterprise Linux 5 光盘(如果没有从光盘中引导的话)。一旦光盘已在驱动器中，单击“确定”按钮，然后按 Enter 键开始安装。

安装程序将会探测计算机系统，并试图识别光盘驱动器。如果找到了，它会继续安装进程的下一阶段。

2. 从硬盘安装

硬盘安装只适用于 Ext2、Ext3 或 FAT 文件系统。硬盘安装需要使用 ISO(或光盘)映像。将 Red Hat Enterprise Linux 5 可用的 ISO 映像存放到某目录中后，选择从硬盘安装。

在“安装方法”中选择“硬盘驱动器”方式的时候,安装时会弹出“选择分区”对话框,该对话框允许指定安装 Red Hat Enterprise Linux 5 的磁盘分区和目录。

输入包含 Red Hat Enterprise Linux ISO 映像的分区设备名和“包含映像的目录”的路径。如果 ISO 映像不在该分区的根(顶级)目录中,需要输入 ISO 映像的完整路径。

当设置完磁盘分区信息后,单击“确定”按钮,按 Enter 键开始安装。

3. 通过 NFS 安装

如果使用网络或 PCMCIA 驱动程序盘提供了驱动程序,并且在“安装方式”中选择了“NFS 映像”方式,就是从 NFS 服务器中安装,将会弹出 NFS 对话框。该对话框提示输入 NFS 服务器信息。

在“NFS 设置”对话框中输入 NFS 服务器名称和 Red Hat 目录路径。设置完 NFS 设置信息后,单击“确定”按钮,按 Enter 键开始安装。

4. FTP

如果在“安装方式”中选择“FTP”方式,就是指从 FTP 服务器中进行安装,会弹出 FTP 对话框。该对话框提示输入要从中安装 Red Hat Enterprise Linux 5 的 FTP 服务器的消息。

在“FTP 设置”对话框中输入安装的 FTP 站点的名称或 IP 地址,以及包含 Red Hat Enterprise Linux 安装文件的目录。例如:如果 HTTP 站点包含目录/mirrors/redhat/i386/Red Hat,请输入/mirrors/redhat/i386。如果一切都被正确指定,安装程序会弹出“base/hdlist 已被检索到”的消息框。

设置完 FTP 设置信息后,单击“确定”按钮,按 Enter 键开始安装。

5. 通过 HTTP 安装

如果在“安装方式”中选择“HTTP”方式,就是指从 HTTP 服务器中进行安装,会弹出 HTTP 对话框。该对话框提示输入要从中安装 Red Hat Enterprise Linux 5 的 HTTP 服务器的消息。

在 HTTP 设置对话框中输入要从中安装的网站的域名或 IP 地址,以及包含用于 Red Hat Enterprise Linux 5 安装文件的目录。例如:如果 HTTP 站点包含目录/mirrors/redhat/i386/RedHat,请输入/mirrors/redhat/i386。如果一切都被正确地指定,安装程序会弹出“base/hdlist 已被检索到”的消息框。

设置完 HTTP 设置信息后,单击“确定”按钮,按 Enter 键开始安装。

1.3.4 硬盘分区和文件系统

在 Linux 系统中,每一个硬件设备都映射到一个系统的文件,如硬盘、光驱等 IDE 设备或 SCSI 设备都是如此。Linux 对各种 IDE 设备分配一个由 hd 前缀组成的文件,对各种 SCSI 设备分配一个 sd 前缀组成的文件。例如:对第一个 IDE 设备,Linux 就定义为 hda,对第二个 IDE 设备就定义为 hdb,下面以此类推;而对 SCSI 设备,则是 sda、sdb、sdc 等。常用的命名如表 1.1 和表 1.2 所示。

表 1.1 IDE、SCSI 设备的命名

硬 盘	名 称	硬 盘	名 称
IDE1 口的主盘	/dev/hda	ID 号为 0 的 SCSI 硬盘	/dev/sda
IDE1 口的从盘	/dev/hdb	ID 号为 1 的 SCSI 硬盘	/dev/sdb
IDE2 口的主盘	/dev/hdc	ID 号为 2 的 SCSI 硬盘	/dev/sdc
IDE2 口的从盘	/dev/hdd		

表 1.2 Linux 分区的命名

硬 盘	名 称
/dev/hda	IDE1 口的主盘
/dev/hda1	IDE1 口的主盘第 1 个分区(主分区或扩展分区)
/dev/hda2	IDE1 口的主盘第 2 个分区(主分区或扩展分区)
/dev/hda3	IDE1 口的主盘第 3 个分区(主分区或扩展分区)
/dev/hda4	IDE1 口的主盘第 4 个分区(主分区或扩展分区)
/dev/hda5	IDE1 口的主盘第 1 个逻辑分区
/dev/hdb	IDE1 口的从盘
/dev/hdb1	IDE1 口的从盘第 1 个分区(主分区或扩展分区)
/dev/hdb5	IDE1 口的从盘第 4 个分区(主分区或扩展分区)
/dev/sda	ID 号为 0 的 SCSI 硬盘
/dev/sda1	ID 号为 0 的 SCSI 硬盘第 1 个分区
/dev/sda5	ID 号为 0 的 SCSI 硬盘第 1 个逻辑分区

硬盘分区有三种,主分区、扩展分区、逻辑分区。对每一个硬盘设备,Linux 分配一个 1~16 的序列号码来分别代表硬盘上面的分区号码。例如:对第一个 IDE 硬盘的第一个分区,在 Linux 下面映射的就是 hda1;第二个分区就是 hda2。对于 SCSI 硬盘则是 sda1、sda2 等。

在 Linux 中规定,每一个硬盘设备最多能由 4 个主分区构成,其中包含扩展分区。任何一个扩展分区都要占用一个主分区号码。主分区的作用是计算机用来进行启动操作系统的分区,每一个操作系统的引导程序都必须存放在主分区上。这是主分区和扩展分区的区别。扩展分区是不能直接用的,要以逻辑分区的方式来使用,所以说扩展分区可分成若干个逻辑分区。

1.3.5 Linux 分区方案

安装 Red Hat Linux 需要在硬盘中建立 Linux 分区。可以把系统文件装在几个分区中(必须说明载入点),也可以只装在一个分区中(载入点是"/")。通常情况下至少应该创建以下几个分区。

(1) Swap 分区:交换分区 Swap 的功能和 Windows 下的交换文件相同,都是作为虚拟内存使用,其大小一般设置为内存的两倍(内存少于 256MB 时)或和内存一样(内存为 256MB 及以上时)。

(2) /boot 分区:/boot 分区用于引导系统,它包含了操作系统的内核和在启动系统过

程中所要用到的文件。建立这个分区是必要的。如果有一个单独的/boot启动分区，即使主要的根分区出现了问题，计算机依然能够启动。这个分区的大小约在50MB～100MB之间。

(3) /home分区：Linux的大部分系统文件和用户文件都保存在/home分区上，所以该分区一定要足够大。因为Red Hat Linux完全安装一般应在5GB左右，所以该分区一般应大于5GB。

1.4 安装Red Hat Enterprise Linux 5系统

从光盘安装Linux系统是最简单、最方便的安装方法，它非常类似于Windows的安装，建议初学者用该方法安装Linux系统。下面将详细讲述从光盘安装Linux系统及第一次使用Linux系统的一般设置。

1.4.1 安装步骤

(1) 启动计算机，首先进入计算机的CMOS的BIOS设置程序，设CD-ROM为第一个驱动器。然后将Red Hat Enterprise Linux 5的第一张安装光盘放入光驱，重新启动计算机，成功引导后出现如图1.2所示的界面。

图1.2 安装选项

在下面的安装界面中，有3个选项：

① 以图形化界面模式安装或升级安装Red Hat Enterprise Linux 5，则直接按Enter键即可。

② 以文本模式安装或升级安装Red Hat Enterprise Linux 5，则输入“Linux text”，再按Enter键。

③ 使用界面所列的功能键可以获取相关信息。

(2) 这里将以图形化界面模式安装Red Hat Enterprise Linux 5。在“boot:”提示状态下直接按 Enter 键,安装程序会提示用户是否要检测安装光盘。如果需要检测光盘,可以选择 OK 按钮,否则单击 Skip 按钮跳过检测安装光盘,如图 1.3 所示。

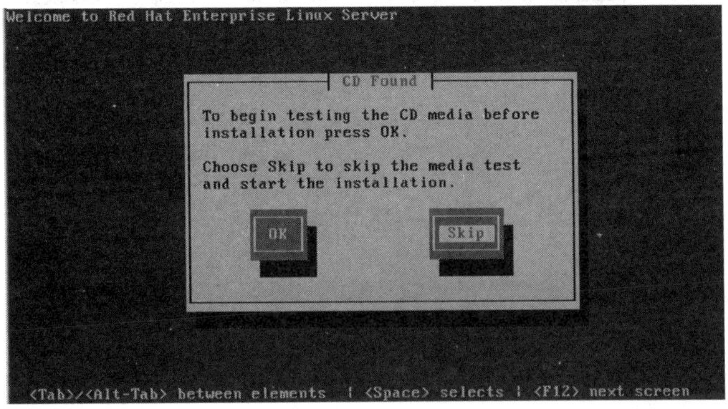

图 1.3 检测光盘

(3) 单击 Skip 按钮,在系统开始安装后,将会对计算机的硬件进行检测,然后再出现欢迎安装界面。屏幕不提示任何输入,如图 1.4 所示。

图 1.4 欢迎安装界面

(4) 单击 Next 按钮来继续下面的安装,这一步是语言的选择。在【选择语言】列表中选择在安装过程中使用的语言,如图 1.5 所示。选择适当的语言会在稍后的安装中帮助定位时区。这里选择【简体中文】,然后单击 Next 按钮继续进行。

(5) 在这里选择要在此次安装中和以后使用的系统默认键盘布局类型(例如,美国英语式),如图 1.6 所示。选定一种类型后,单击【下一步】按钮继续进行安装。

(6) 系统显示"安装号码"对话框,如图 1.7 所示,输入产品的 ID 即可。

(7) 此时进入磁盘分区界面,如图 1.8 所示,接下来要完成磁盘的分区,这也是安装过程中必须谨慎操作的步骤。分区允许将硬盘驱动器分隔成独立的区域,每个区域都如同是一个独立的硬盘驱动器。如果运行不止一个操作系统,分区就非常有用。在

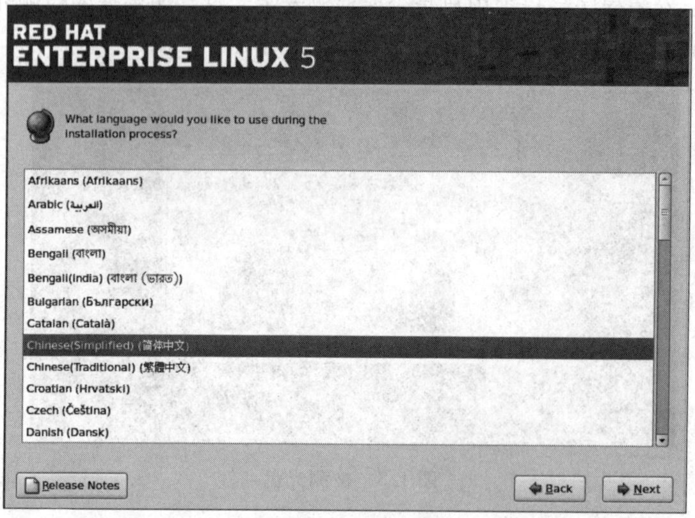

图 1.5　选择语言

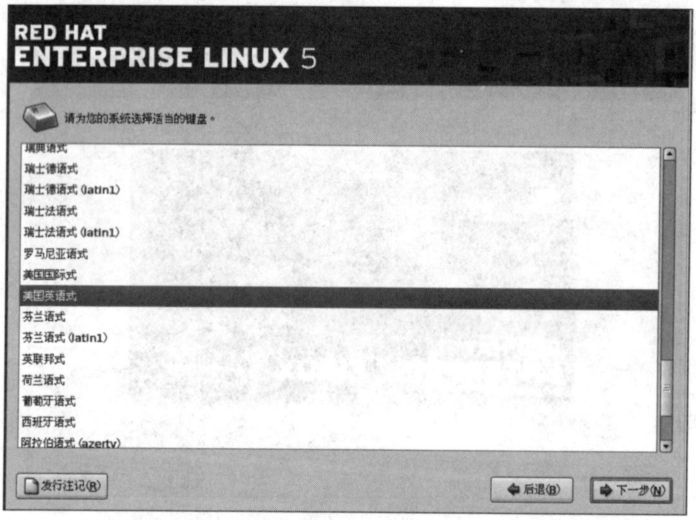

图 1.6　键盘布局类型

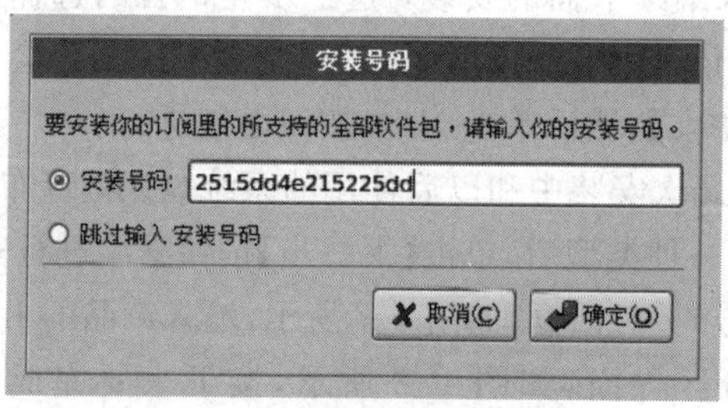

图 1.7　“安装号码”对话框

这个屏幕上，可以选择“在选定磁盘上删除所有分区并创建默认分区结构”，或者选择其他选项。

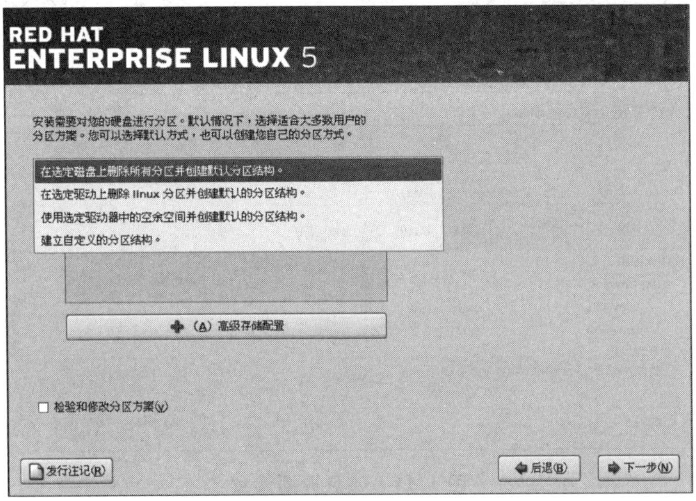

图 1.8　选择分区

(8) 系统显示“警告”对话框，如图 1.9 所示，提示用户硬盘 sda 上的分区表无法读取，安装程序需要对其硬盘进行初始化操作，从而会丢失硬盘上所有的数据。单击【是】按钮。

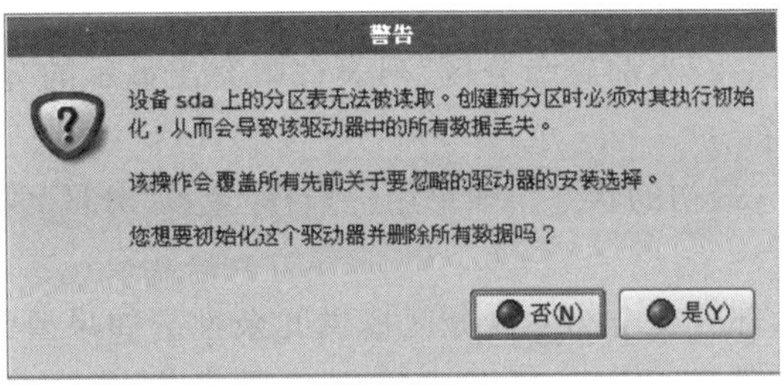

图 1.9　“警告”对话框(1)

(9) 系统显示“警告”对话框，如图 1.10 所示，单击【是】按钮，显示如图 1.11 所示的对话框。在该对话框中用户可以控制自动分区中有哪些数据要从系统中删除。可供选择的选项如下。

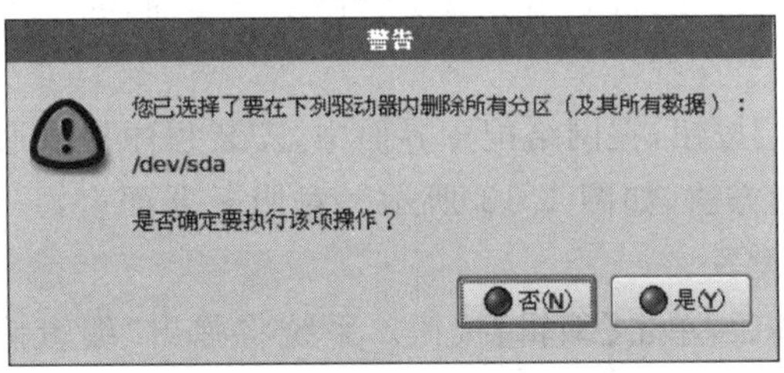

图 1.10　“警告”对话框(2)

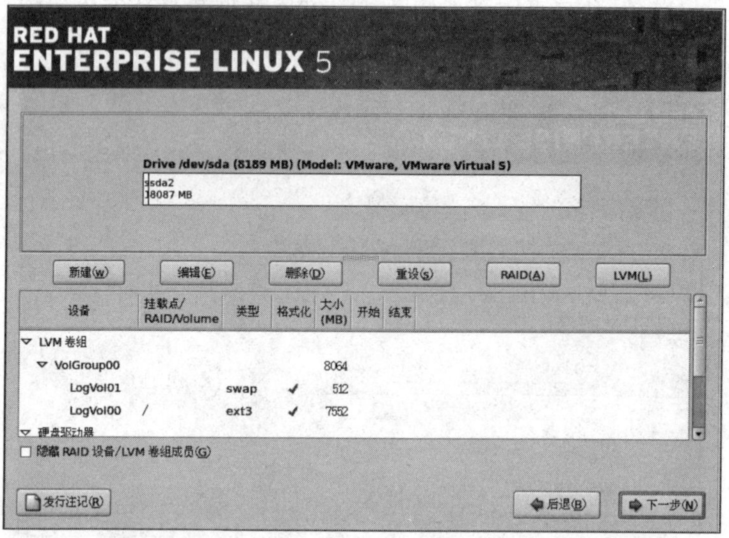

图 1.11 磁盘界面设置

① 新建：用来创建一个新分区。如果选择它，就会出现一个对话框，其中包括的字段(如挂载点和大小)都必须被填充。

② 编辑：用来修改当前在"分区"部分中选定的分区属性。单击【编辑】按钮打开一个对话框。部分或全部字段可被编辑，这要根据分区信息是否已被写入磁盘来确定。

③ 删除：用来删除在"当前磁盘分区"列表框中突出显示的分区。此时会要求用户确认对任何分区的删除。

④ 重设：恢复到它最初的状态。如果用户选择"重设"分区，那么已做的所有改变将会全部丢失。

⑤ RAID：用来给部分或全部磁盘分区提供冗余性。如果要制作一个 RAID 设备，用户必须首先创建软件 RAID 分区。一旦创建了多个软件 RAID 分区，就可选择"RAID"将其连接成为一个 RAID 设备。

⑥ LVM：创建一个 LVM 逻辑卷。LVM(逻辑卷管理器)主要用来表现基本物理存储空间(如硬盘)的简单逻辑视图。LVM 管理单个物理磁盘，即磁盘上的单个分区。

(10) 单击【下一步】按钮，进入引导装载程序配置界面，如图 1.12 所示。这里使用默认的配置。

(11) 单击【下一步】按钮，在网络配置界面中，安装程序提供通过 DHCP 自动配置和手工设置两种网络配置方法，如图 1.13 所示。对服务器而言，一般都采用固定的 IP 地址，所以应该使用手工设置。

选定某个网络设备后，单击【编辑】按钮。系统将弹出"编辑接口 eth0"对话框，用户可以选择通过 DHCP 来配置网络设备的 IP 地址与子网掩码，还可以选择在引导时激活该设备。如果选择了"引导时激活"，用户的网络接口就会在引导时被启动。否则就必须

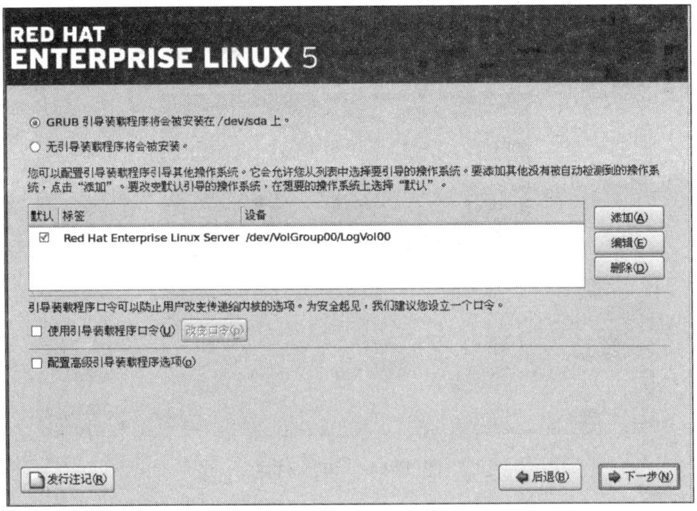

图 1.12　引导装载程序配置

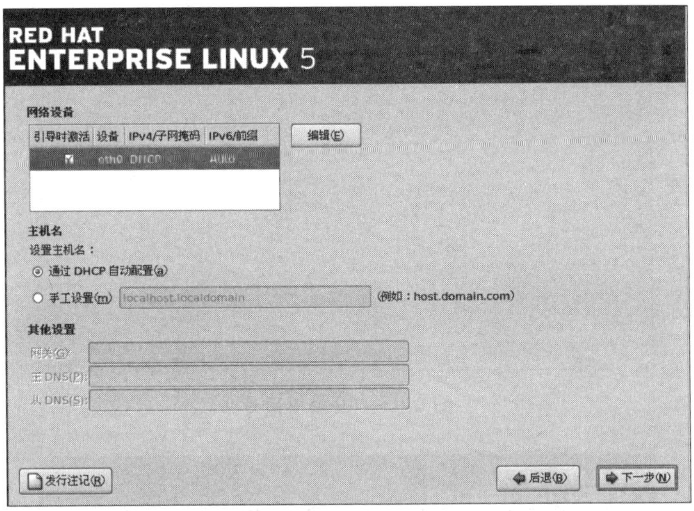

图 1.13　网络配置

进入系统后手工启动。

(12) 单击【下一步】按钮，在时区配置界面中，用户可以选择最接近其计算机物理位置的城市来设置时区，如图 1.14 所示。

(13) 单击【下一步】按钮，设置根口令界面如图 1.15 所示。设置根账号及其口令在安装过程中是非常重要的。根账号被用来安装软件包，升级 RPM，以及执行系统维护的工作。作为根用户登录可使用户对系统有完全的控制权。如果没有输入根口令，安装程序是不会继续进行的。

(14) 单击【下一步】按钮，定制网络软件安装，根据实际情况进行选择，如图 1.16 所示。

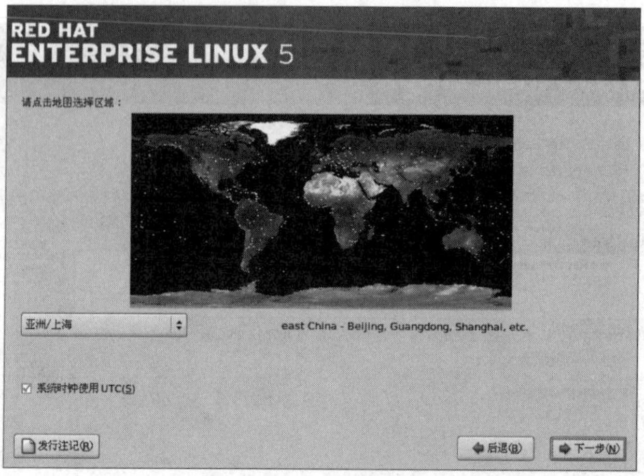

图 1.14　选择时区

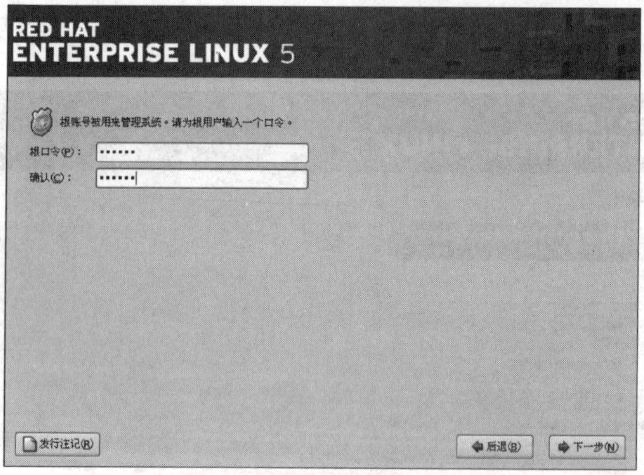

图 1.15　设置根口令

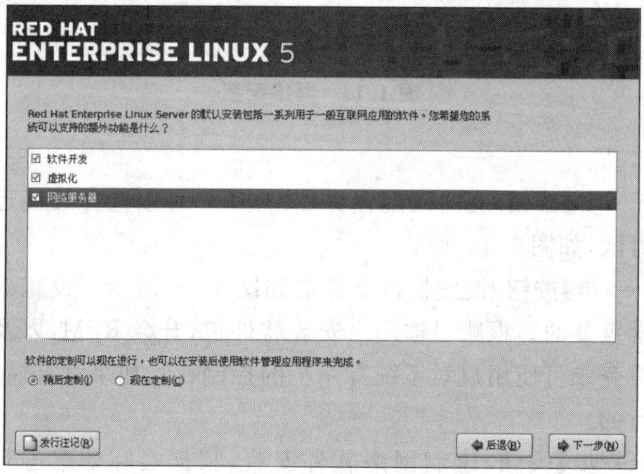

图 1.16　定制网络软件选项

注意：定制软件安装下面有两个选项，一个是【稍后定制】，另一个是【现在定制】。为了使本书后面所有章节的操作简单，作者建议，可选择【现在定制】。然后，选择需要的网络服务软件。

(15) 单击【下一步】按钮，进入安装界面，如图1.17所示。安装程序会让用户进行安装的最后确认。如果需要修改安装信息，请单击【后退】按钮，修改安装信息。

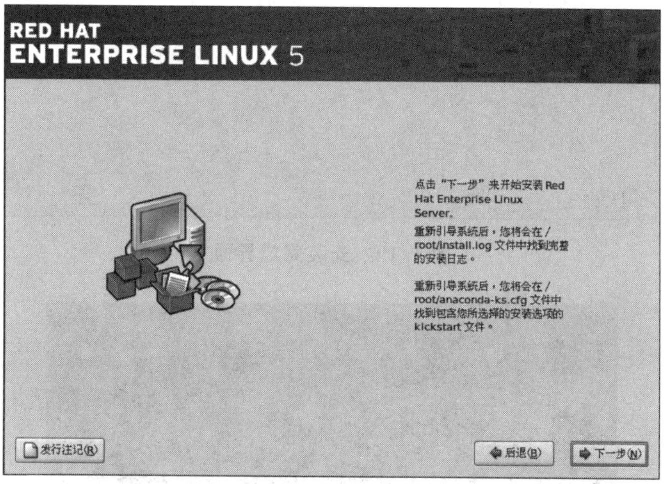

图1.17 安装界面

(16) 单击【下一步】按钮，出现如图1.18所示的安装进度。安装时间取决于所选择的服务选项和计算机配置。

图1.18 安装进度

(17) 单击【下一步】按钮，至此安装 Red Hat Enterprise Linux 5 的过程全部结束，如图1.19所示。取出安装盘，然后单击【下一步】按钮，计算机重新启动。

(18) 计算机重启后，会出现 GRUB 的引导界面。按 Enter 键或由系统自动进入默认的操作系统，如图1.20所示；并进行自测和启动，如图1.21所示。

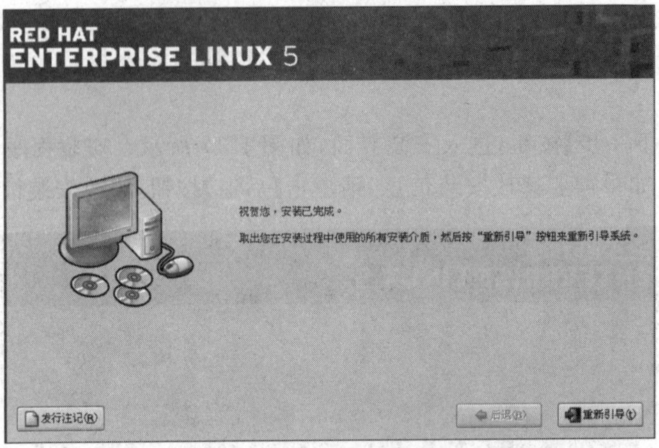

图 1.19　安装完成界面

图 1.20　启动界面

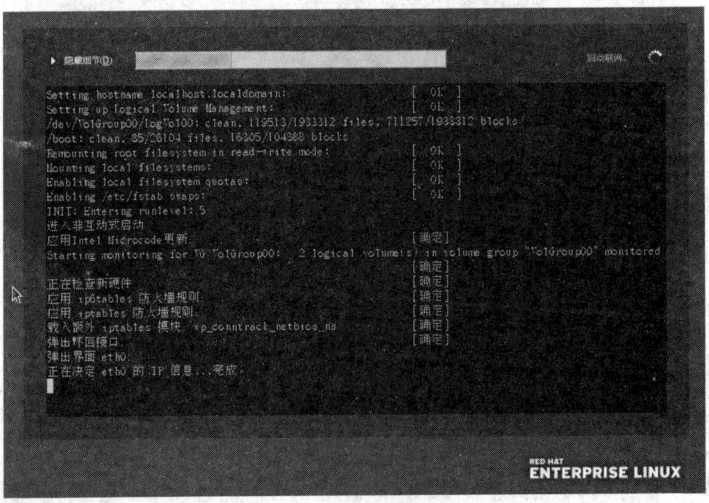

图 1.21　系统启动和自测

1.4.2 Linux配置

在首次启动Linux系统时还需对它进行一些设置，如必须登录账号，激活及创建普通用户等。通过第一次设置，以后它的启动就非常简单了。首次启动的具体步骤如下。

(1) 首先出现系统设置代理程序欢迎界面，如图1.22所示。

图1.22 设置代理程序欢迎界面

(2) 单击【前进】按钮，选择同意协议，如图1.23所示。

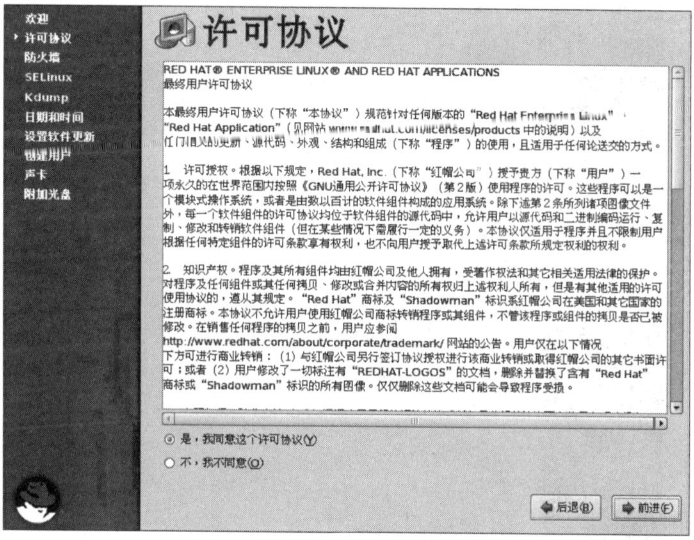

图1.23 许可协议界面

(3) 单击【前进】按钮，根据需要选择防火墙设置，如图1.24所示。

(4) 单击【前进】按钮，出现如图1.25所示的SELinux设置界面，选择默认即可。

(5) 单击【前进】按钮，出现如图1.26所示的Kdump设置界面，选择默认即可。

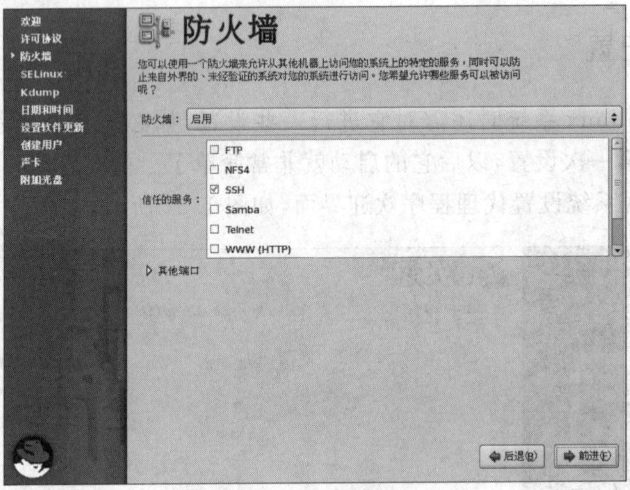

图 1.24　防火墙设置

图 1.25　SELinux 设置界面

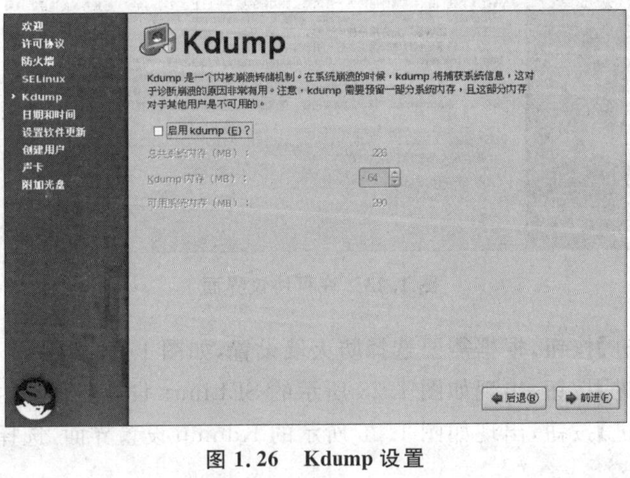

图 1.26　Kdump 设置

(6) 单击【前进】按钮，进入“日期和时间”设置界面后，设置代理允许用户指定计算机的日期和时间，或者设置用户计算机与网络时间服务器(Network Time Server)同步的日期和时间。根据实际情况设置，如图 1.27 所示。

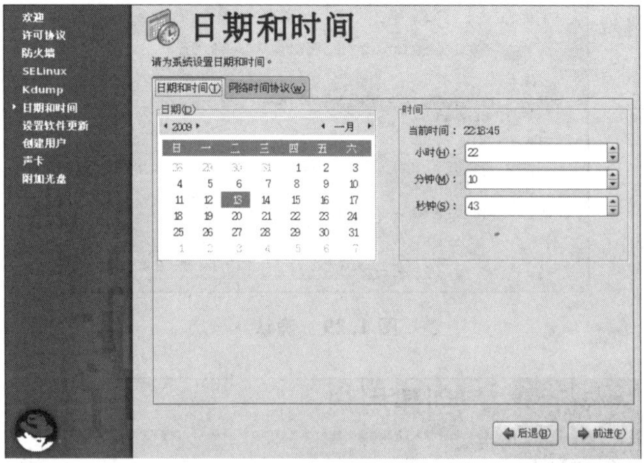

图 1.27　日期和时间设置

(7) 单击【前进】按钮，进入“设置软件更新”设置界面。选择“不，我以后注册”，否则有可能安装不成功，如图 1.28 所示。

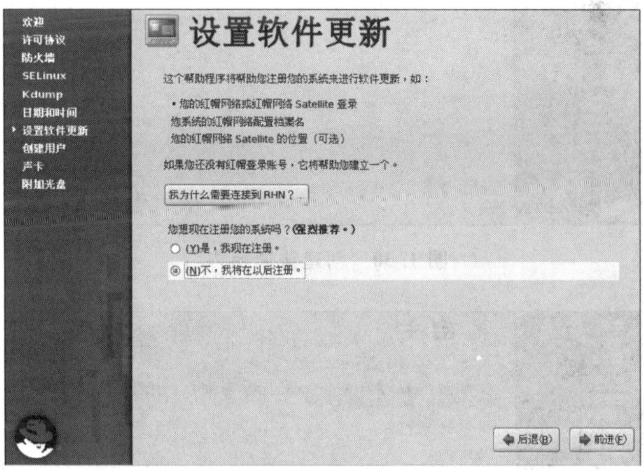

图 1.28　设置软件更新

(8) 单击【前进】按钮，进入“确认”界面，单击“不，我将在以后注册。”，如图 1.29 所示。

(9) 虽然在 Red Hat Enterprise Linux 5 的安装过程中已经创建了一个根用户(root)，但 root 用户的权力太大了，在系统操作过程中不受任何控制，万一有误操作则非常危险。由于一般 Linux 系统的使用者均为普通用户，因此需再创建一个普通用户。输入普通用户的用户名、全名、口令及确认口令，如图 1.30 所示。

(10) 单击【前进】按钮，如果用户的计算机上安装了声卡，设置代理程序会自动检测声卡的类型并安装在“声卡”设置界面中，而且可以测试声卡的声音，如图 1.31 所示。

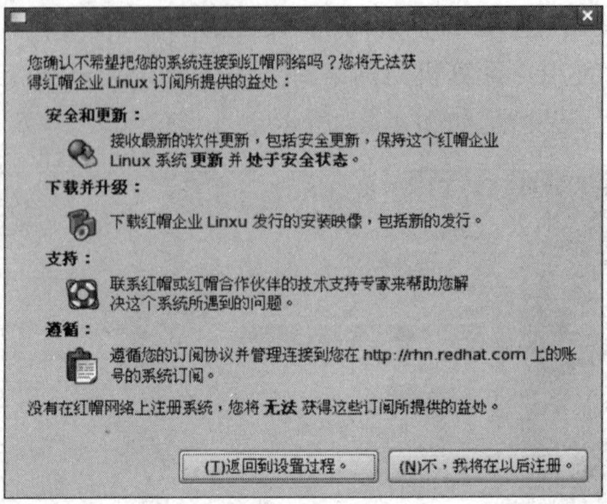

图 1.29　确认

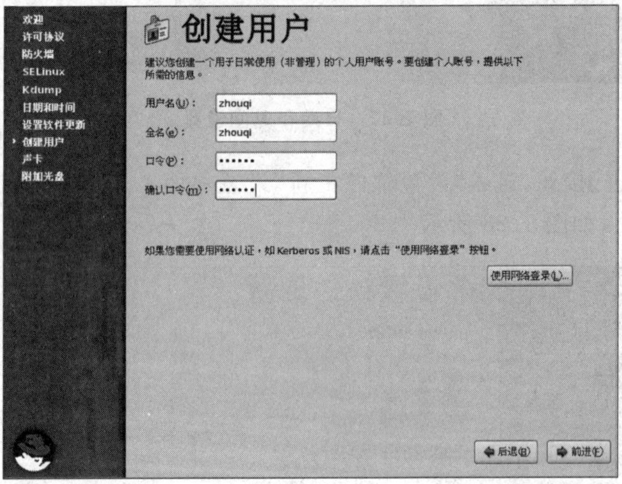

图 1.30　创建普通用户

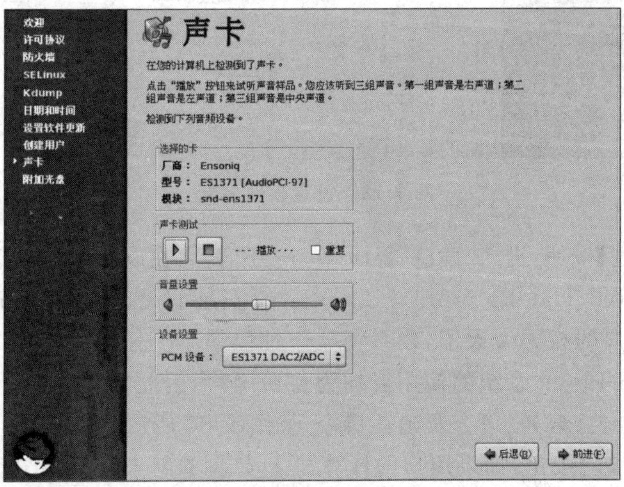

图 1.31　声卡确认测试

(11) 单击【前进】按钮,进行"附加光盘",然后完成配置。

1.5 在虚拟机中安装 Red Hat Enterprise Linux 5系统

为了避免在安装、测试过程中出现失误而导致硬盘数据的丢失等,管理员通常采用虚拟机来完成测试工作。它还有一个作用,就是当配置 Linux 服务器时,经常需要用到多台主机进行网络测试,如果此时只有单机,则没有网络环境也没关系,用户可以通过使用虚拟机在单机上构造出一个真实的网络环境。

1.5.1 VMware 虚拟机简介

目前较为流行的虚拟机软件主要有 VMware 和 Virtual PC 两种。VMware 是一款老牌的虚拟机软件,它可以在一种操作系统平台上虚拟出其他操作系统,可以自由地对自己需要学习和实验的操作环境进行配置和修改,不用担心会导致系统崩溃,还可以让用户在单机上构造出一个虚拟网络来加强对网络知识的学习。

下面就以 VMware Workstation 为例介绍 VMware 的安装,包括建立一个新的虚拟机,配置安装好的虚拟机,配置虚拟机的网络及在虚拟机上安装 Red Hat Enterprise Linux 5 等。

VMware 虚拟机软件主要有面向个人用户的 VMware Workstation 和面向企业的 VMware ESX Server、VMware GSX Server 和 VMware ACE。

1. VMware Workstation

VMware Workstation 是一种能在 Windows 和 Linux 主机平台上运行的虚拟计算机软件。它能提高计算机硬件的利用率,性能比较优越和稳定,广泛应用于软件开发测试、教育培训、软件技术支持等领域。

2. VMware ESX Server

VMware ESX Server 比较适用于任何系统环境的企业级虚拟计算机软件。它为大型机级别的架构提供了空前的可测量性和操作控制,应用于完全动态的资源控制,可满足各种要求严格的应用程序的需要。

3. VMware GSX Server

VMware GSX Server 是为基于 Intel 处理器的服务器开发的企业级的虚拟计算机软件。它移植到任何系统环境都比较容易,可扩展服务器管理的功能,降低服务成本。目前,它是操作设置最为灵活和简便的虚拟计算机软件。

4. VMware ACE

VMware ACE 主要是为那些想迅速提高企业 PC 环境的安全性和标准化的 IT 桌面管理者准备的企业解决方案。VMware ACE 的特点是易于安装,具有高安全性和可管理性,并降低了成本。VMware ACE 使 IT 桌面管理者能够对虚拟机应用企业级 IT 策略,其中包括操作系统、企业应用程序和为特定的计算环境创建独立 PC 环境所使用的数据。

1.5.2 安装 VMware Workstation

在安装虚拟机之前，必须先获得虚拟机的软件。可以从 VMware 的官方网站 http://www.vmware.com/download/workstation.html 下载 VMware Workstation 的最新版本。下载页面如图 1.32 所示。

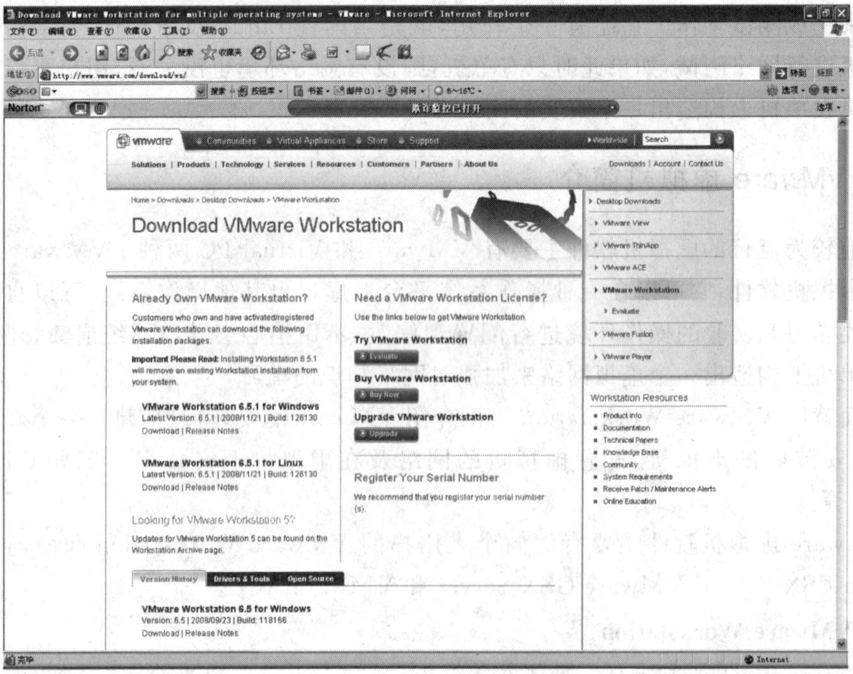

图 1.32 VMware Workstation 下载界面

1. 安装 VMware Workstation

VMware Workstation 的安装和一般 Windows 软件的安装一样，只需按照安装向导的提示安装即可。下面是安装的具体步骤。

说明：目前 VMware Workstation 版本为 VMware Workstation 7.1。下面以 VMware Workstation 5 为例进行操作，只列出主要的几个安装界面。

(1) 运行 VMware Workstation 的安装文件，如图 1.33 所示。

(2) 输入正确的注册码(Serial Number)，如图 1.34 所示。

(3) 单击【Finish】按钮完成 VMware Workstation 虚拟机的安装。

2. 新建虚拟机

安装完 VMware Workstation 软件后，再通过 VMware Workstation 软件新建虚拟机。具体的操作步骤如下。

(1) 双击 VMware Workstation 在桌面的图标，启动 VMware 的主界面，如图 1.35 所示。然后单击 New Virtual Machine 图标创建一个虚拟机。

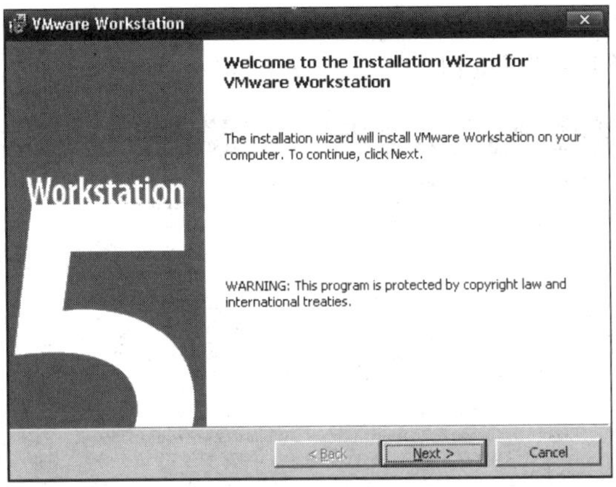

图 1.33　安装界面

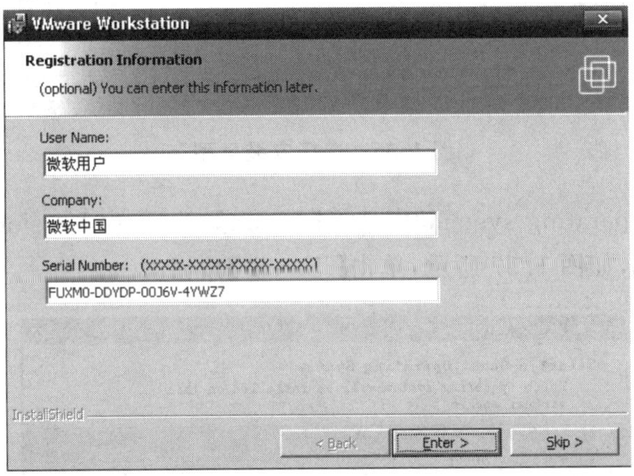

图 1.34　输入注册码

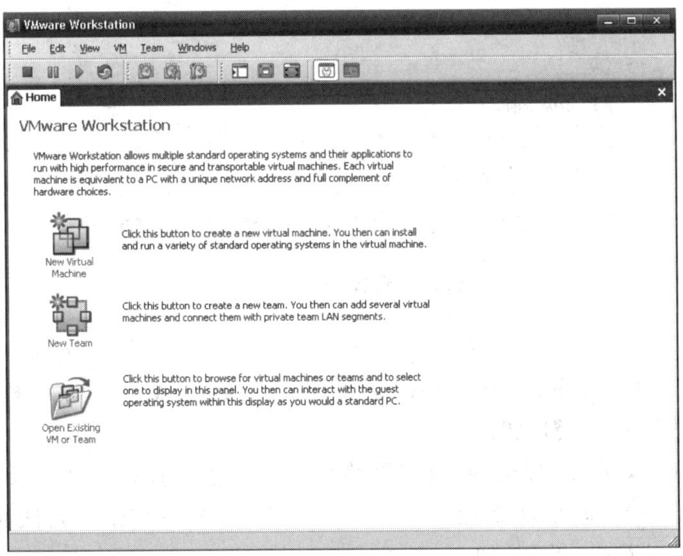

图 1.35　VMware 的主界面

(2) 出现建立一个新的虚拟机向导后,单击【下一步】按钮,在界面中选择 Typical,如图 1.36 所示,再单击【下一步】按钮。

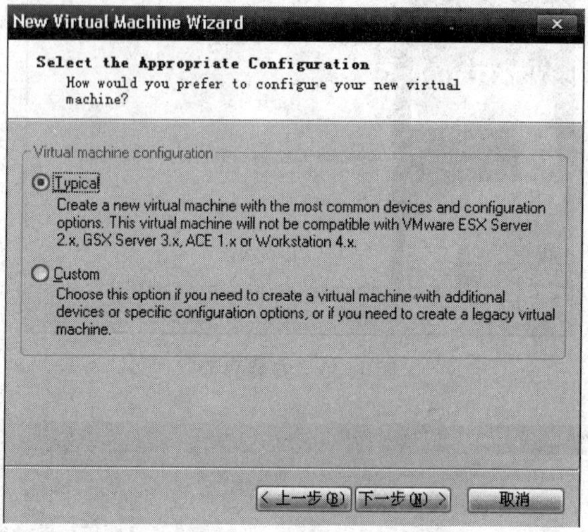

图 1.36 选择安装类型

(3) 在"Guest operating system"中选择【Linux】,然后在"Version"中选择【Red Hat Enterprise Linux 5】,如图 1.37 所示,单击【下一步】按钮。

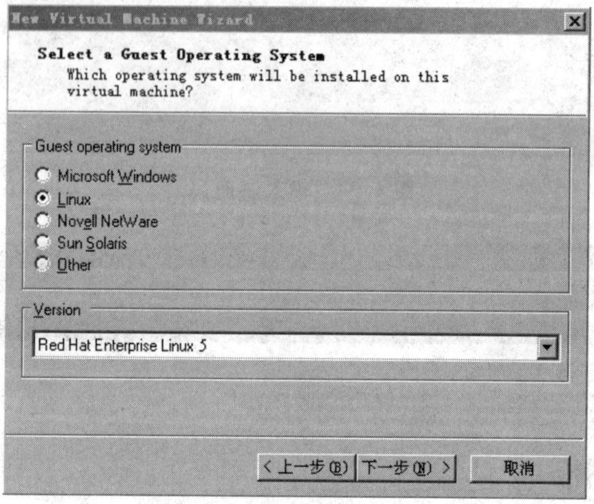

图 1.37 选择安装系统类型

(4) 出现"Name the Virtual Machine"界面,在"Virtual machine name"文本框中输入虚拟机的名字,如输入"Red Hat Enterprise Linux",在"Location"文本框中设置虚拟机的存放路径,单击【下一步】按钮。

(5) 在"Network Type"界面中,设置网络模式。这里选择【Use bridged networking】,即网桥模式。装好后也可以修改,但不要选最后一个,否则将无法创建网络,如图 1.38 所示。单击【下一步】按钮。

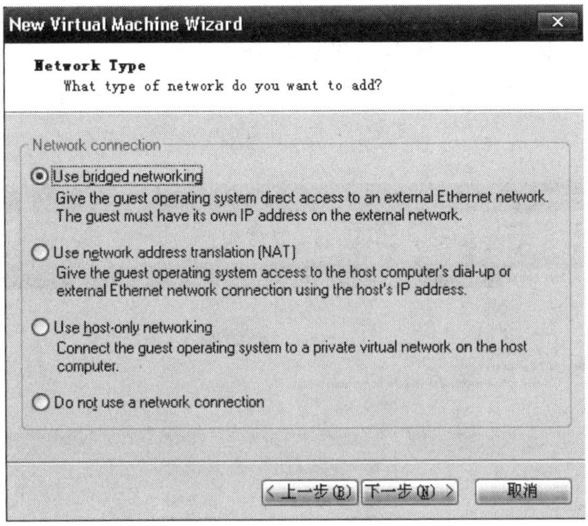

图 1.38 Network Type

(6) 最后，设置虚拟机磁盘容量，虚拟机也同样要有磁盘才能安装操作系统。在"Disk size(GB)"文本框中输入虚拟机硬盘的大小，如图 1.39 所示。单击【完成】按钮即可完成虚拟机的创建。

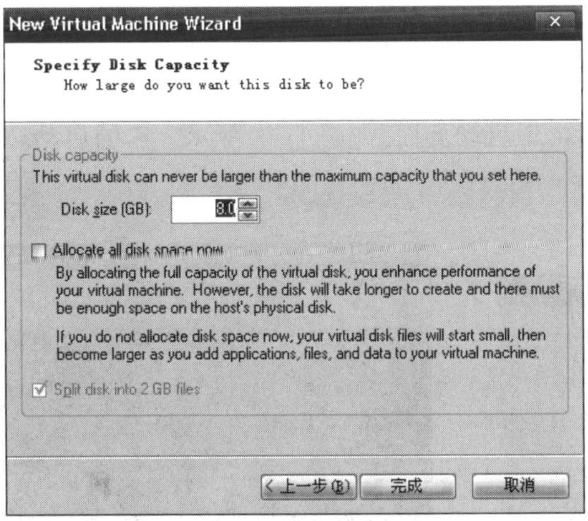

图 1.39 设置虚拟机磁盘容量

1.5.3 在虚拟机上安装 Red Hat Enterprise Linux 5

上面虽然新建了一台虚拟机，但它和真实的裸机一样，同样要安装操作系统才能工作。VMware Workstation 支持两种启动安装，即光盘启动和 ISO 镜像文件安装。如果为了提高安装速度，可以采取用 ISO 镜像文件安装的方式；如果没有镜像文件，也可以用光盘安装。

(1) 启动 VMware Workstation，进入主界面，如图 1.40 所示。首先双击新建的虚拟机的“CD-ROM(IDE 1:0)”项，出现 CD-ROM device 界面，在 Connection 栏中选择 Auto Detect 单选按钮。此时以光盘安装为例进行操作，应将安装盘的第一张放到光驱中。单击 OK 按钮确定，如图 1.41 所示。单击图 1.40 中左边的 Start the virtual machine 按钮，启动虚拟机。

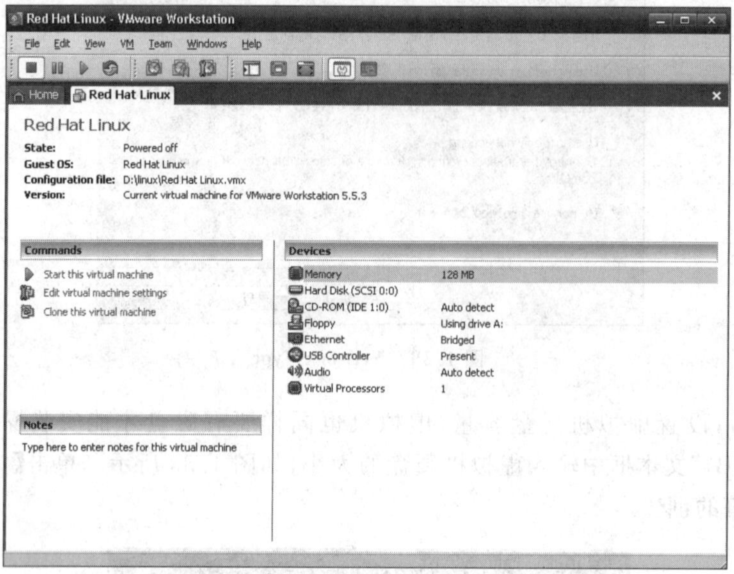

图 1.40 VMware Workstation 主界面

（2）启动虚拟机后出现启动界面，如图 1.42 所示。它的启动过程和真实的计算机一样，先是自检。

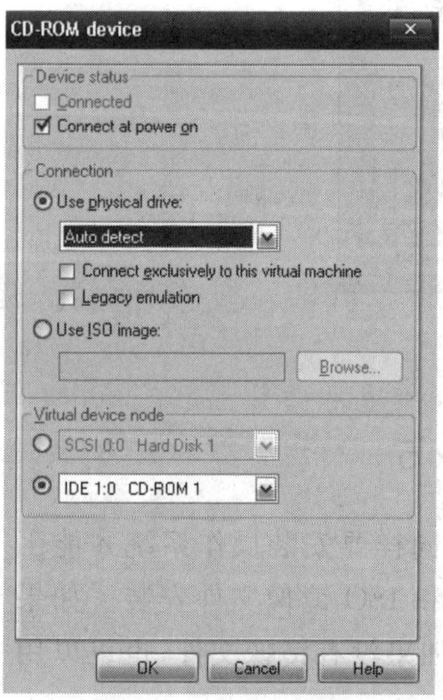

图 1.41 选择安装类型

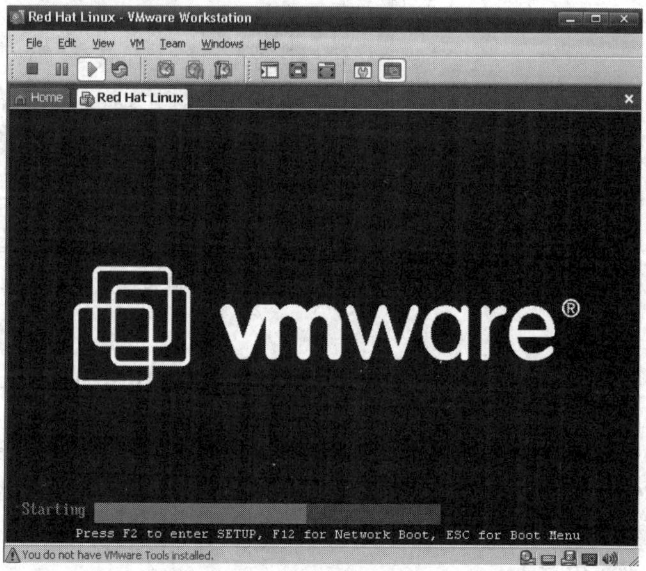

图 1.42 启动界面

(3) 载入 Red Hat Enterprise Linux 5 的光盘文件。虚拟机进入 Red Hat Linux 的安装界面,如图 1.43 所示。下面的安装和真实计算机系统的安装方法基本上一样,只有在提示更换光盘时,有些差别。当提示更换光盘时,使用鼠标双击确定。

图 1.43　系统安装

1.6　引导器启动及设置

启动引导器是计算机启动过程中运行的第一个真正的软件。通常计算机启动时,需在通过 BIOS 自检后读取并运行硬件盘主引导记录(MBR)中的启动引导器(Boot Loader)程序,启动引导器再负责加载启动硬盘分区中的操作系统。如果启动引导器不能正常工作,将导致操作系统不能正常启动,从而造成计算机整体瘫痪。由此可以看出启动引导器在整个计算机启动过程中的重要性。

通常每个操作系统在安装过程中都要将自带的启动引导器写入硬盘,以便能够进行自身引导。常用的启动引导器有 GRUB 和 LILO,LILO 现在已经很少用,目前多使用 GRUB 作为默认的启动引导器。

GRUB 负责装入内核并引导 Linux 系统。GRUB 还可以引导其他操作系统,如 FreeBSD、NetBSD、OpenBSD 和 DOS,以及 Windows 2000、Windows XP 和 Windows Vista 等。如果引导器不能很好地完成工作或者不具有弹性,那么就可能锁住系统,而无法引导计算机。好的引导器功能强大、非常灵活,可以让用户在计算机上安装多个操作系统,而不会引起不必要的麻烦。另外,GRUB 有一个特殊的交互式控制台方式,可以让用户手工装入内核并选择引导分区。

安装 Red Hat Enterprise Linux 5.0 时可以选择安装,如果选择 GRUB 为引导程序,建议将 GRUB 安装到硬盘的主引导记录 MBR 中。下面介绍 GRUB 的基本配置。

把 GRUB 安装到硬盘 MBR 后,引导系统会出现如图 1.44 所示的界面。此时系统中的/boot/grub/grub.conf 是 GRUB 产生的一个配置文件,通过它可以引导选择菜单以及设置一些选项。

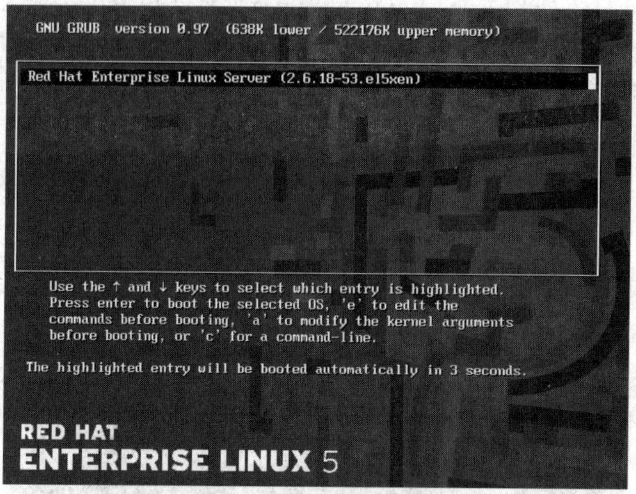

图 1.44 单系统引导界面

下面的配置文件中只有一个操作系统 Red Hat Enterprise Linux 5.0。

```
#grub.conf generated by anaconda
#
#Note that you do not have to rerun grub after making changes to this file
#NOTICE: You have a/boot partition. This means that
#         all kernel and initrd paths are relative to /boot/. eg.
#         root(hd0.0)
#         kernel/vmlinuz-version ro root=/dev/VolGroup00/LogVo100
#         initrd/initrd-version.img
#boot=/dev/sda
default=0
timeout=5
splashimage=(hd0.0)/grub/splash.xpm.gz
hiddenmenu
title Red Hat Enterprise Linux Server(2.6.18-53.el5xen)
        root(hd0.0)
        kernel/xen.gz-2.6.18-53.el5
        module/vmlinuz-2.6.18-53.el5xen ro root=/dev/VolGroup00/LogVo100 rhgb quiet
        module/initrd-2.6.18-53.el5xen.img
```

基本配置选项解释如下。

- 第 1～9 行，以“#”开头，是注释。
- 第 10 行，默认的操作是由 default 一项来控制的，default 后的数字表明第几个 title 是默认的，其中 0 表示第一个。
- 第 11 行，timeout 标识默认等待时间，这里设置为 5s。若超过 5s 用户还未做出选择，将自动选择默认的操作。
- 第 12 行，splashimage 一项指定 GRUB 界面的背景图片，用户可以修改 GRUB 的背景。

- 第 13 行，hiddenmenu 是指导启动时隐藏启动项的选择菜单并直接出现倒计时，但是按 Esc 键，还是会出现菜单，这里选择的是隐藏。
- 第 14 行，title 表示的是 Linux 菜单，也就是启动后 title 后面的文字显示在菜单项中，在此配置文件的作用下只显示：Red Hat Enterprise Linux Server(2.6.18-53.el5xen)。如果有多个系统，则菜单项中每个系统都用 title 表示。
- 第 15 行，root(hd0,0)标识从第一个硬盘、第一个分区来启动搜索引导内核。注意，这里 root 与 Linux 的 root 分区不同，GRUB 的硬盘标识方法与 Linux 有点不同。在 Linux 中第一个主分区为 hda1，第二个主分区为 hda2，第一个逻辑分区为 hda5；而在 GRUB 中是以(hd$x$,y)来标识的，x 表示第几块硬盘，y 表示第几个分区。GRUB 对硬盘和分区的编号都是从 0 开始计算，如第一个分区为(hd0,0)，第二个分区为(hd0,1)，以此类推。因此，root 后面是/boot 所在分区的标识。
- 第 16 行，表示内核文件，kernel /xen.gz-2.6.18-53.el5。
- 第 17 行，说明/boot/vmlinuz-2.6.18-53.el5xen 就是要载入的内核。后面的都是传递内核参数。ro 是 readonly 的意思。
- 第 18 行，initrd 指定用来初始化的 Linux image，并设置相应的参数。

1.7 Red Hat Enterprise Linux 5 网络配置

网络环境的配置是所有服务组建的基础，没有网络环境的配置，Linux 主机就无法很好地与外界进行通信。而一个良好的网络环境可以减少维护成本，大大提高 Linux 主机的工作效率和质量。下面就对常用的网络配置进行介绍。

1.7.1 配置主机名

对于提供 TCP/IP 网络功能的 Linux 主机，都必须设置一个 IP 地址来标识自己。就像人们所使用的身份证号一样，每个身份证号都可以唯一地标识一个人。由于 IP 地址不容易记忆，因此，Linux 允许用户为计算机设定一个简单易懂的名字，就如同日常生活中人们使用姓名一样。在 Linux 中，这个名字称为主机名，并且要确定主机名在网络中是唯一的，否则通信就会受到影响。建议设置主机名的时候，要有规则地进行设置。

1. 设置主机名

通过编辑/etc/sysconfig/network 文件中的 HOSTNAME 字段可以修改主机名，如下所示。

```
[root@zq~]#vi /etc/sysconfig/network
NETWORKING=yes
NETWORKING_IPV6=yes
HOSTNAME=zhou
GATEWAY=192.168.1.3
```

其中，HOSTNAME=zhou 表示主机名设置为 zhou。

说明：修改主机名后，需要重新启动系统后才能生效。

2. 查看主机名

设置完成后，可以使用 hostname 命令查看当前主机名称，如下所示。

```
[root@zhou~]#hostname
zhou
```

1.7.2 使用 ifconfig 配置 IP 地址及辅助 IP 地址

大多数 Linux 发行版都会内置一些命令来配置网络。ifconfig 是常用的命令之一，它通常用来设置 IP 地址和子网掩码以及查看网卡相关配置。

1. 设置 IP 地址

使用 ifconfig 命令配置 IP 地址，格式如下：

```
ifconfig 网卡名 ip 地址 netmask 子网掩码
```

【例 1.1】 设置第一块网卡(eth0)的 IP 地址为 192.168.1.3，子网掩码为 255.255.255.0。

```
[root@zhou~]#ifconfig eth0 192.168.1.3 netmask 255.255.255.0
```

2. 查看 IP 地址

使用 ifconfig 命令可以查看网卡配置信息，如 MAC 地址、IP 地址、收发数据包情况等，如下所示。

```
[root@zhou~]#ifconfig
eth0      Link encap:Ethernet  HWaddr 00:0C:29:76:B6:87
          inet addr:192.168.1.3  Bcast:192.168.1.255  Mask:255.255.255.0
          inet6 addr:fe80::20c:29ff:fe76:b687/64 Scope:Link
          UP BROADCAST RUNNING MULTICAST  MTU:1500  Metric:1
          RX packets:8 errors:0 dropped:0 overruns:0 frame:0
          TX packets:52 errors:0 dropped:0 overruns:0 carrier:0
          collisions:0 txqueuelen:0
          RX bytes:721(721.0 b) TX bytes:11469(11.2 KiB)

lo        Link encap:Local Loopback
          inet addr:127.0.0.1  Mask:255.0.0.0
          inet6 addr: ::1/128 Scope:Host
          UP LOOPBACK RUNNING  MTU:16436  Metric:1
          RX packets:16929 errors:0 dropped:0 overruns:0 frame:0
          TX packets:16929 errors:0 dropped:0 overruns:0 carrier:0
          collisions:0 txqueuelen:0
          RX bytes:17666540(16.8 MiB)  TX bytes:17666540(16.8 MiB)
```

执行命令后，ifconfig 命令显示所有激活网卡的信息，其中 eth0 为物理网卡，lo 为回环测试接口。每块网卡的详细情况通过标志位表示，如表 1.3 所示。

表 1.3 ifconfig 解析

标 志 位	说 明
eth0	表示第一块网卡
Link encap	表示该网卡位于 OSI 物理层(Physical Layer)
HWaddr	表示该网卡的 MAC 地址(Hardware Address)
inet addr	表示该网卡在 TCP/IP 网络中的 IP 地址
Bcast	表示广播地址(Broad Address)
Mask	表示子网掩码
MTU	表示最大传送单元，不同局域网类型的 MTU 值不一定相同，对以太网来说，MTU 的默认设置是 1 500 个字节
Metric	表示度量值，通常用于计算路由成本
RX	表示接收的数据包
TX	表示发送的数据包
collisions	表示数据包冲突的次数
txqueuelen	表示传送队列(Transfer Queue)长度

如果想单独查看某块网卡的情况，可以在 ifconfig 命令后加上指定的网卡名，如下所示。

```
[root@zhou~]#ifconfig eth0
eth0      Link encap:Ethernet  HWaddr 00:0C:29:76:B6:87
          inet addr:192.168.1.3  Bcast:192.168.1.255  Mask:255.255.255.0
          inet6 addr: fe80::20c:29ff:fe76:b687/64 Scope:Link
          UP BROADCAST RUNNING MULTICAST MTU:1500  Metric:1
          RX packets:10 errors:0 dropped:0 overruns:0 frame:0
          TX packets:52 errors:0 dropped:0 overruns:0 carrier:0
          collisions:0 txqueuelen:0
          RX bytes:1024(1024.0 b) TX bytes:11469(11.2 KiB)
```

3. 设置辅助 IP 地址

在实际工作中，可能会出现一块网卡需要有多个 IP 地址的情况，可以通过设置虚拟网卡来实现。命令格式如下：

```
ifconfig 网卡名:虚拟网卡 ID  IP 地址 netmask 子网掩码
```

【例 1.2】 为第一块以太网卡(eth0)设置一个辅助 IP 地址 192.168.1.199，子网掩码为 255.255.255.0，如下所示。

```
[root@zhou~]#ifconfig eth0:0 192.168.1.199 netmask 255.255.255.0
```

如果不设置 netmask，则使用默认的子网掩码。用 ifconfig 命令查看，如下所示。

```
[root@zhou~]#ifconfig
eth0      Link encap:Ethernet  HWaddr 00:0C:29:76:B6:87
          inet addr:192.168.1.3  Bcast:192.168.1.255  Mask:255.255.255.0
          inet6 addr:fe80::20c:29ff:fe76:b687/64 Scope:Link
          UP BROADCAST RUNNING MULTICAST MTU:1500  Metric:1
          RX packets:15 errors:0 dropped:0 overruns:0 frame:0
          TX packets:59 errors:0 dropped:0 overruns:0 carrier:0
          collisions:0 txqueuelen:0
          RX bytes:1761(1.7 KiB)  TX bytes:12376(12.0 KiB)

eth0:0    Link encap:Ethernet  HWaddr 00:0C:29:76:B6:87
          inet addr: 192.168.1.199  Bcast:192.168.1.255  Mask:255.255.255.0
          UP BROADCAST RUNNING MULTICAST MTU:1500  Metric:1
```

eth0:0 表示 eth0 的第一个虚拟网卡。如果还想继续设置更多的 IP 地址，则可以使用 eth0:1、eth0:2，分别表示第二块、第三块……以此类推。对这些虚拟网卡设置 IP 地址即可满足一块网卡配置多个辅助 IP 地址的需求。

1.7.3 禁用和启用网卡

对于网卡的禁用和启动，可以使用 ifconfig 命令，格式如下。

```
ifconfig 网卡名称 down          //禁用网卡
ifconfig 网卡名称 up            //启用网卡
```

如下所示。

```
[root@zq~]#ifconfig eth0 down
[root@zq~]#ifconfig eth0 up
```

还可以使用 ifdown 和 ifup 命令实现禁用和启用网卡，如下所示。

```
[root@zq~]#ifdown eth0          //禁用第一块以太网卡
[root@zq~]#ifup eth0            //启用第一块以太网卡
```

1.7.4 更改网卡 MAC 地址

MAC 地址也称为物理地址或硬件地址，它是全球唯一的地址，由网络设备制造商生产时写在网卡内部。MAC 地址的长度为 48 位(6 个字节)，通常表示为 12 个十六进制数，每 2 个十六进制数之间用冒号隔开。如：(00:0C:29:38:7E:EC)就是一个 MAC 地址。其中前6位十六进制数00:0C:29代表网络硬件制造商的编号,它由IEEE(电气与电子工程师协会)分配;而后3位十六进制数38:7E:EC代表该制造商所制造的某个网络产品(如网卡)的系列号。更改网卡MAC地址时,需要先禁用该网卡,然后使用ifconfig命令进行修改。格式如下。

```
ifconfig 网卡名 hw ether MAC 地址
```

【例1.3】 修改第一块以太网卡(eth0)的MAC地址为00:37:29:38:7E:E3,如下所示。

```
[root@zhou~]#ifdow eth0
bash:ifdow:command not found
[root@zhou~]#ifdown eth0
[root@zhou~]#ifconfig eth0 hw ether 00:37:29:38:7E:E3
```

可以使用ifconfig命令再次查看,若出现以下信息,则说明网卡MAC地址已经更改完毕。

```
[root@zhou~]#ifup eth0
[root@zhou~]#ifconfig
eth0      Link encap:Ethernet  HWaddr 00:37:29:38:7E:E3
          inet addr: 192.168.1.3  Bcast:255.255.255.255  Mask:255.255.255.255
          inet6 addr: fe80::237:29ff:fe38:7ee3/64 Scope:Link
          UP BROADCAST RUNNING MULTICAST MTU:1500 Metric:1
          RX packets:0 errors:0 dropped:0 overruns:0 frame:0
          TX packets:33 errors:0 dropped:0 overruns:0 carrier:0
          collisions:0 txqueuelen:0
          RX bytes:0(0.0 b)  TX bytes:7652(7.4 KiB)
```

说明:ifconfig命令修改IP地址和MAC地址均为临时生效。重新启动系统后,设置失效。可以通过修改网卡配置文件使其永久生效,请看1.7.6节。

1.7.5 route命令设置网关

route命令可以说是ifconfig命令的黄金搭档。像ifconfig命令一样,几乎所有的Linux发行版都可使用该命令。route通常用来进行路由设置。例如添加或删除路由条目,以及查看路由信息。也可以用来设置默认网卡,格式如下。

```
route add default gw IP 地址          //添加默认网关
route del default tw IP 地址          //删除默认网关
```

【例1.4】 将Linux主机的默认网关设置为192.168.1.3。

```
[root@zhou~]#route add default gw 192.168.1.3
```

使用route命令可以查看网关及路由情况,如下所示。

```
[root@zhou~]#route
```

```
Kernel IP routing table
Destination   Gateway       Genmask          Flags Metric  Ref     Use Iface
192.    168.  *             255.      255.   U     0       0         0 virbr0
122.0                       255.0
169.254.0.0   *             255.255.0.0      U     0       0         0 eth0
default       192.168.1.3   0.0.0.0          UG    0       0         0 eth0
default       192.168.1.3   0.0.0.0          UG    0       0         0 eth0
```

说明：上例中的 Flags 用来描述该条路由条目的相关信息，如是否活跃，是否为网关等。U 表示该条路由为活跃的，G 表示该条路由条目要涉及网关。

1.7.6 修改网卡配置文件

前面介绍了 ifconfig 和 route 命令设置 IP 地址及网关时，配置均为临时生效。也就是说，重新启动系统后，配置失效。如何解决这个问题，让配置永远生效呢？可以直接编辑网卡配置文件，通过参数设置来配置网卡。网卡配置文件位于/etc/sysconfig/network-scripts/目录下，如下所示。

```
[root@zhou~]#cd /etc/sysconfig/network-scripts
[root@zhou network-scripts]#ls ifcfg-*
ifcfg-eth0 ifcfg-lo
```

每块网卡都有一个单独的配置文件，可以通过文件名找到每块网卡对应的配置文件。例如：ifcfg-eth0 就是 eth0 这块网卡的配置文件。下面以/etc/sysconfig/network-scripts/ifcfg-eth0 文件为例进行配置，如下所示。

```
[root@zhou network-scripts]#vi ifcfg-eth0
#Advanced Micro Devices[AMD] 79c970[PCnet32 LANCE]
DEVICE=eth0
BOOTPROTO=static
BROADCAST=255.255.255.255
HWADDR=00:OC:29:76:B6:87
IPADDR=192.168.1.3
IPV6ADDR=
IPV6PREFIX=
IPV6_AUTOCONF=yes
NETMASK=255.255.255.0
NETWORK=192.168.1.3
ONBOOT=yes
```

每个网卡配置文件都存储了网卡的状态，每一行代表一个参数值。系统启动时通过读取该文件所记录的情况来配置网卡。常见网卡参数如表 1.4 所示。

修改过网卡配置文件后，需要重新启动 network 服务或重新启用设置过的网卡，使配置生效。

表 1.4 常见网卡参数

参 数	注 解	默认值	是否可省略
DEVICE	指定网卡名称	无	×
BOOTPROTO	指定启动方式 static(none)：表示使用静态 IP 地址 bootp/dhcp：表示通过 BOOTP 或 DHCP 协议自动获得 IP 地址	static (none)	√
HWADDR	指定网卡的 MAC 地址	无	√
IPV6_AUTOCONF	IPV6 地址自动配置生效	Yes	√
ONBOOT	指定在启动 network 服务时，是否启用该网卡	Yes	√
IPADDR	指定 IP 地址	无	√ 当 BOOTPROTO＝static 时不能省略
NETMASK	指定子网络地址	无	√ 当 BOOTPROTO＝static 时不能省略
GATEWAY	指定网关	无	√

1.7.7 用 setup 命令配置网络

Red Hat Enterprise Linux 5 支持用文本窗口的方式对网络进行配置。在命令行模式下使用 setup 命令即可进入文本界面，如下所示。

```
[root@zq~]#setup
```

进入如图 1.45 所示的配置界面，移动光标键选择“网络配置”，按 Enter 键确定选择网卡的界面，如图 1.46 所示。选择要配置的网卡，按 Enter 键进行配置，如图 1.47 所示。

图 1.45 配置界面

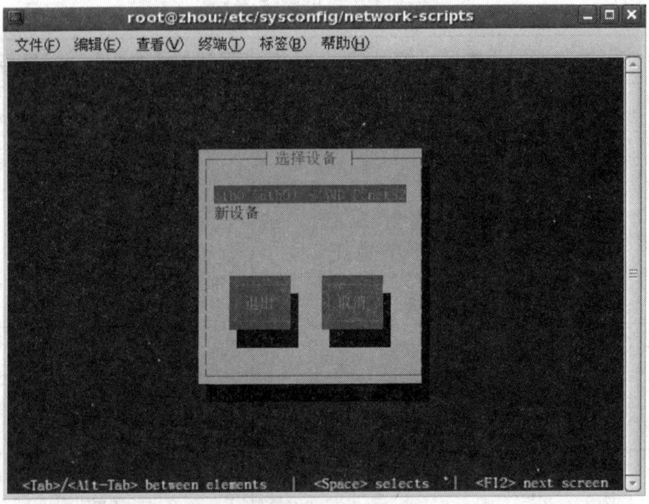

图 1.46 选择网卡

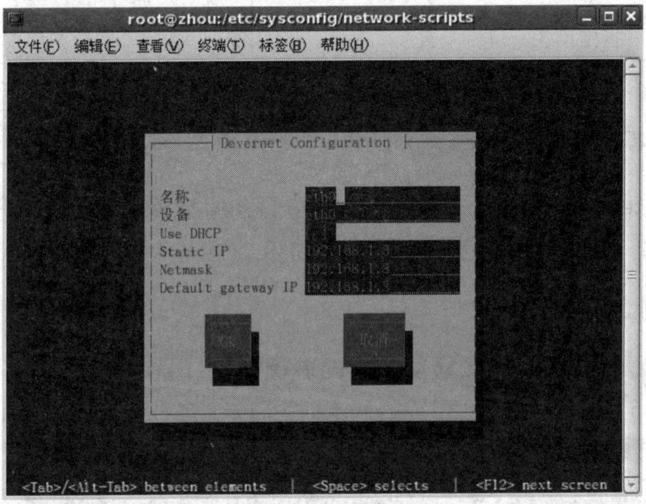

图 1.47 网卡配置

说明：在配置过程中，空格键表示切换选择键，Tab 键表示切换到下一个选项，Alt+Tab 键表示切换到上一个选项。

1.7.8 修改 resolv.conf 设置 DNS

在 Linux 中设置 DNS 客户端的方法很简单，可以直接编辑/etc/resolv.conf，然后使用 nameserver 参数来指定 DNS 服务器的 IP 地址，如下所示。

```
[root@zhou~]#vi /etc/resolv.conf
nameserver 192.168.1.3
```

在上面的运行结果中，有一行 nameserver 参数，指向了一台 DNS 服务器。也可以指定多台 DNS,比如有 3 个 DNS。当客户端向服务器端发送查询请求时,会按文件顺序依次发送。当第一台 DNS 服务器没有响应时,就去尝试向下一台服务器查询,直到发送到最后一台 DNS 服务器为止。所以,建议将速度最快、稳定性最高的 DNS 服务器设置在最前面,以确保查询不会超时。

1.8 网络环境测试

1.8.1 ping 命令检测网络连通状况

使用 ping 命令可以测试网络连通性,在网络维护中使用非常广泛。在网络出现问题后,它通常是测试的第一步。ping 命令使用 ICMP 协议,发送请求数据包到其他主机,然后接收对方的响应数据包,获取网络状况信息。用户可以根据返回的不同信息,判断可能出现的问题。

ping 命令格式如下。

```
ping 可选项 IP 地址或主机名
```

ping 命令支持大量选项,功能十分强大,如表 1.5 所示。

表 1.5 ping 命令选项

选　　项	说　　明
-c	设置完成要求回应的次数
-s	设置数据包的大小
-i	指定收发信息的间隔时间
-f	极限检测
-I	使用指定的网络接口送出的数据包
-n	只输出数值
-p	设置填满数据包的范本样式
-R	记录路由过程
-q	不显示指令执行过程,开头和结尾的相关信息除外
-r	忽略普通的路由表,直接将数据包送到远端主机
-t	设置存活数值 TTL 的大小
-v	详细显示指定的执行过程
-l	设置在送出要求信息之前,先行发出的数据包

【例 1.5】 使用 ping 命令简单测试网络连通性,如下所示。

```
[root@zhou~]#ping 192.168.1.3
PING 192.168.1.3 (192.168.1.3) 56(84) bytes of data.
64 bytes from 192.168.1.3: icmp_seq=1 ttl=64 time=4.90 ms
64 bytes from 192.168.1.3: icmp_seq=2 ttl=64 time=0.003 ms
64 bytes from 192.168.1.3: icmp_seq=3 ttl=64 time=0.178 ms
64 bytes from 192.168.1.3: icmp_seq=4 ttl=64 time=0.159 ms
```

```
---- 192.168.1.3 ping statistics ----
4 packets transmitted.4 received.0% packet loss.time 2999ms
rtt min/avg/max/mdev=0.003/1.311/4.906/2.076 ms
```

向192.168.1.3的主机发送请求后，192.168.1.3主机以64字节的数据包回应，说明两个节点间的网络可以正常连接。

icmp_seq：数据包的序号，从1开始递增。

ttl：Time To Live，生存周期。

time：数据包的响应时间，即从发送请求数据包直到接收到响应数据包的整个时间。

在ping命令终止后，会在下方出现统计信息，显示发送及接收的数据包、丢包率及响应时间。其中丢包率越低，说明网络状况越稳定。

说明：Linux与Windows不同，默认不使用任何参数。ping命令会不断发送请求数据包，并从对方主机获得反馈信息。如果测试完结可以用Ctrl+C终止，或者使用参数-c，直接指定发送数据包的个数。

1.8.2 netstat命令查看网络配置

netstat(Network Statistics)命令主要用于检测主机的网络配置和状况，可以查看显示网络连接（进站和出站）、系统路由表、网络接口状态。netstat支持UNIX、Linux和Windows系统，功能强大。命令格式如下。

```
netstat [可选项]
```

netstat常用的可选项，如表1.6所示。

表1.6 netstat命令选项

选　项	说　明
-r 或-route	显示路由表
-a 或-all	显示所有连接信息
-t 或-tcp	显示TCP传输协议的连线状况
-u 或-udp	显示UDP传输协议的连线状况
-c 或-continuous	持续列出网络状态，监控连接情况
-i 或-interfaces	显示网络界面信息表单
-l 或-listening	显示监控中的服务器的Socket
-n 或-numeric	使用数字方式显示地址和端口号
-p 或-programs	显示正在使用Socket的程序识别码和程序名称
-s 或-statistics	显示网络工作信息统计表

1. 查看端口信息

网络上的主机在通信时必须具有唯一的IP地址，以此标示自己的身份。如果把主机比作房子，若只有一个地址，仅能让其他人找到这间房子而已，还需要有门，才可以让房子里面的人走出去，外面的人走进来，实现内外的连接。计算机通信所使用的“门”，就是 TCP/IP 协议栈的端口。它并不是真实存在的，只是在计算机上开了一扇虚拟的门。主机使用“IP 地址：端口”与其他主机建立连接并进行通信。

计算机通信使用的端口为 0～65 535，共有 65 536 个，数量惊人。那么计算机为什么不使用一个端口进行通信呢？假设房子只有一扇门，如果住的人很多，里面的住户主动与外部联系，通过一道门就可能会造成拥堵，降低通信的效率；当外部与内部住户通信时，也可能很难分辨要找的人，造成通信失败。如果建立多道门，将不同的住户分配到不同的房间，并标上房间的门牌号，那么，每个人通过自己的门与外部联系，在房子外部就很容易定位内部人员的位置了。计算机通信采用了类似的原理，主机之间基于不同的协议进行通信。一台计算机可同时使用很多协议，为了标示它们，相关组织为每个协议分配了端口号。如 HTTP 协议的端口号为 80，SMTP 协议的端口号为 25，Telnet 协议的端口号为 23 等。

网络协议就是网络中传递、管理信息的规范。如同人与人之间相互交流使用的语言规则一样，计算机之间相互通信也需要共同遵守一定的规则，这些规则就称为网络协议。

使用 netstat 命令以数字方式，查看所有 TCP 协议的连接情况，如下所示。

```
[root@zhou~]#netstat -ant
Active Internet connections (servers and established)
Proto   Recv-Q  Send-Q Local Address          Foreign Address     State
tcp          0       0 127.0.0.1:2208         0.0.0.0:*           LISTEN
tcp          0       0 0.0.0.0:139            0.0.0.0:*           LISTEN
tcp          0       0 0.0.0.0:111            0.0.0.0:*           LISTEN
tcp          0       0 0.0.0.0:852            0.0.0.0:*           LISTEN
tcp          0       0 192.168.1.3:53         0.0.0.0:*           LISTEN
tcp          0       0 127.0.0.1:53           0.0.0.0:*           LISTEN
tcp          0       0 192.168.122.1:53       0.0.0.0:*           LISTEN
tcp          0       0 127.0.0.1:631          0.0.0.0:*           LISTEN
tcp          0       0 127.0.0.1:953          0.0.0.0:*           LISTEN
tcp          0       0 127.0.0.1:25           0.0.0.0:*           LISTEN
tcp          0       0 0.0.0.0:445            0.0.0.0:*           LISTEN
tcp          0       0 127.0.0.1:2207         0.0.0.0:*           LISTEN
tcp          4       0 192.168.1.3:2407       192.168.1.3:139     ESTABLISHED
tcp          0       0 192.168.1.3:139        192.168.1.3:2407    ESTABLISHED
tcp          0       0 :::22                  :::*                LISTEN
tcp          0       0 ::1:953                :::*                LISTEN
```

选项-a：显示所有连接。

Proto：协议类型，因为使用了-t，这里只显示 TCP 协议；-u 可以显示 UDP 协议；不设置则显示所有协议。

Local Address：本地地址，默认显示主机名和服务名称；使用选项-n，显示主机的 IP 地址及端口号。

Foreign Address：远程地址与本机连接的主机信息，表示方法同上。

State：连接状态，常见的有以下几种。

- LISTEN：监听状态，等待接收入站的请求。
- ESTABLISHED：本机已经与其他主机建立好连接。
- TIME_WAIT：等待足够的时间，以确保远程 TCP 接收到连接中断请求的确认。

2. 查看路由表

netstat 使用-r 参数，可以显示当前主机的路由表信息。

```
[root@zhou~]#netstat -r
Kernel IP routing table
Destination   Gateway  Genmask         Flags  MSS Window    irtt Iface
192.168.1.0   *        255.255.255.0   U        0 0            0 eth0
192.168.122.0 *        255.255.255.0   U        0 0            0 virbr0
192.254.0.0   *        255.255.0.0     U        0 0            0 eth0
```

3. 查看网络接口状态

netstat 使用-i 参数，可以显示网络接口状态。

```
[root@zhou~]#netstat-i
Kernel Interface table
Iface    MTU  Net RX-OK RX-ERR RX-DRP RX-OVR TX-OK TX-ERR TX-DRP TX-OVR Flg
eth0     1500  0   915     0      0      0    569     0      0      0 BMRU
lo      16436  0  2745     0      0      0   2745     0      0      0 LRU
peth0    1500  0  1017     0      0      0    861     0      0      0 BORU
vif0.0   1500  0   794     0      0      0   1012     0      0      0 BORU
virbr0   1500  0     0     0      0      0    172     0      0      0 BMRU
xenbr0   1500  0   698     0      0      0      0     0      0      0 BORU
```

MTU：最大传输单元，即网络接口传输数据包的最大值。

Met：度量值，该值越小优先级越高。

RX-OK/TX-OK：接收、发送的数据包数量。

RX-ERR/TX-ERR：接收、发送的错误数据包数据量。

RX-DRP/TXDRP：丢弃的数据。

RX-OVR/TX-OVR：丢失数据包数据量，通过这些数据可以查看主机名接口连接网络的情况。

1.8.3 nslookup 测试域名解析

nslookup 工具可以查询互联网域名信息，检测 DNS 服务器设置，如查询域名所对应的 IP 地址等。nslookup 支持两种模式：交互模式和非交互模式。

1. 非交互模式

非交互模式仅可查询主机和域名信息。命令格式如下。

```
nslookup 域名或 IP 地址
```

【例 1.6】 查询本机上配置好的 gztzy.org 对应的 DNS 信息(当然可以测试互联网，如 www.163.com)。

```
[root@zhou~]#nslookup gztzy.org
Server:        192.168.1.3
Address:       192.168.1.3#53
```

gztzy.org 对应的 IP 地址为 192.168.1.3(必须先配置 DNS 服务器才能测试成功)。

【例 1.7】 使用 nslookup 命令将本机的 IP 地址(192.168.1.3)解析为主机名。

```
[root@zhou~]#nslookup 192.168.1.3
Server:        192.168.1.3
Address:       192.168.1.3#53

3.1.168.192.in-addr.arpa      name=dns.gztzy.org.
```

IP 地址 192.168.1.3 对应的 DNS 主机名为 dns.gztzy.org(必须先配置 DNS 服务器才能测试成功)。

2. 交互模式

交互模式允许用户通过域名服务器查询主机和域名信息，或者显示一个域主机列表。用户可以按照需要输入指令进行交互式的操作。

交互模式下，nslookup 可以自由查询主机或域名信息，如下所示。

```
[root@zhou~]#nslookup
>gztzy.org
Server:        192.168.1.3
Address:       192.168.1.3#53

*** Can't find gztzy.org: No answer
>192.168.1.3
Server:        192.168.1.3
Address:       192.168.1.3#53

3.1.168.192.in-addr.arpa       name=dns.gztzy.org.
>jwc.gztzy.org
Server:        192.168.1.3
Address:       192.168.1.3#53

Name: jwc.gztzy.org
Address: 192.168.1.4
>192.168.1.5
Server:        192.168.1.3
Address:       192.168.1.3#53
```

```
5.1.168.192.in-addr.arpa        name=yds.gztzy.org.
```

说明:必须先配置 DNS 服务器才能测试成功。

1.9 本章小结

本章介绍了 Linux 系统安装前的一些准备工作,如硬件要求和兼容性、Linux 安装文件的获得、Linux 与其他操作系统并存的方法、Linux 所使用的文件系统类型(它支持的文件系统有 ext2、ext3、hpfs 等)。以 Red Hat Enterprise Linux 5 为例,重点介绍了 Linux 的安装方式,这里只介绍以光盘安装的方式。Linux 安装完成后,在首次启动时还需对它进行一些设置,必须进行登录账号、激活及创建普通用户等设置。

本章还介绍了如何在虚拟机上安装 Linux。虚拟机主要是为测试或在硬件不足的情况下构建网络环境。本章详细介绍了如何安装 VMware,建立一个新的虚拟机,配置安装好的虚拟机,配置虚拟机的网络及在虚拟机上安装 Red Hat Enterprise Linux 5 等。

本章最后介绍了在 Linux 中常用的网络配置和网络环境测试方法。希望读者对这部分内容重点理解和掌握,因为这是后续章节的必备知识。

1.10 本章习题

1. 判断题

(1) 通过 hostname 可以配置主机名。 ( )

(2) Linux 不支持 vfat 文件系统。 ( )

(3) Linux 可以使用 NFS 安装方式。 ( )

(4) Linux 至少需要 3 个分区,分别为/boot 分区、swap 分区和/home 分区。 ( )

(5) 在 Linux 系统下,/dev/hda1 表示 IDE1 口的主盘第一个分区(主分区或扩展分区)。 ( )

(6) 可以使用 route 来修改 MAC 地址。 ( )

(7) 用 netstat 可以查看端口信息 。 ( )

2. 选择题

(1) ________是 Red Hat Enterprise Linux 家族中最强的一个版本。它支持大型服务器,比较适合大型企业部门及数据中心使用。

A. Red Hat Enterprise Linux AS　B. Red Hat Enterprise Linux ES

C. Red Hat Enterprise Linux WS　D. A and C

(2) NFS 是________系统。

A. 文件　B. 磁盘　C. 网络文件　D. 操作

(3) /dev/sdc6 分区表示________。

A. 第二块 IDE 硬盘的第 6 个分区,是逻辑分区

B. 第三块 IDE 硬盘的第 6 个分区,是逻辑分区

C. 第三块 SCSI 硬盘的第 6 个分区，是逻辑分区

D. 第三块 SCSI 硬盘的第 2 个分区，是逻辑分区

(4) ________设置第一块网卡(eth0)的 IP 地址为 192.168.1.2，子网掩码为 255.255.255.0。

A. [root@zq~]# ifconfig eth0 192.168.1.2 netmask 255.255.255.0

B. [root@zq~]# ifconfig eth1 192.168.1.2 netmask 255.255.255.0

C. [root@zq~]# ifconfig eth2 192.168.1.2 netmask 255.255.255.0

D. [root@zq~]# ifconfig eth3 192.168.1.2 netmask 255.255.255.0

3. 填空题

(1) nslookup 测试域名解析分为________和________两种模式。

(2) ________主要用于检测主机的网络配置和状况，可以查看、显示网络连接、系统路由表和网络接口状态。

(3) 在 ping 命令中，________表示生存周期。

(4) 在 Linux 中设置 DNS 客户端时方法很简单，可以直接编辑________，然后使用 nameserver 参数来指定 DNS 服务器的 IP 地址。

(5) 通过编辑/etc/sysconfig/network 文件中的________字段可以修改主机名。

1.11 本章实训

1. 实训概要

将操作系统从 Windows 转向 Red Hat Enterprise Linux 5。

2. 实训内容

(1) 了解公司的计算机硬件情况。

(2) 安装 Red Hat Enterprise Linux 5 操作系统。

(3) 登录系统。

(4) 配置和测试网络

项目环境：Red Hat Enterprise Linux 5 操作系统安装光盘、计算机一台(能够连接 Internet)。

3. 实训过程

(1) 实训分析

通过参阅计算机说明书，或者在已经安装了 Windows 系统的计算机上选择【开始】|【控制面板】|【系统】菜单，了解相关的计算机配置信息，并记录下来。虽然 Red Hat Linux 目前能够支持大多数硬件设备，但万一出现不支持的硬件，就要通过记录的硬件信息进行配置和升级。

(2) 规划硬盘分区

Linux 操作系统采用单一目录对文件与数据进行管理，不同的分区可挂载到某个目录下。表 1.7 给出 Linux 系统对应目录的主要作用及单独挂载一个分区时的建议空间大小。

表 1.7 系统配置

目录(分区)	主要作用	建议空间大小	备　注
/boot	存放启动文件	128MB	大多数情况不用单独分区
/usr	安装软件存放位置	2.5GB	安装软件较多时可以单独分区
/home	存放个人数据	视用户多少而定	如果提供 Samba 服务，并且用户较多，空间相应较大，则建议单独分区
/var	存放临时文件	256MB	如果提供邮件服务，则要有几个 GB 的空间
swap	交换分区	实际内存	
/	根目录	256MB	最好把剩下的空间全部划分给"/"分区

提示：规划分区时，自动磁盘分区方案是不安全的。安全的分区原则如下。

- 可以先考虑"/"分区空间以外的空间要求情况，然后把剩下的空间全部划分给"/"分区。
- 将系统数据和普通用户数据分离，放置于不同的分区（即使用单独的 home 分区）。将不经常变化的系统数据和经常变化的系统数据分离，放置于不同的分区（即使用单独的 usr 分区和 var 分区）。
- 一般来说，在一个实际系统中至少要创建单独的 home 分区。

① 一般小型网络使用的 Linux 服务主机

提供服务：提供小型网络主机联机共享，同时提供 Web 服务、邮件服务、Samba 服务。

硬盘分区规划：

/home　　/dev/had5：3GB
/var　　/dev/had6：2GB
swap　　/dev/had7：实际内存 2 倍
/　　/dev/had1：剩下空间

② 练习使用 Linux 系统

提供服务：不提供其他服务，仅个人使用，要求双系统。

硬盘分区规划：

/dev/had1　　：5GB 以上（用于安装 WIN2000/XP 系统）
swap　　/dev/had5：实际内存 2 倍
/home　　/dev/had6：1GB
/　　/dev/had2：5GB

其他为尚未划分空间。

依据上述说明及其示例，分别为公司的服务器及其员工个人计算机提供分区规划（假设硬盘留给 Linux 系统的可用空间大小为 10GB），服务器提供 Samba 服务、邮件服务等，员工要求双系统。

(3) 安装 Red Hat Enterprise Linux 5 操作系统

安装过程请参照教材相关部分（这里不再重复）。

(4) 使用不同方式登录系统

Linux 操作系统是一个多用户、多任务的操作系统。多用户就是指在同一时刻允许多个用户使用主机。例如,现在正使用一台主机,如果这台主机联网了,那么其他用户在这一时刻也可以通过网络,像使用本地主机一样使用这台主机。

① 图形化登录

Linux 操作系统默认是以图形界面登录的,在登录窗口可以输入账户名称及密码。登录成功会进入系统画面。

② 文本环境登录

如果选择维护模式登录(如果开机后没有选择菜单,则按 Esc 键进入选择菜单)或者开机后按 Ctrl+Alt+F1 键,就可以进入。同样,在 Login 后输入用户名,然后按照要求输入登录密码,也可以登录系统。

(5) 配置网络

成功进入系统后,分别要求使用 ifconfig、route、setup 和 resolv. conf 进行详细的使用配置。

(6) 测试网络

① 使用 ping 命令测试网络的连通性,并分析和说明具体参数。

② 分别使用 netstat 和 nslookup 进行测试网络,并分析和说明具体参数。

4. 实训总结

要求从了解计算机硬件入手,针对不同的应用,安装 Red Hat Enterprise Linux 5 操作系统并完成基本配置和测试。

5. 实训拓展与提高

实现虚拟机安装 Red Hat Enterprise Linux 5 操作系统。

第2章 chapter 2

DHCP服务器搭建与应用

教学目标与要求

对于一个大型网络，可能存在很多计算机和网络设备。如何为它们快捷地分配 IP 地址，并且提高管理维护的效率？动态主机配置协议（Dynamic Host Configuration Protocol，DHCP）是通过由网络内一台服务器提供相应的网络配置服务来实现的。本章将详细介绍 DHCP 服务器的安装、配置和使用。通过本章的学习，读者应该做到：

- 理解 DHCP 协议工作过程。
- 熟练掌握安装和配置 DHCP 服务器的方法。
- 理解配置 DHCP 服务器的实例。
- 掌握测试 DHCP 服务器的方法。

教学重点与难点

DHCP 的工作原理及安装配置，配置 DHCP 的实例及实施过程。

2.1 DHCP 协议

2.1.1 DHCP 概述

DHCP 可以为客户机自动分配 IP 地址、子网掩码、默认网关和 DNS 服务器地址等 TCP/IP 参数。

在一个网络中，每一台计算机都必须适当配置 TCP/IP 协议。这意味着包括网络 IP 地址、子网掩码、默认网关地址、DNS 服务器地址等都要配置在每一台计算机上。如果工作站很多，这对网络安装、维护人员来说将是一项非常大的工程；并且对所有的工作站都设置这样的参数，要避免不出问题是很困难的。如果同一个 IP 地址被使用了两次，则将引起 IP 地址的冲突，而且有可能使整个网络不能正常工作。此外，如果只拥有 30 个合法的 IP 地址，而管理的机器有 60 台，那么只要这 60 台机器中，同时使用服务器 DHCP 服务的不超过 30 台，就可以解决 IP 地址资源不足的情况。

一台 DHCP 服务器可以让网络管理员集中指派和指定全局或子网特有的 TCP/IP

参数供整个网络使用。客户机不需要手动配置 TCP/IP,并且当客户机断开与服务器的连接后,旧的 IP 地址将被释放以便重用。有了 DHCP 服务器,它就能激活“从 DHCP 服务器获得 IP 地址”选项,此时 DHCP 服务器就具有了对工作站的 TCP/IP 进行适当配置的功能,这也有助于大幅度降低网络维护和管理的费用。

2.1.2 DHCP 的工作过程

DHCP 分为两部分:服务器端和客户端。所有客户机的 IP 地址设定资料都由 DHCP 服务器集中管理,并负责处理客户端的 DHCP 要求;而客户端则会使用服务器分配的 IP 地址。

DHCP 服务器提供 3 种 IP 分配方式:自动分配(Automatic Allocation)、动态分配(Dynamic Allocation)和手动分配。自动分配是当 DHCP 客户端第一次成功地从 DHCP 服务器端分配到一个 IP 地址之后,就永远使用这个地址。动态分配是当 DHCP 客户端第一次从 DHCP 服务器分配到 IP 地址后,并非永久使用该地址;每次使用完后,DHCP 客户端就得释放这个 IP 地址,以给其他客户端使用。

手动分配是由 DHCP 服务器管理员专门指定 IP 地址。DHCP 客户机在启动时,会搜寻网络中是否存在 DHCP 服务器。如果找到,则给 DHCP 服务器发送一个请求。DHCP 服务器接到请求后,为 DHCP 客户机选择 TCP/IP 配置的参数,并把这些参数发送给客户端。如果已配置冲突检测设置,则 DHCP 服务器再将租约中的地址提供给客户机之前会用 ping 测试作用域中每个可用地址的连通性。这可确保提供给客户的每个 IP 地址都没有被使用手动 TCP/IP 配置的另一台非 DHCP 计算机使用。

根据客户端是否第一次登录网络,DHCP 的工作形式会有所不同。客户端从 DHCP 服务器上获得 IP 地址的整个过程分为以下 6 个步骤。

1. 寻找 DHCP 服务器

当 DHCP 客户端第一次登录网络的时候,如果发现本机上没有任何 IP 地址设定,则以广播方式发送 DHCP discover(发现)信息来寻找 DHCP 服务器,即向 255.255.255.255 发送特定的广播信息。网络上每一台安装了 TCP/IP 协议的主机都会接收这个广播信息,但只有 DHCP 服务器才会做出响应,如图 2.1(a)所示。

2. 分配 IP 地址

在网络中接收到 DHCP discover(发现)信息的 DHCP 服务器都会做出响应,从尚未分配的 IP 地址中挑选一个分配给 DHCP 客户机,并向 DHCP 客户机发送一个包含分配的 IP 地址和其他设置的 DHCP offer(提供)信息,如图 2.1(b)所示。

3. 接收 IP 地址

DHCP 客户端接收到 DHCP offer(提供)信息之后,选择第一个接收到的提供信息,然后以广播的方式回答一个 DHCP request(请求)信息。该信息包含向它所选定的 DHCP 服务器请求 IP 地址的内容,如图 2.1(c)所示。

4. IP 地址分配确认

当 DHCP 服务器收到 DHCP 客户端回答的 DHCP request 请求信息之后,便向

DHCP 客户端发送一个包含它所提供的 IP 地址和其他设置的 DHCP ack 确认信息，告诉 DHCP 客户端可以使用它提供的 IP 地址。然后，DHCP 客户机便将其 TCP/IP 协议与网卡绑定。另外，除了 DHCP 客户机选中的服务器外，其他 DHCP 服务器将收回曾经提供的 IP 地址，如图 2.1(d)所示。

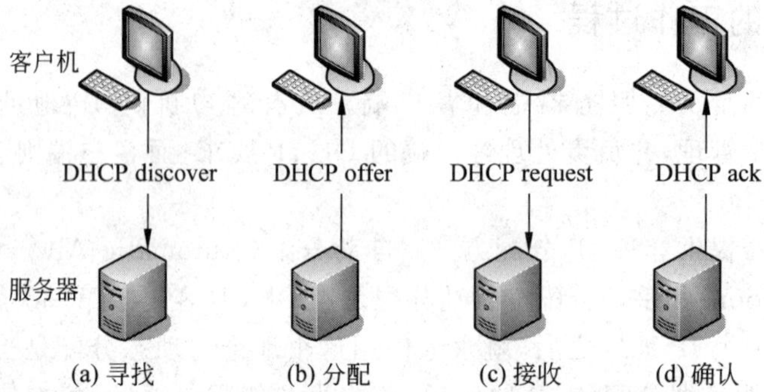

图 2.1　获得 IP 地址的过程

5. 重新登录

以后 DHCP 客户端每次重新登录网络时，就不需要再发送 DHCP discover 发现信息了，而是直接发送包含前一次所分配的 IP 地址的 DHCP request 请求信息。当 DHCP 服务器收到这一信息后，会尝试让 DHCP 客户机继续使用原来的 IP 地址，并回答一个 DHCP ack 确认信息。如果此 IP 地址已无法再分配给原来的 DHCP 客户机使用，则 DHCP 服务器给 DHCP 客户机回答一个 DHCP nack 否认信息。当原来的 DHCP 客户机收到此 DHCP nack 否认信息后，就必须重新发送 DHCP discover 发现信息来请求新的 IP 地址。

6. 更新租约

DHCP 服务器向 DHCP 客户机出租的 IP 地址一般都有一个租借期限，期满后 DHCP 服务器便会收回出租的 IP 地址。如果 DHCP 客户机要延长其 IP 租约，则必须更新其 IP 租约。DHCP 客户机启动时和 IP 的租约期限超过一半时，DHCP 客户机都会自动向 DHCP 服务器发送更新其 IP 租约的信息。

2.2　安装 DHCP 服务器

2.2.1　DHCP 服务器所需软件

DHCP 服务器所需要的软件包及其用途如下。

- dhcp-3.0.5-7.el5.i386：这是 DHCP 主程序包，包括 DHCP 服务器和中继代理程序。安装该软件包，进行相应配置，即可为客户动态分配 IP 地址及其他 TCP/IP 信息。
- dhcp-devel-3.0.5-7.el5.i386：这是 DHCP 服务器开发工具软件包，为 DHCP 开发提供库文件支持。

- dhcpv6-0.10-33.el5.i386：这是 DHCP 的 IPV6 扩展工具，使 DHCP 服务器能够支持 IPV6 的最新功能。
- dhcpv6_client-0.10-33.el5.i386：这是 DHCP 客户端 IPV6 软件包，帮助客户获取动态 IP 地址。

2.2.2 安装 DHCP 服务器的操作步骤

Red Hat Enterprise Linux 5 的安装程序没有默认将 DHCP 服务安装在系统上，可以使用下面的命令检查系统是否已经安装了 DHCP 服务。

```
[root@zhou~]#rpm -qa | grep dhcp
dhcpv6_client-0.10-33.el5
```

根据以上分析和测试结果，表示 DHCP 服务程序还未完全安装，将 Red Hat Enterprise Linux 5 的安装盘(DVD 版第一张)放入光驱，加载光驱后在光盘的 Server 目录下找到 dhcp-3.0.5-7.el5.i386.rpm 的安装包文件。

安装 DHCP 服务有两种方式：一是命令方式：rpm -ivh dhcp-3.0.5-7.el5.i386.rpm；二是直接双击安装方式。选择第二种方式进行安装。双击 dhcp-3.0.5-7.el5.i386.rpm 图标执行后，下一步完成安装。如图 2.2 所示，单击“应用”按钮完成安装。

说明：为了简化操作，本书只在此处用命令方式演示 DHCP 安装过程，后面章节不再重复，请读者自己选择安装方式。

1. 加载光驱

将第一张光盘放入光驱，执行下面的加载光驱命令。

```
[root@zhou~]#mount /dev/cdrom /mnt          (加载光驱到/mnt)
[root@zhou~]#cd /mnt/Server                 (进入服务包)
[root@zhou Server]#ls |grep dhcp            (列出要安装的对象,此外为 dhcp)
mount: block device /dev/cdrom is write-protected.mounting read-only
```

说明：

- 以上是手动加载光驱。如果系统已自动加载光驱了，则无须以上操作，可以直接打开光驱进行下面第二步操作。
- 光驱加载成功后，存放在/mnt 目录下。
- 操作完成后，必须手动卸载光驱。可以用 eject 弹出光驱，否则光盘不能正常从光驱中取出。

2. 安装软件包

如果是自动加载光驱，则打开驱动器，找到 server 目录下的 dhcp-3.0.5-7.el5.i386.rpm 包，直接双击执行。单击“应用”按钮完成安装。如果是手动加载光驱，则打开刚才加载的/mnt 目录，找到 server 目录下的 dhcp-3.0.5-7.el5.i386.rpm 包。直接双击执行，单击“应用”按钮，最后也可以完成安装，如图 2.2 所示。如果用命令行安装，如下操作：

```
[root@ zhou Server]#rpm -ivh dhcp-3.0.5-7.el5.i386.rpm (注意使用"TAB"键快速选择)
```

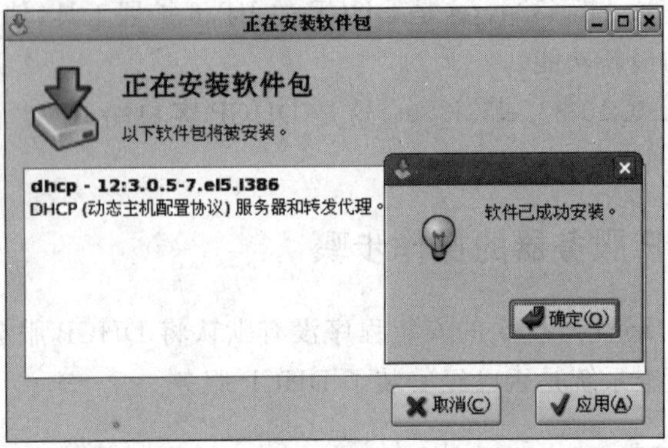

图 2.2　安装 dhcp-3.0.5-7.el5.i386.rpm 包

3. 安装测试

安装完毕后，可以使用 rpm 命令查询安装结果，如下所示。

```
[root@zhou~]#rpm -qa | grep dhcp
dhcpv6_client-0.10-33.el5
dhcp-3.0.5-7.el5
```

若通过以上测试，则表示 DHCP 服务所需的软件包全部具备，安装成功。

2.3 DHCP 一般服务器的配置

当 DHCP 服务安装完成之后，还需要对服务器端进行常规设置才能让 DHCP 服务器根据环境的需求提供服务。

1. DHCP 一般服务器配置的 3 个步骤

(1) 编辑主配置文件 dhcpd.conf，指定 IP 作用域。指定分配一个或多个 IP 地址范围。

(2) 建立租约数据库文件。

(3) 重新加载配置文件或重新启动 dhcpd 服务，使配置生效。

2. DHCP 工作流程

下面通过图 2.3 来进行讲解。

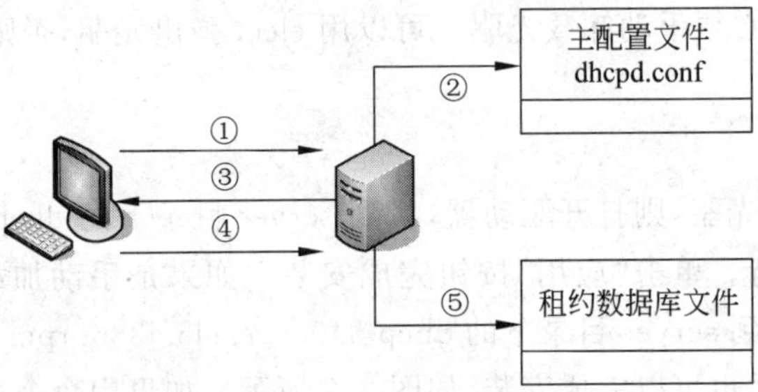

图 2.3　DHCP 工作流程

(1) 客户端发送广播,向服务器申请 IP 地址。

(2) 服务器收到请求后,查看主配置文件 dhcp. conf。先根据客户端的 MAC 地址查看是否为客户端设置了固定 IP 地址。

(3) 如果为客户设置了固定 IP 地址,则将该 IP 地址发送给客户端。如果没有设置固定 IP 地址,则将地址池中的 IP 地址发送给客户端。

(4) 客户端收到服务器回应后,要给服务器以回应,告诉服务器已经使用了分配的 IP 地址。

(5) 服务器将相关租约信息存入数据库。

2.3.1 主配置文件 dhcpd.conf

dhcpd. conf 是最核心的配置文件,它包括 DHCP 服务的配置信息,绝大部分的设置都需要通过修改该配置文件来完成。下面介绍 dhcpd 的基本组成部分和文件操作。

1. dhcpd. conf 文件的组成部分

dhcpd. conf 文件主要由 3 部分组成:参数(Parameters)、声明(Declarations)、选项(Option)。

2. 文件操作

dhcpd. conf 文件大致包括两个部分,分别为全局配置和局部配置。全局配置可以包含参数或选项,该部分设置对整个 DHCP 服务器生效。局部配置通常由声明部分表示,该部分仅对局部生效,如仅对某个 IP 作用有效。

dhcpd. conf 文件的格式如下。

```
#全局配置
参数或选项;          //全局生效

#局部配置
声明 {
    参数或选项       //局部生效
}
```

在 Red Hat Enterprise Linux 5 中 dhcpd 的配置文件不存在,需要手动建立,这样不太方便。当主程序包安装后,会自动生成一个配置文件范本,存放于/usr/share/doc/dhcp-3. 0. 5/dhcpd. conf. sample,可以使用 cp 命令把该文件复制到/etc/目录下,然后重命名为 dhcpd. conf,再根据环境配置加以修改即可。

```
[root@zhou~]#cp/usr/share/doc/dhcp-3.0.5/dhcpd.conf.samplie/etc/dhcp.conf
```

使用 vi 查看刚才 cp 过来的 dhcpd. conf 文件,该文件的内容包含了部分参数、声明以及选项的用法,其中注释部分可以放在任何位置,并以"#"开头,如下所示。

```
[root@zhou~]#vi /etc/dhcpd.conf
ddns-update-style interim:                                    #全局配置
ignore client-updates:
```

```
subnet 192.168.0.0 netmask 255.255.255.0{                        #局部配置

#---default gateway
      option routers                      192.168.0.1;
      option subnet-mask                  255.255.255.0;

      option nis-domain                   "domain.org";
      option domain-name                  "domain.org";
      option domain-name-servers          192.168.1.1;

      option time-offset                  -18000: #Eastern Standard Time
#     option ntp-servers                  192.168.1.1;
#     option netbios-name-servers         192.168.1.1;
#---Selects point-to-point node (default is hybrid). Don't change this unless
#--you understand Netbios very well
#     option netbios-node-type 2;

      range dynamic-bootp 192.168.0.128  192.168.0.254;
      default-lease-time 21600;
      max-lease-time 43200;

      #we want the nameserver to appear at a fixed address
      host ns {
             next-server marvin.redhat.com;
             hardware ethernet 12:34:56:78:AB:CD;
             fixed-address 207.175.42.254;
      }
```

从上述配置文件可看出，整个配置文件分为全局和局部两个部分。下面就参数、声明和选项进行详细讲解。

说明：当一行的内容结束时，以“;”号结束，大括号所在行除外。

2.3.2 常用参数介绍

参数表明服务器如何执行任务，是否要执行任务，或将哪些网络配置选项发给客户。如，设置IP地址租约的时候，或者是否要检查客户端所用的IP地址等。参数的主要内容如表2.1所示。

表2.1 参数

参数	解释
ddns-update-style	配置DHCP-DNS互动更新模式
ignore client-updates	忽略客户更新
default-lease-time	指定默认租约时间的长度，单位是秒
max-lease-time	指定最大租约时间长度，单位是秒

续表

参　　数	解　　释
hardware	指定网卡接口类型和 MAC 地址
server-name	通知 DHCP 客户服务器名称
get-1ease-hostnames flag	检查客户端使用的 IP 地址
flxed-address ip	分配给客户端一个固定的地址
authoritative	拒绝不正确的 IP 地址的要求

【例 2.1】 ddns-update-style(none | interim | ad-hoc)。

作用：定义所支持的 DNS 动态更新类型。

none：表示不支持动态更新。

Interim：表示 DNS 互动更新模式。

Ad-hoc：表示特殊 DNS 更新模式。

说明：该参数为必选参数，配置文件中必须包含这一参数，并且放在第一行。

【例 2.2】 ignore client-updates。

作用：忽略客户端更新。

【例 2.3】 hardware 类型 硬件地址。

作用：定义网络接口类型及硬件地址。常用类型为以太网(Ethernet)，地址为 MAC。

如：hardwarc Ethernet 12:34:56:78:AB:CD;

说明：该项只能用于 host 声明中。

【例 2.4】 fixed-address IP 地址。

作用：定义 DHCP 客户端指定的 IP 地址。

如：fixed-address 192.168.1.100;

说明：该项只能用于 host 声明中。

2.3.3 常用声明介绍

声明描述网络的布局，描述客户，提供客户的地址，或把一组参数应用到一组声明中，通常用来指定 IP 作用域，定义为客户端分配的 IP 地址池等。声明的格式如下。

```
声明 {
    选项或参数;
    }
```

其主要内容如表 2.2 所示。

表 2.2 声明

声　　明	解　　释
subnet-mask	为客户端设定子网掩码
shared-network	用来告知是否某些子网络分享相同的网络
subnet	描述一个 IP 地址是否属于该子网

续表

声　明	解　释
range 起始 IP 地址 结束 IP 地址	提供动态分配 IP 地址的范围
host 主机名称	参考特别的主机
group	为一组参数提供声明
allow unknown-clients;deny unknown-client	是否动态分配 IP 地址给未知的使用者
allow bootp;deny bootp	是否响应激活查询
allow booting;deny booting	是否响应使用者查询
next-name	开始启动文件的名称，应用于无盘工作站
next-server	设置服务器从引导文件中装入主机名，应用于无盘工作站

【例 2.5】 subnet 网络号 netmask 子网掩码{…}。

作用：定义作用域，即指定子网。

如：subnet 192.168.1.2 netmask 255.255.255.0 {…}

说明：网络号必须与 DHCP 服务器的网络号相同。

【例 2.6】 range 起始 IP 地址 结束 IP 地址。

作用：指定动态 IP 地址范围。

如：range dynamic-bootp 192.168.1.10 192.168.1.50；

说明：可以在 subnet 声明中指定多个 range，但 range 所定义的 IP 地址范围不重复。

【例 2.7】 host 主机名 {…}。

作用：用于定义保留地址。

如：host pc1 {…}

说明：该项通常搭配 subnet 声明使用。

2.3.4 常用选项介绍

某些参数必须以 option（选项）关键字开头，它们被称为选项。选项常用来配置 DHCP 客户端的可选参数。如，定义客户端的 DNS 服务器地址，定义客户端的默认网关等。其主要内容如表 2.3 所示。

表 2.3 选项

选　项	解　释
domain-name	为客户端指明 DNS
domain-name-servers	为客户端指明 DNS 服务器 IP 地址
host-name	为客户端设定主机名称
routers	为客户端设定默认网关
broadcast-address	为客户端设定广播地址
ntp-server	为客户端设定网络时间服务器 IP 地址
time-offset	为客户端设定与格林尼治时间的偏移时间，单位为秒

【例 2.8】 option routers IP 地址。

作用：为客户端指定默认网关。

如：option routers 192.168.1.1;

【例 2.9】 option subnet-mask 子网掩码。

作用：设置客户机的子网掩码。

如：option subnet-mask 255.255.255.0;

【例 2.10】 option domain-name-servers IP 地址。

作用：为客户端指定 DNS 服务器的地址。

如：option domain-name-servers 192.168.1.2;

2.3.5 租约期限数据库文件

引入 DHCP 服务的原因就是 IP 地址非常有限，因而客户端从 DHCP 服务器获得的 IP 地址是有期限的。这样就必须在 DHCP 服务器上指定租约期限，即可用的时间长度，在这个时间范围内 DHCP 客户端可以临时使用从 DHCP 服务器租借到的 IP 地址。如果客户端在租约即将到期之前，没有向服务器请求更新租约，则 DHCP 服务器会收回该 IP 地址，并将该 IP 地址提供给其他需要的 DHCP 客户端使用。如果原 DHCP 客户端以后还需要 IP 地址，就必须重新向 DHCP 服务器申请租用另一个 IP 地址。

租约数据库文件用于保存一系列租约声明，其中包含客户端的主机名、MAC 地址、分配到的 IP 地址以及 IP 地址的有效期等相关信息。每当租约发生变化的时候，都会在该文件尾添加新的租约记录。

DHCP 安装后，租约数据库并不存在。由于它在启动时需要这个数据库，所以要建立一个空文件/var/lib/dhcpd/dhcpd.leases。Red Hat Enterprise Linux 5 在安装 DHCP 后会自动建立该租约数据库文件。

当服务器正常运行后，可以使用 cat 命令查看租约数据库文件。

```
[root@zhou~ ]#cat /var/lib/dhcpd/dhcpd.leases
```

2.3.6 DHCP 配置实例 1

下面介绍 DHCP 配置实例。通过此实例，可以进一步理解参数、声明和选项。

【例 2.11】 某单位销售部有 80 台计算机，所使用的 IP 地址段为 192.168.1.1～192.168.1.254，子网掩码为 255.22.255.0，网关为 192.168.1.1。其中，192.168.1.2～192.168.1.30 分配给各服务器使用，客户端仅可以使用 192.168.1.100～192.168.1.200。剩余 IP 地址保留。

分析：首先，确认服务器的静态 IP 地址，创建主配置文件，然后定制全局配置和局部配置。局部配置需要声明 192.168.1.0/24 网段，然后在该声明中指定一个 IP 地址池。范围是 192.168.1.100～192.168.1.200，以分配给客户端使用。最后重新启动 dhcpd 服务。

（1）通过使用vi编辑器编辑/etc/dhcpd.conf文件，修改相应部分。

```
[root@zhou~]#vi /etc/dhcpd.conf
ddns-update-style none;
ignore client-updates;

subnet 192.168.1.0 netmask 255.255.255.0 {

#---default gateway
      option routers                  192.168.1.1;
      option subnet-mask              255.255.255.0;

      option nis-domain               "domain.org";
      option domain-name              "domain.org";
      option domain-name-servers      192.168.1.2;

      option time-offset              -18000: #Eastern Standard Time
#     option ntp-servers              192.168.1.1;
#     option netbios-name-servers     192.168.1.1;
#---Selects point-to-point node(default is hybrid), Don't change this unless
#--you understand Netbios very well
#     option netbios-node-type 2;

      range dynamic-bootp 192.168.1.100 192.168.1.200;
      default-lease-time 21600;
      max-lease-time 43200;
      #we want the nameserver to appear at a fixed address
#     host ns {
#             next-server marvin.redhat.com;
#             hardware ethernet 12:34:56:78:AB:CD;
#             fixed-address 207.175.42.254;
#     }
}
```

说明：

dnns-update-style none：设置动态DNS的更新方式为none。

Ignore client-updates：忽略客户端更新。

Subnet 192.168.1.0：设置IP的作用域192.168.1.0。

Option routers：设置默认网关192.168.1.1。

Option subnet-mask：设置子网掩码255.255.255.0。

Range dynamic-bootp：设置地址池，范围是：192.168.100～192.168.1.200。

Default-lease-time：设置默认地址租约时间为21 600。

Max-lease-time：设置客户端最大地址租约时间为43 200。

其余全部用“#”注解。

(2) 设置完配置后，保存退出，并重新启动 dhcpd 服务。

```
[root@zhou~]#service dhcpd restart
关闭 dhcpd:                                               [确定]
启动 dhcpd:                                               [确定]
```

(3) 验证测试。

首先修改客户端 IP 地址为自动获取 IP，请参考后面的 Windows 客户端配置。然后打开 CMD 窗口，执行 ipconfig 命令，按 Enter 键确认。查看自动获得 IP 的计算机，IP 地址已刷新为 192.168.1.200，如图 2.4 所示。

```
C:\WINDOWS\system32\cmd.exe

Ethernet adapter 本地连接:

        Connection-specific DNS Suffix  . : domain.org
        IP Address. . . . . . . . . . . . : 192.168.1.200
        Subnet Mask . . . . . . . . . . . : 255.255.255.0
        Default Gateway . . . . . . . . . : 192.168.1.1

C:\>
```

图 2.4 查看客户端

说明：IP 是从最大值开始分配的，上面设置的地址为 192.168.1.100～192.168.1.200，所以客户端得到的 IP 为 192.168.1.200。

使用 ipconfig/release 释放 IP 地址，再用 ipconfig/renew 重新得到 IP 地址，可以再次确定。

2.3.7 启动/停止 DHCP 服务

要启动/停止 DHCP 服务可以通过/etc/rc.d/init.d/dhcpd 进行操作，也可以使用 service 命令。

1. 启动 DHCP 服务

```
[root@zhou~]#service dhcpd start
启动 dhcpd:
[root@zhou~]#/etc/rc.d/init.d/dhcpd start
启动 dhcpd:
```

2. 停止 DHCP 服务

```
[root@zhou~]#service dhcpd stop
关闭 dhcpd:                                               [确定]
[root@zhou~]#/etc/rc.d/init.d/dhcpd stop
关闭 dhcpd:                                               [失败]
```

说明：第二次操作失败为正常，因为服务器第一次操作已停止。

3. 重新启动 DHCP 服务

```
[root@zhou~]#service dhcpd restart
关闭 dhcpd:                                               [确定]
```

```
启动 dhcpd:                                          [确定]
[root@zhou~]#/etc/rc.d/init.d/dhcpd restart
关闭 dhcpd:                                          [确定]
启动 dhcpd:                                          [确定]
```

4. 设置自动启动 DHCP 服务

要让系统每次启动时自动运行 DHCP 服务，可以执行 ntsysv 命令。

```
[root@zhou~]#ntsysv
```

启动服务配置程序，在出现的对话框中找到 dhcp 服务，然后按空格键在其前面加上星号“*”，按 Tab 键选择“确定”按钮保存即可，如图 2.5 所示。

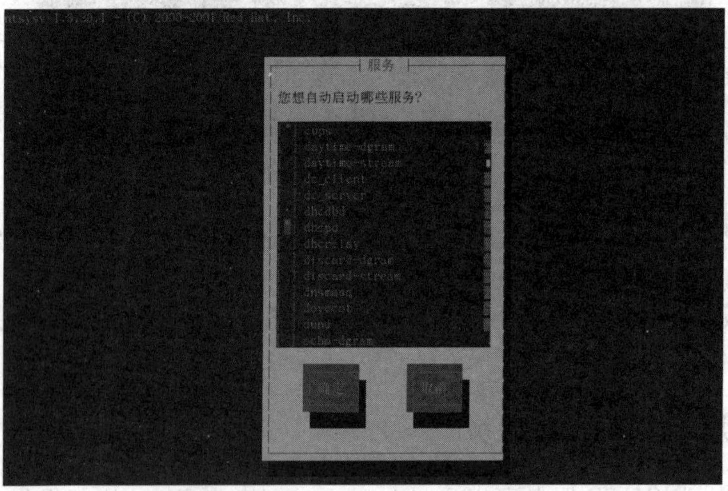

图 2.5 设置自动运行 DHCP 服务

2.3.8 绑定 IP 地址

在 DHCP 中的 IP 地址绑定用于给客户端分配固定的 IP 地址。如，服务器需要使用固定的 IP 地址，就可以使用 IP 地址绑定。通过 MAC 地址与 IP 地址的对应关系，为指定的物理地址计算机分配固定的 IP 地址。这个过程配置需要用到 host 声明和 hardware、fixed-address 参数。

2.3.9 DHCP 配置实例 2

【例 2.12】 某学院有办公计算机 200 台，准备将 192.168.1.0/24 网段分配给学院使用。由于手动配置工作量较大，所以管理员准备使用 Linux 系统搭建 DHCP 服务器。

其中路由器 IP 地址为 192.168.1.1，DNS 服务器 IP 地址为 192.168.1.2，DHCP 服务器 IP 地址为 192.168.1.3，所有办公用机使用 192.168.1.30～192.168.1.254，子网掩码均为 255.255.255.0。但是，校长所使用的固定 IP 地址为 192.168.1.88，教学秘书所使用的固定 IP 地址为 192.168.1.99，党委书记所使用的固定 IP 地址为 192.168.1.66。

分析：此实例的前半部分与实例1一样，但是如果要保证给校长、书记和教学秘书分配固定的IP地址，则需要在subnet声明中嵌入host声明，目的是要单独为其进行主机设置，并在host声明中加入IP地址和MAC地址绑定的选项，这样才可以达到要求。具体实现步骤如下。

(1) 设置服务器的静态IP地址。

(2) 编辑主配置文件dhcpd.conf。

使用vi编辑器打开dhcpd.conf文件，添加相应部分。

```
    [root@zhou~]#vi /etc/dhcpd.conf
ddns-update-style none
ignore client-updates:

subnet 192.168.1.0 netmask 255.255.255.0 {

#---default gateway
        option routers                          192.168.1.1;
        option subnet-mask                      255.255.255.0;

        option nis-domain                       "domain.org";
        option domain-name                      "domain.org";
        option domain-name-servers              192.168.1.2;

        option time-offset                      -18000:#Eastern Standard Time
#       option ntp-servers                      192.168.1.1;
#       option netbios-name-servers             192.168.1.1;
#---Selects point-to-point node(default is hybrid).Don't change this unless
#--you understand Netbios very well
#       option netbios-node-type 2;

        range dynamic-bootp 192.168.1.30 192.168.1.254;
        default-lease-time 21600;
        max-lease-time 43200;
        host dean {
                hardware ethernet 00:1A:92:CC:88:28;
                fixed-address 192.168.1.88;
                }
        host teachings {
                hardware ethernet 00:0A:EB:98:EC:1D;
                fixed-address 192.168.1.99;
                }
        host secretary {
                hardware ethernet 00:0A:D3:A0:65:0F;
                fixed-address 192.168.1.88;
```

```
        }

    #we want the nameserver to appear at a fixed address
#   host ns {
#           next-server marvin.redhat.com;
#           hardware ethernet 12:34:56:78:AB:CD;
#           fixed-address 207.175.42.254;
#   }
}
```

其中：

dean、teachings 和 secretary 分别对应校长、教学秘书和书记。这个名字可以随便取。

00:1A:92:CC:88:28 为校长的上网卡 MAC 地址、00:0A:EB:98:EC:1D 为教学秘书的上网卡 MAC 地址，00:0A:D3:A0:65:0F 为书记的上网卡 MAC 地址。192.168.1.88、192.168.1.99 和 192.168.1.88 分别对应上面 3 个 MAC 的 IP 地址。

（3）重新启动服务器。

```
[root@zhou~]#service dhcpd restart
关闭 dhcpd:                                                    [确定]
启动 dhcpd:                                                    [确定]
```

（4）验证测试。

① 在任何一台办公计算机上测试（方法同 2.3.6 节的操作），结果如图 2.6 所示。IP 地址为 192.168.1.254，即自动获得 IP 地址。

图 2.6　客户机自动获得 IP 地址

② 在院长的计算机上测试（方法同 2.3.6 节的操作），结果如图 2.7 所示。IP 地址为 192.168.1.88，正好是我们绑定的 IP 地址。

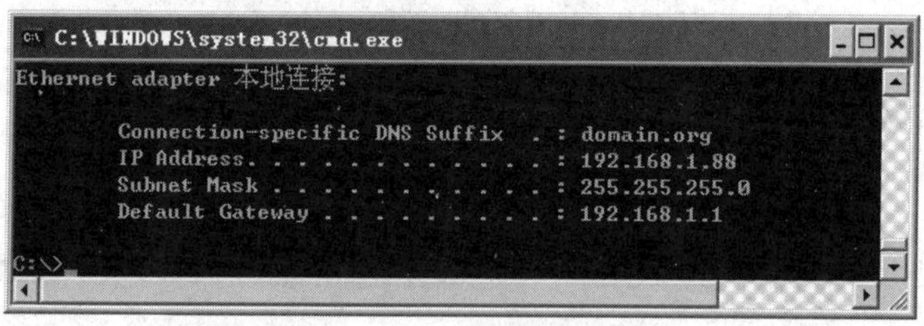

图 2.7　客户机绑定得到 IP 地址

2.4 DHCP高级服务器的配置

2.4.1 DHCP规划

企业中的网络环境不尽相同，如果IP地址的规划不合理，就可能会降低整个网络的通信效率，甚至导致网络断网。可以说IP地址信息是网络连通的基本要素之一，而管理员掌握着整个网络的命脉，所以在规划网络IP地址时，需要根据网络拓扑结构和规模，选择适合的DHCP方案。

1. 小型网络DHCP服务器

如果公司规模较小，只需要几台计算机联网，完全可以不采用DHCP，直接使用手动配置IP的方法。网络规模在几十台计算机，且网络拓扑结构简单时，采用DHCP服务器是不错的选择，如图2.8所示。

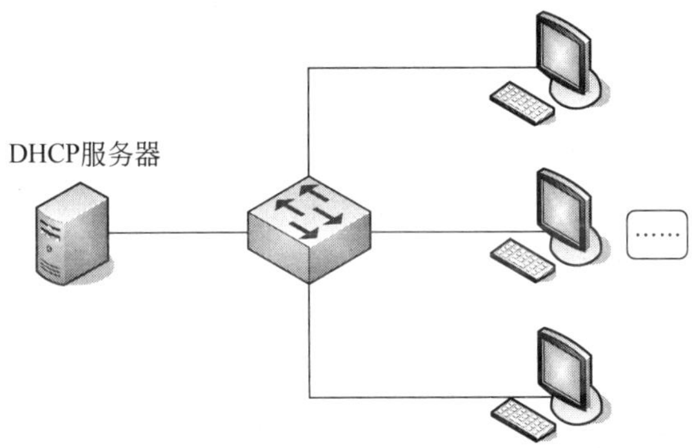

图2.8 小型网络拓扑结构

直接修改dhcpd.conf文件就能够实现小型DHCP服务器的组建，但要注意以下几点。

(1) DHCP服务器硬件设备选择

因为DHCP服务器需要长时间运行，所以应选择稳定的计算机担当DHCP服务器的角色。

(2) 规划IP地址获取方式

确定哪些计算机需要采用动态IP，哪些计算机(服务器)需要采用静态IP。

2. 大型网络DHCP服务器

如果网络中存在较多的计算机，那么为了管理和维护方便，建议管理员选择DHCP，采用动态分配IP地址的方式。对这样的DHCP服务器，更要考虑诸多因素。

(1) DHCP服务器位置

客户机第一次获取IP地址时，是采用广播形式，这样会造成网络带宽浪费；如果一段时间内没有接收到DHCP服务器的回应，客户机就会继续发送消息，从而进一步增大了网络负担。所以在组建DHCP服务器的时候，尽量使服务器连接网络核心设备，或者是直接连接到企业网络中的核心交换机。如图 2.9 所示，就是将 DHCP 直接与网络中心的核心交换机相连。

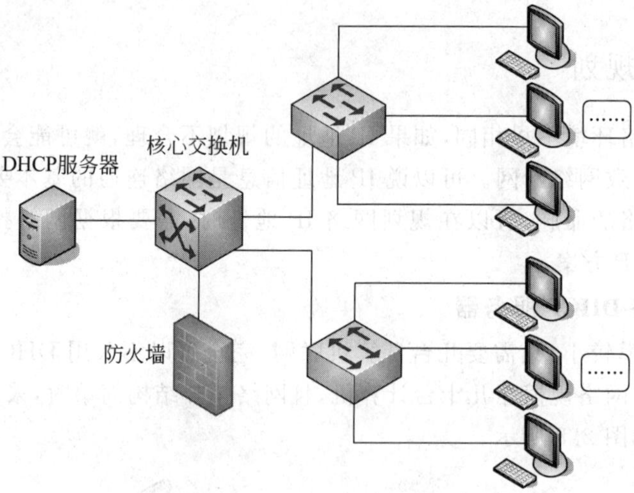

图 2.9 大型网络拓扑结构

(2) DHCP 服务器的作用域设置

企业中的部门职能不同，相应的需求也不相同，设置作用域时，要进行租约、网关及 IP 范围的划分。如企业中的销售人员，一般使用便携式笔记本等移动设备。因业务需要他们经常出差，因此销售部门的计算机就要不断脱离或接入企业网。如果 IP 租约设置太长，移动设备申请使用的 IP 地址无法得到释放，就会导致网络中的 IP 资源短缺。

3. 跨路由网络 DHCP 服务器

大家知道，广播数据包无法穿越路由器。默认情况下，一个子网内的客户机无法向其他子网的 DHCP 服务器发送请求，所以需要为每个子网设置一台 DHCP 服务器，这样就增加了硬件成本。为了避免这种情况，可以在网络中建立一台 DHCP 服务器，管理员通过在连接多个子网的路由器上设置 DHCP 中继代理，就可以使路由器转发 DHCP 消息，从而所有计算机能够通过该 DHCP 服务器获取 TCP/IP 信息，如图 2.10 所示。

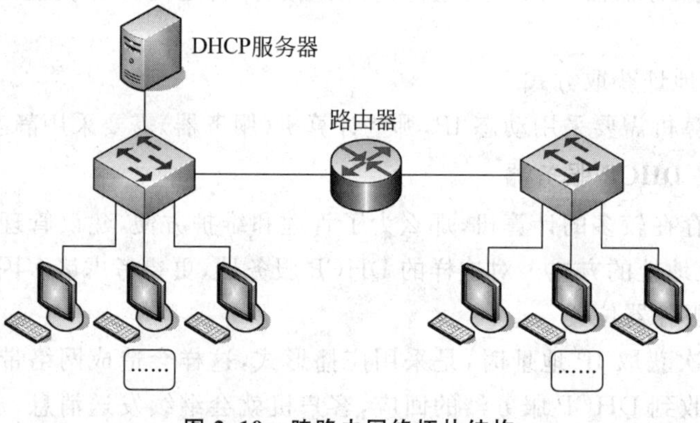

图 2.10 跨路由网络拓扑结构

配置存在路由的网络需要注意以下两点。

(1) 存在 DHCP 服务器

若一个物理网络被划分为多个逻辑子网,在所有的子网中,必须存在至少一台 DHCP 服务器,能够为其他计算机提供 TCP/IP 信息分配服务。

(2) 路由器中继代理设置

路由器不能转发广播数据包,为了能够发送 DHCP DISCOVER 消息,必须要在路由器上配置 DHCP 中继代理。

4. 80/20 规则

对于一个物理网络而言,搭建一台 DHCP 服务器就已经实现动态 IP 地址分配了,但其中存在某些不稳定因素。一旦仅有的 DHCP 服务器崩溃,客户机将无法获取 IP 地址。管理员可以选择安装多台 DHCP 服务器,然而,若 DHCP 服务器之间没有监督机制,也无法保证分配的地址没有冲突。

因此,管理员需要合理划分 DHCP 服务器的地址池,防止为客户机分配重复的地址。考虑到网络的稳定性,可以选择两台 DHCP 服务器,采用 80/20 规则划分 DHCP 服务器的作用域。一台 DHCP 服务器作为主服务器,管理 80%的网络 IP 地址,另一台 DHCP 服务器为辅助服务器,管理 20%的网络地址。日常工作中,分配 TCP/IP 信息由主 DHCP 服务器完成,在该服务器不可用时,辅助 DHCP 服务器才开始工作。该规则适用于多子网的网络拓扑,管理员可以根据具体需求进行服务器规划。

2.4.2 DHCP 多作用域设置

DHCP 服务器使用单一的作用域,大部分时间能够满足网络的需求,但在有些特殊情况下,要按需求设置多个作用域。

随着网络中计算机和其他设备数量的增加,IP 地址需要进行扩容才能够满足需求。小型网络可以对所有设备重新分配 IP 地址,其网络的内部客户与服务器数据较少,实现相对简单。但对大型网络,重新配置整个网络的 IP 地址是很不明智的。如果操作不当,可能就会造成通信暂时中断以及其他网络故障。

那么,随着网络规模的扩大,如何增加可用 IP 地址,才能够保证网络的稳定性呢?答案是:可以设置多个作用域。即 DHCP 服务器配置多个作用域,实现 IP 地址增容的目的。

例如,将 IP 地址规划为 192.168.1.0/24 网段,可以容纳 254 台设备,使用 DHCP 服务器建立 192.168.1.0 网段的作用域,动态管理 IP 地址。网络规模扩大到 500 台设备时,显然 C 类的 IP 地址范围是无法满足需要的。这时可以再为 DHCP 服务器添加一个新作用域,管理分配 192.168.0.0 网络的 IP 地址,为网络增加 254 个新的 IP 地址,这样既可以保持原有网络 IP 地址的规划,又可以扩容现有的 IP 地址。

对于多作用域的配置,必须保证 DHCP 服务器能够侦听所有子网客户机的请求信息。有两种实现方法:一是采用双网卡,二是利用 DHCP 超级作用域功能。第一种方法增加了网络拓扑的复杂性，并加大了维护的难度；第二种方法可以保持现有的网络结构，又可以实现网络扩容。

超级作用域是DHCP服务器的一种管理功能。使用超级作用域，可以将多个作用域组合为单个管理实体，进行统一的管理操作。使用超级作用域，DHCP服务器能够具备以下功能：

- DHCP服务器可以为单个物理网络上的客户端提供多个作用域租约。
- 支持DHCP和BOOTP中继代理，能够为远程DHCP客户端分配TCP/IP信息；可以根据网络部署需求，选择使用超级作用域。
- 现有网络IP地址有限，而且需要向网络添加更多的计算机；最初的作用域无法满足要求，需要使用新的IP地址范围扩展地址空间。
- 客户端需要从原有作用域迁移到新作用域；当前网络对IP地址进行重新规划，使客户端变更使用的地址，使用新作用域声明的IP地址。

DHCP超级作用域在dhcpd.conf文件中的固定格式如下。

```
Shared-network 超级作用域名称 {    #作用域名称，标示超级作用域
        [参数]                    #该参数对所有子作用域有效，可以不配置
        Subnet 子网编号 netmask 掩码 {
        [参数]
        [参数]
      }
}
```

2.4.3 DHCP配置实例3

本实例讲解配置多作用域的基本方法，为DHCP服务器添加多个网卡，连接每个子网，并发布多个作用域的声明。采用双网卡实现两个作用域，如图2.11所示。

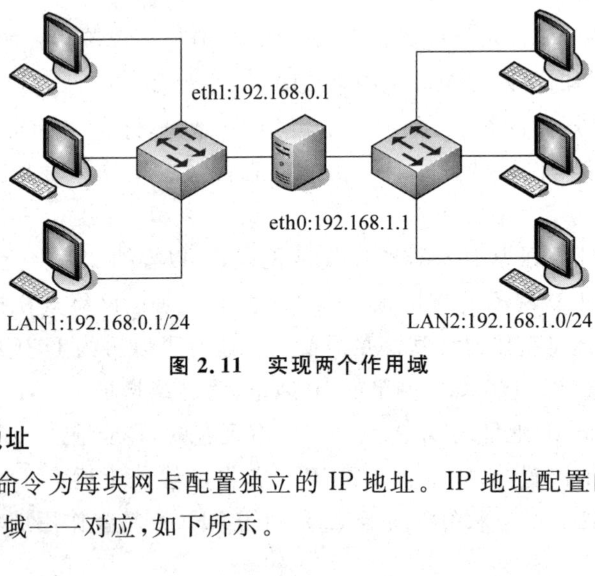

图2.11 实现两个作用域

1. 配置IP地址

使用ifconfig命令为每块网卡配置独立的IP地址。IP地址配置的网段要与DHCP服务器发布的作用域一一对应，如下所示。

```
[root@zhou~]#ifconfig eth0 192.168.1.1 netmask 255.255.255.0
[root@zhou~]#ifconfig eth1 192.168.0.1 netmask 255.255.255.0
```

2. 配置 dhcpd.conf 文件

搭建 DHCP 服务器网络环境后，利用 vi 简单编辑 dhcpd.conf 文件，便可以完成多作用域的设置，如下所示。

```
[root@zhou ~]#vi /etc/dhcpd.conf
ddns-update-style interim;
ignore client-updates;

subnet 192.168.1.0 netmask 255.255.255.0 {
        option domain-name "dubnettest.com";
        option domain-name-servers 192.168.1.1;
        default-lease-time 21600;
        max-lease-time 43200;
        option routers 192.168.1.1;
        range dynamic-bootp 192.168.1.100 192.168.1.200;
        }

subnet 192.168.0.0 netmask 255.255.255.0 {
        option domain-name "dubnettest.com";
        option domain-name-servers 192.168.1.2;
        default-lease-time 21600;
        max-lease-time 43200;
        option routers 192.168.0.1;
        range dynamic-bootp 192.168.0.100 192.168.0.200;
        }
```

3. 测试

重启 DHCP 服务器后，查看系统日志，检测配置成功与否。使用 tail 命令动态显示日志信息，如下所示。

```
[root@zhou~]#tail -F /var/log/messages
```

说明：划分子网时，如果选择直接配置多个作用域实现动态 IP 地址分配的任务，则必须要为 DHCP 服务器添加多块网卡，并配置多个 IP 地址，否则 DHCP 服务器只能分配与其现有网卡地址对应网段的作用域信息。

请读者根据实际情况选做以上案例。因为使用多网卡的方式，虽然可以达到扩展可用 IP 地址范围的目的，但会增加网络拓扑的复杂性，并加大维护难度。作者建议采用下面的超级作用域来实现。

2.4.4 DHCP 配置实例 4

【例 2.13】 某公司内部建立的 DHCP 服务器，网络规划采用单作用域的结构。采用 192.168.1.0/24 网段的 IP 地址，已不能满足业务需求，计划在原来 200 台计算机的基础上再增加 200 台，并且需要添加可用的 IP 地址。

可以使用超级作用域实现这一目的。在 DHPC 服务器上添加新的作用域，使用 192.168.3.0/24 网段，可扩展网络地址的范围。网络规划如图 2.12 所示。

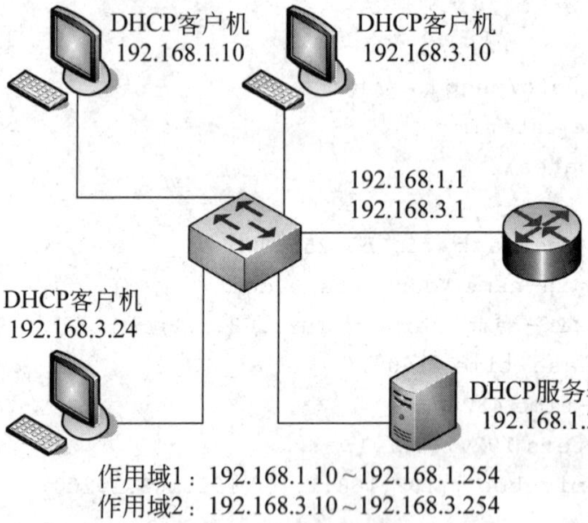

图 2.12 网络规划

1. 确定服务器 DHCP 的 IP

```
[root@ zhou~]#ifconfig eth0 192.168.1.3 netmask 255.255.255.0
```

说明：配置服务器之前，一定要先给服务器配置一个固定的 IP 地址，作者的服务器 IP 地址为 192.168.1.3。

2. 配置 dhcpd.conf 文件

```
[root@ zhou ~]#vi /etc/dhcpd.conf
ddns-update-style interim;
ignore client-updates;

shared-network company {

        option domain-name "company.com";
        option domain-name-servers 192.168.1.3;
        default-lease-time 21600;
        max-lease-time 43200;

        subnet 192.168.1.0 netmask 255.255.255.0 {

        option routers                    192.168.1.1;
        range dynamic-bootp 192.168.1.10 192.168.1.254;
        }
```

```
        subnet 192.168.3.0 netmask 255.255.255.0 {

        option routers 192.168.3.1;
        range dynamic-bootp 192.168.3.10 192.168.3.254;
        }
}
```

3. 重新启动 DHCP

```
[root@zhou~]#service dhcpd restart
关闭 dhcpd:                                           [确定]
启动 dhcpd:                                           [确定]
```

4. 使用 cat 命令查看系统日志

```
[root@zhou ~]#cat /var/log/messages
Aug 6 20:21:56 zhou dhcpd:Copyright 2004-2006 Internet Systems Consortium.
Aug 6 20:21:56 zhou dhcpd:All rights reserved.
Aug 6 20:21:56 zhou dhcpd:For info. please visit http://www.isc.org/sw/dhcp/
Aug 6 20:21:56 zhou dhcpd:Wrote 1 leases to leases file.
Aug 6 20:21:56 zhou dhcpd:Listening on LPF/eth0/00:0c:29:a7:12:d8/company
Aug 6 20:21:56 zhou dhcpd:Sending on   LPF/eth0/00:0c:29:a7:12:d8/company
Aug 6 20:21:56 zhou dhcpd:
Aug 6 20:21:56 zhou dhcpd:No subnet declaration for virbr0 (192.168.122.1).
```

DHCP 服务器启用超级作用域后，将会在其网络接口上根据超级作用域的设置，侦听并发送多个子网的信息。

说明：DHCP 服务器启用超级作用域，能够方便地为网络中的客户机提供分配 IP 地址的服务。由于超级作用域可能由多个作用域组成，因此分发给客户机的 IP 地址可能不在同一网段。这时，客户机如何互相通信及访问外网就成了很麻烦的问题。要解决这个问题，就需要为网关配置多个 IP 地址，并在每个作用域中设置对应的网关 IP 地址，从而使客户机可通过网关与其他不在同一网段的计算机进行通信。

2.4.5 DHCP 中继代理

当网络中存在多个子网的时候，通过搭建一台或者几台 DHCP 服务器，就能够承担整个网络的 IP 地址分配工作，完全没有必要为每个子网建立一台 DHCP 服务器。由于客户计算机只能通过广播发送 DHCP 请求，而这些请求一般不能跨越路由器，因此需采用特殊的设置使客户机获得其他子网的 TCP/IP 信息。

DHCP 客户机能够通过 DHCP 中继代理计算机转发 DHCP 的请求。DHCP 中继代理计算机能听取 DHCP 广播，由于它了解 DHCP 服务器的 IP 地址，因此通过正常的 IP 数据包可将原广播包转发到服务器中，然后再将服务器的回应信息回复给客户机。这样，就好像子网中存在一个 DHCP 服务器一样。

在ISC DHCP软件中，提供的中继代理程序为Dhcrelay，通过简单的配置就可以完成DHCP的中继设置。启动Dhcrelay的方式是：将DHCP请求中继发送到指定的DHCP服务器中，格式如下所示。

```
Dhcrelay DHCP 服务器地址          #开启所有网络接口的 DHCP 中继功能转发
                                 #到指定的 DHCP 服务器中
```

或

```
Dhcrelay -i 网卡 DHCP 服务器地址    #开启指定网络接口的 DHCP 中继功能
```

说明：由于网络中允许多个DHCP服务器同时为客户机提供TCP/IP信息，所以能够使用Dhcrelay配置多个DHCP服务器实现中继功能。

2.4.6 DHCP配置实例5

某学院内部有两个子网，IP地址网段分别为192.168.1.0/24以及192.168.3.0/24。现需要使用一台DHCP服务器，为这两个子网客户机分配IP地址。其学院网络拓扑结构如图2.13所示。

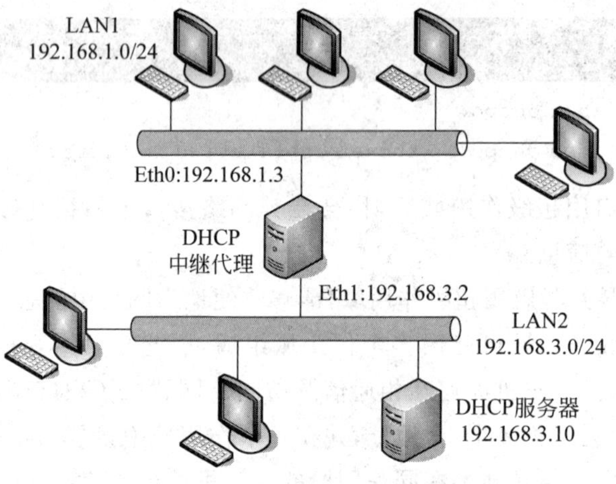

图2.13 网络拓扑结构

1. 配置DHCP服务器

DHCP服务器位于LAN2。需要为LAN1和LAN2的客户机分配IP地址，也就是声明两个网段，这样可以建立两个作用域。声明192.168.1.0/24和192.168.3.0/24网段。

配置编辑dhcpd.conf，如下所示。

```
[root@zhou ~]#vi /etc/dhcpd.conf
ddns-update-style interim;
ignore client-updates;

shared-network school {
```

```
subnet 192.168.1.0 netmask 255.255.255.0 {
        option routers                192.168.1.1;
        option subnet-mask            255.255.255.0;
        option domain-name-servers    192.168.1.1;
        option time-offset-18000;
        default-lease-time 21600;
        max-lease-time 43200;
        range dynamic-bootp 192.168.1.10 192.168.1.254;
        }

subnet 192.168.3.0 netmask 255.255.255.0 {

        option routers                192.168.3.1;
        option subnet-mask            255.255.255.0;
        option domain-name-servers    192.168.3.1;
        option time-offset         -18000;
        range dynamic-bootp  192.168.3.10  192.168.3.254;
        default-lease-time 21600;
        max-lease-time 43200;
        }
}
```

2. 启动 DHCP 服务器

```
[root@zhou~]#service dhcpd restart
关闭 dhcpd:                                                    [确定]
启动 dhcpd:                                                    [确定]
```

3. 配置 DHCP 中继代理

(1) 配置网卡 IP 地址

根据网络拓扑图,设置 DHCP 服务器网卡 IP 地址,如下所示。

```
[root@zhou~]#ifconfig eth0 192.168.1.3 netmask 255.255.255.0
[root@zhou~]#ifconfig eth1 192.168.3.2 netmask 255.255.255.0
```

(2) 启用中继代理

中继代理计算机默认不转发 DHCP 客户的请求,需要使用 Dhcrelay 指定 DHCP 服务器的位置,如下所示。

```
[root@zhou~]#dhcrelay 192.168.3.10
Internet Systems Consortium DHCP Relay Agent V3.0.5-RedHat
Copyright 2004-2006 Internet Systems Consortium.
All rights reserved.
For info. please visit http://www.isc.org/sw/dhcp/
Listening on LPF/eth0/00:0c:29:a7:12:d8
Sending on    LPF/eth0/00:0c:29:a7:12:d8
```

```
Listening on LPF/virbr0/00:00:00:00:00:00
Sending on   LPF/virbr0/00:00:00:00:00:00
sending on   Socket/fallback
```

4. 客户机测试

在 LAN1 中选择客户机，测试能否获取 DHCP 服务器的 IP 地址，如图 2.14 所示。

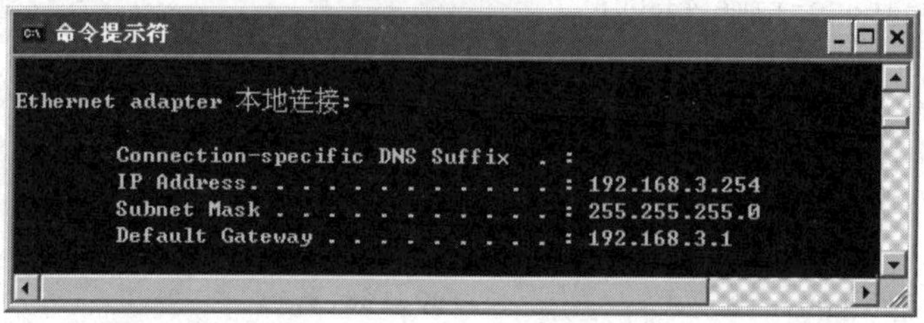

图 2.14　LAN1 客户机测试

LAN1 的客户机上用 ipconfig/release 释放原有的 IP 地址，并用 ipconfig/renew 获得新的 IP 地址。中继代理成功转发客户机请求，LAN1 的客户机获得 LAN2 中 DHCP 服务器提供的 IP 地址，因为 192.168.3.254 就是在 LAN2 中提供的网段地址。

2.5 DHCP 客户端的配置

2.5.1 Linux 中 DHCP 客户端的配置

Linux 中配置 DHCP 客户端有两种方法：文本方式配置和图形界面配置。

1. 文本方式配置

用文本方式配置 DHCP 客户端，需要修改网卡配置文件，将 BOOTPROTO 项的值设置为 dhcp。只需直接修改文件/etc/sysconfig/network-scripts/ifcfg-eth0，具体修改内容如下。

```
[root@zhou ~]#vi /etc/sysconfig/network-scripts/ifcfg-eth0
#Advanced Micro Devices [AMD] 79c970 [PCnet32 LANCE]
DEVICE=eth0
BOOTPROTO=dhcp
BROADCAST=192.168.1.255
HWADDR=00:0c:29:a7:12:d8
IPADDR=192.168.1.3
IPV6_AUTOCONF=yes
NETMASK=225.225.225.0
NETWORK=192.168.1.0
ONBOOT=yes
TYPE=Ethernet
```

重新启动网卡或者使用 dhclient 命令。

使用 ifdown 和 ifup 命令启动网卡,如下所示。

```
[root@zhou~]#ifdown eth0
[root@zhou~]#ifup eth0

正在决定 eth0 的 IP 信息…完成。
```

使用 dhclient 命令,重新发送广播申请 IP 地址,如下所示。

```
[root@zhou~]#dhclient eth0
```

使用 ifconfig eth0 命令进行测试,如下所示。

```
[root@zhou~]#ifconfig eth0
eth0      Link encap:Ethernet HWaddr 00:0C:29:A7:12:D8
          inet addr: 192.168.3.253  Bcast:192.168.3.255 Mask:255.255.255.0
          inet6 addr:fe80::20c:29ff:fea7:12d8/64 Scope:Link
          UP BROADCAST RUNNING MULTICAST  MTU:1500  Metric:1
          RX packets:9 errors:0 dropped:0 overruns:0 frame:0
          TX packets:67 errors:0 dropped:0 overruns:0 carrier:0
          collisions:0 txqueuelen:0
          RX bytes:1912(1.8 KiB) TX bytes:16292 (15.9 KiB)
```

客户端 IP 地址由原来的 192.168.1.3 变成了 192.168.3.253。

说明:此题是在上题的基础之上运行的,上题在 Windows 上分配到的 IP 地址为 192.168.3.254。

2. 图形界面配置

在终端图形界面下运行 neat 命令,出现"网络配置"对话框,如图 2.15 所示。双击配置文件中的 eth0,进入如图 2.16 所示的界面。单击"自动获取 IP 地址设置使用:dhcp"即可。

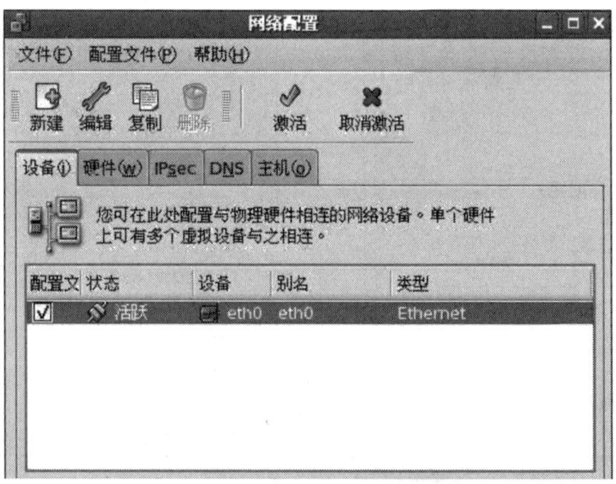

图 2.15 "网络配置"对话框

图 2.16　图形界面 DHCP 客户端的配置

2.5.2　Windows 中客户端的配置

下面以配置 Windows XP 的 DHCP 客户端为例，介绍在 Windows 操作系统中配置 DHCP 客户端的过程。具体步骤如下。

(1) 右击桌面上的"网络邻居"图标，然后从弹出的菜单中选择"属性"，打开"网络连接"窗口。

(2) 右击"本地连接"图标，然后从弹出的菜单中选择"属性"，打开"本地连接属性"窗口，如图 2.17 所示。

(3) 选中"Internet 协议(TCP/IP)"，然后单击"属性"按钮，打开"Internet 协议(TCP/IP)属性"对话框，如图 2.18 所示。

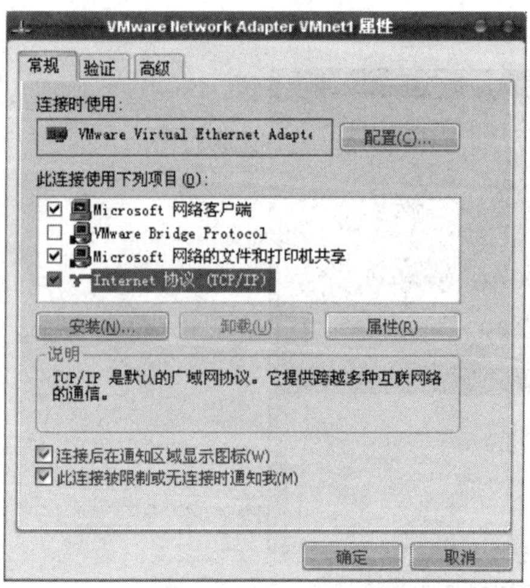

图 2.17　本地连接属性

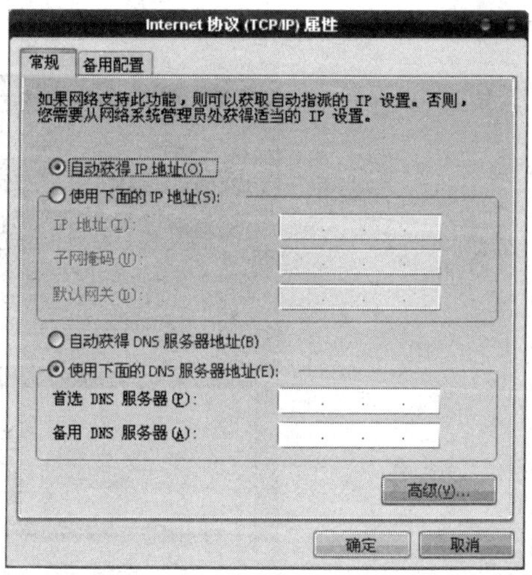

图 2.18　Internet 协议(TC/IP)属性

(4) 选择“自动获得 IP 地址”单选按钮和“自动获得 DNS 服务器地址”单选按钮，然后单击“确定”按钮，保存启用配置，就完成了 DHCP 客户端的配置。

(5) 释放 IP 地址。客户端在 CMD 窗口模式，运行 ipconfig/release 命令释放 IP 地址，如图 2.19 所示，然后使用 ipconfig/renew 命令重新申请 IP 地址，如图 2.20 所示。

图 2.19 释放 IP 地址

图 2.20 重新获取 IP 地址

2.6 DHCP 服务器故障排错

2.6.1 Linux 服务常用排错方法

1. 错误信息

仔细查看显示的错误信息，根据错误提示即可判断问题出在什么地方了。

2. 配置文件

有时可能是误操作导致配置失误，服务无法正常运行，可以通过检查配置文件来确认问题。现在很多服务的软件包有自带配置文件检查工具，可以通过这些工具对配置文件进行检查。

3. 日志文件

如果服务出现问题，还可以使用 tail 命令来动态监控日志文件(在 CLI 状态下可以使用 Ctrl+Alt+F1～F6 切换到另一个 CLI 文字终端下查看)。

```
[root@zhou~]#tail -F /var/log/messages
```

在创建及配置 DHCP 服务器的时候，可能会遇到一些错误或失败，下面介绍一系列检验 DHCP 服务器的方法以及可能造成这些错误的原因。通过下面这些检验和排错方法，可解决常见的 DHCP 问题，使服务器工作得更好。

2.6.2 dhcpd 命令

1. 配置文件出错

在配置过程中如果遇到无法启动 dhcpd 服务的情况，可以使用 dhcpd 命令进行检测。如果配置错误，会出现在提示信息中，只要根据提示信息的内容，进行修改或调试即可。例如：配置文件出错。

```
[root@zhou~]#dhcpd
Internet Systems Consortium DHCP Server V3.0.5-Red Hat
Copyright 2004-2006 Internet Systems Consortium.
All rights reserved.
For info, please visit http://www.isc.org/sw/dhcp/
WARNING: Host declarations are global. They are not limited to the scope
you declared them in.
/etc/dhcpd.conf line 23: unexpected end of file
}
^
Configuration file errors encountered --exiting
If you did not get this software from ftp.isc.org, please
get the latest from ftp.isc.org and install that before
requesting help.
If you did get this software from ftp.isc.org and have not
yet read the README, please read it before requesting help.
If you intend to request help from the dhcp-server@isc.org
mailing list, please read the section on the README about
submitting bug reports and requests for help.
Please do not under any circumstances send requests for
help directly to the authors of this software -please
send them to the appropriate mailing list as described in
the README file.
exiting.
```

上述配置文件中，粗体字部分提示说明配置文件有错误，并指出错误在第 23 行，提示为“}”符号结束。添加后显示为：**“There's already a DHCP server running.”**

```
[root@zhou~]#dhcpd
Internet Systems Consortium DHCP Server V3.0.5-Red Hat
Copyright 2004-2006 Internet Systems Consortium.
All rights reserved.
For info, please visit http://www.isc.org/sw/dhcp/
WARNING: Host declarations are global. They are not limited to the scope
you declared them in.
...
```

```
[root@zhou~]#There's already a DHCP server running.
…
exiting.
```

2. 网卡接口出错

如果网卡接口配置错误也可能导致服务启动失败，也就是说配置文件并不是唯一导致dhcpd服务无法启动的原因。例如，网卡(eth0)的IP地址为10.1.1.1，而配置文件中声明的子网为192.168.20/24(subnet 192.168.20.0 netmask 255.255.255.0)。通过dhcpd命令，也可以排除此类错误，如下所示。

```
[root@zhou~]#dhcpd
…
No subnet declaration for eth0 (10.1.1.1).
** Ignoring requests on eth0. if this is not what
   you want, please write a subnet declaration
   in your dhcpd.conf file for the network segment
   to which interface etho is attached. **
Not configured to listen on any interfaces!
…
exiting.
```

上述粗体代码显示提示为："没有为etho(10.1.1.1)设置子网声明。"

忽略eth0接受的请求，如果不希望出现上述粗体字提示结果，要在dhcpd.conf中为网卡eth0使用的网段添加一个子网声明。

"没有配置任何接口进行侦听!"。只需把网卡的IP地址更正就可以了。

2.6.3 租约文件

一定要确保租约文件存在，否则无法启动dhcpd服务。如果该文件不存在，手动建立即可。

2.6.4 ping

DHCP服务器设置完成后，需再次重启dhcp服务。如果客户端仍然无法连接DHCP服务器，则可以使用ping命令测试，检测网络的连通性。

2.6.5 MULTICAST

如果网络正常，服务器配置正确，但是客户端还是无法获得IP地址等信息，很可能是因为DHCP服务器的网卡没有开启MULTICAST(多点传送)功能。只要在该网卡上开启MULTICAST(多点传送)功能即可，如下所示。

```
[root@zhou~]#route add host 255.255.255.255 dev eth0
```

如果出现"255.255.255.255:Unkown host"提示，则需要修改/etc/hosts文件，并添

加一条主机记录，如下所示。

```
#Do not remove the following line, or various programs
#that require network functionality will fail.
127.0.0.1         localhost.localdomain localhost
::1               localhost6.localdomain6 localhost6
255.255.255.255 ice-apple
```

255.255.255.255 后面为主机名，主机名没有特别约束，只要是合法的主机名即可。

注意：可以编辑/etc/rc.d/rc.local 文件，添加 route add host 255.255.255.255 dev eth0 条目，这样可以使多点传送功能长久生效，如下所示。

```
[root@zhou~]#vi/etc/rc.d/rc.local
Route add -host 255.255.255.255 dev eth0
```

2.6.6 查看系统日志

不论什么服务，查看系统日志都是必不可少的。当遇到的问题没有出现在上述例子中时，不妨打开系统日志(/var/log/messages)看看，也许可以找到相应的答案。

2.7 本章小结

本章首先介绍了 DHCP 服务器产生的原因，其主要目的是方便 IP 地址及其网络配置的管理；并简述了 DHCP(Dynamic Host Configuration Protocol)协议，即动态主机配置协议，它是一个简化主机 IP 地址分配管理的 TCP/IP 协议。然后说明了 DHCP 服务的工作原理，DHCP 客户端如何向 DHCP 服务器申请 IP 地址及 IP 地址租约的更新。接着介绍了 Linux DHCP 配置命令和 DHCP 服务器的安装，详细介绍了 DHCP 服务器的配置，主要是对其配置文件中各个命令选项的深入解析。最后还介绍了创建 DHCP 服务器网络的实例，读者可以分层次学习 DHPC 的内容。在 DHCP 客户端的配置中，分别介绍了在 Windows 和 Linux 下的配置方法。通过学习本章，读者必须掌握常用的 Linux DHCP 配置过程、Linux DHCP 协议运行过程，这是本章的重点。

2.8 本章习题

1. 判断题

(1) DHCP 的 IP 地址分配基于：一个特定的物理子网以太网卡的硬件地址。 (　　)

(2) DHCP 不能为多网段提供 DHCP 服务。 (　　)

(3) IP 作用域是一个 IP 子网中所有可分配的 IP 地址的连续范围。 (　　)

(4) DHCP 服务器可以为 DHCP 客户端分配固定 IP。 (　　)

(5) 只有当 DHCP 客户端的 IP 租约期限超过一半时，它才会自动向 DHCP 服务器

发送请求包，以更新 IP 的租约。 ( )

(6) DHCP 客户端只可以用在 Linux 环境中。 ( )

(7) 停止和启动网卡可以用 ifdown 和 ifup 命令实现。 ( )

2. 选择题

(1) TCP/IP 中，________协议是用来进行 IP 自动分配的。

A. ARP　　B. DHCP　　C. DDNS　　D. NFS

(2) dhcp. conf 中用于向客户分配固定地址的参数是________。

A. filename　　B. fixed-address　　C. hardware　　D. server-name

(3) 在客户端怎样通过 DHCP 方式获取 IP ________。

A. 在客户端的网络设置里，将 IP 获取方式选为自动获取，并重新启动网络

B. 只要将客户端的网络重新启动就可以了

C. 只需在客户端的网络设置里将 IP 获取设置为自动获取

D. 不需要进行客户端的网络设置

(4) DHCP 的租约文件默认保存在目录________下。

A. /var/lib/dhcp/　　B. /var/lib/dhcpd/

C. /var/log/dhcpd/　　D. /etc/dhcpd/

(5) 网络上的 DHCP 客户端从 DHCP 服务器下载网络的配置信息，信息包括________。

A. IP 地址和子网掩码　　B. 网关地址

C. DNS 服务器地址　　D. 以上都是

3. 填空题

(1) DHCP 可以实现动态的________地址分配。

(2) DHCP 服务器是以________和________的方式为 DHCP 客户端提供服务的。

(3) 使用________命令启动 DHCP 服务器。

(4) ________命令可以测试 Linux 下的 DHCP 客户端是否已配置好。

(5) ________命令可以测试 Windows 下的 DHCP 客户端是否已配置好。

4. 操作题

(1) 配置 DHCP 服务器时的要求

① 能够为 192.168.1.10～192.168.1.140 网段的客户机分配 IP 地址。

② 分配域名为 gdxa. com。

③ 为主机 mail 保留 IP 地址 192.168.1.2，其中主机 mail 的 MAC 地址为 11:22:33:44:55:66。

(2) 步骤

① cp /usr/share/doc/dhcp-3.0.5/dhcpd. conf. sample dhcpd. conf。

② vi /etc/dhcpd. conf。

修改内容如下：

```
subnet 192.168.1.0 netmask 255.255.255.0
```

```
{
range ________________________;
…
}
…
host mail {
hardware ethernet 11:22:33:44:55:66;
fixed-address ________________________;
}
…
Option domain-name "gdxa.com"
```

③ 保存退出。

④ 启动服务器：service dhcpd start。

2.9 本章实训

1. 实训概要

某学院有办公计算机200台，现有3个系，分别是：计算机系、英语系和会计系。要求在一台Red Hat Enterprise Linux 5的主机上搭建一台DHCP服务器，实现IP地址的分配。

准备采用192.168.1.0/24网段给学校使用，其中路由器IP地址为192.168.1.1，DNS服务器IP地址为192.168.1.2，DHCP服务器IP地址为192.168.1.3。所有老师用机使用192.168.1.54～192.168.1.254，子网掩码均为255.255.255.0。同时要求，3个系的系主任所使用的IP地址为固定地址192.168.1.33、192.168.1.66和192.168.1.88。

2. 实训内容

在Red Hat Enterprise Linux 5操作系统上搭建DHCP服务器。

3. 实训过程

(1) 实训分析

首先，确认服务器的静态IP地址，创建主配置文件，然后定制全局配置和局部配置。局部配置需要把192.168.1.0/24网段声明出来，然后在该声明中指定一个IP地址池，范围是192.168.1.54～192.168.1.254，以分配给客户端使用。同时还需要在subnet声明中嵌入host声明，目的是要单独为3个系主任进行主机设置，并在host声明中加入IP地址和MAC地址绑定的选项。

(2) 实训步骤

具体的配置过程如下。

① 复制配置文件模板。

```
[root@zq ~]# ________________________
```

② 打开并配制 dhcpd.conf 主文件。

```
[root@localhost ~]#vi /etc/dhcpd.conf
```

③ 修改配置文件/etc/dhcpd.conf。

…

④ 建立或确认租约文件。

```
[root@zq ~]#________________________
```

⑤ 重新启动 DHCP 服务器。

⑥ 设置客户端(分别要求在 Linux 和 Windows 环境下设置)。

⑦ 测试 DHCP 服务器(要求记录测试结果,并进行分析处理)。

(3) 实训提升

由于学校不断扩大,现在 3 个系分别增加了 200 台计算机,当前的 IP 地址显然不够使用。现在要求对 3 个系分别用 192.168.1.0/24、192.168.2.0/24 和 192.168.3.0/24 网段来实现,其他参数不变。请用超级作用域来实现上述要求。

具体实现步骤请参照例 2.13。

4. 实训总结

通过此次上机实训,要求掌握在 Red Hat Enterprise Linux 5 上安装与配置 DHCP 服务器及其客户端的方法,并要求熟练掌握 DHCP 的应用配置方法。

第3章 chapter 3

DNS服务器搭建与应用

教学目标与要求

在 TCP/IP 网络中,只有 IP 地址才能唯一标识网络中的每个节点。由于计算机网络的飞速发展,如果现在还仅用 IP 地址去标识网络上的计算机是很不现实的,因为繁多的 IP 地址难以记住。为了解决这个问题,就产生了域名系统(Domain Name System, DNS)。它是因特网的一项核心服务,可以作为将域名和 IP 地址相互映射的一个分布式数据库,能够使人更方便地访问因特网,而不用去记住能够被机器直接读取的 IP 地址。

本章将详细介绍有关 DNS 服务器的基本概念、域名解析系统及在 Linux 系统上配置使用的相关知识。通过本章的学习,读者应该做到:

- 了解 DNS 基本概念及域名解析过程。
- 熟悉 Linux BIND 服务器的常用配置。
- 掌握配置 DNS 服务器的方法。

教学重点与难点

DNS 服务器的配置方法和具体实现过程,DHCP 的工作原理及安装、配置方法。

3.1 DNS 服务器简介

DNS 是一种组织成为域层次结构的计算机和网络服务命名系统。DNS 命名用于 TCP/IP 网络(如 Internet),包含了从 DNS 域名到各种数据类型(如 IP 地址)的映射。

通过 DNS,用户可以使用友好的名称查找计算机和服务在网络上的位置。当用户在应用程序中输入 DNS 名称时,DNS 服务可以将此名称解析为与其相关的其他信息。例如,在 TCP/IP 网络中,计算机只以数字形式的 IP 地址在网络上与其他计算机通信,但是数字形式的 IP 地址却不方便用户记忆。DNS 的出现提供了一种方法,将用户计算机或服务名称映射为数字地址,使用户能够使用简单好记的名称(如 www. zsu. edu. cn)来定位诸如网络上的 Web 服务器或邮件服务器。

3.1.1 DNS 简介

在一个 TCP/IP 架构的网络(例如因特网)环境中,DNS 是一个非常重要而常用的系统。其主要功能就是将易于记忆的域名(如 www.zsu.edu.cn)与不易记忆的 IP 地址(如 202.168.10.3)进行转换。而上面执行 DNS 服务的这台网络主机,就称之为 DNS 服务器。通常认为 DNS 只是将域名转换成 IP 地址,然后再使用所查到的 IP 地址去连接(即"正向解析")。事实上,将 IP 地址转换成域名的功能也是经常使用的,工作站会去做反向查询,找出你是从哪个地方连线进来的(即"逆向解析")。

早期的 HOSTS 文件采用了集中式管理,将数据存放在一台权威的名称服务器上,由客户机进行下载。虽然这样能够保证名字与 IP 地址对应关系信息的唯一性,但是一旦该名称服务器发生故障,客户机将无法更新 HOSTS 文件,从而导致整个网络名称解析错误。

DNS 对名称解析的操作进行了调整:

- DNS 采用分散形式的数据库存储,将名称解析信息分别存储在不同的名称服务器中,形成一个分布式数据库,从而增加了名称解析的可靠性。
- DNS 为层次结构,将所有名称信息组成一个名称空间(也称名字空间),并将其划分成子空间,以便提供分布式的存储。
- DNS 具有备份和缓存机制,从而提高了名称解析的性能和可靠性。

3.1.2 DNS 域名空间的分层结构

在域名系统中,每台计算机的域名由一系列用点分开的字母、数字段组成。完全正式域名(Full Qualified Domain Name,FQDN)在因特网的 DNS 域名空间中。域是其层次结构的基本单位,任何一个域最多属于一个上级域,但可以有多个或没有下级域。在同一个域下不能有相同的域名或主机名,但在不同的域中则可以有相同的域名或主机名。

1. 根域(root domain)

在 DNS 域名空间中,根域只有一个。它没有上级域,以圆点"."来表示,如图 3.1 所示。全世界的 IP 地址和 DNS 域名空间都是由位于美国的因特网信息管理中心(Internet Network Information Center,InterNIC)负责管理或进行授权管理的。目前全世界有 13 台根域服务器,这些根域服务器也位于美国,并由 InterNIC 管理。

在根域服务器中没有保存全世界所有因特网的网址,其中只保存着顶级域的"DNS 服务器-IP 地址"的对应数据。

2. 顶级域(top-level domain,TLD)

在根域之下的第一级域便是顶级域。它以根域为上级域,其数目有限且不能轻易变动。顶级域是由 InterNIC 统一管理的。在 FQDN 中,各级域之间都以圆点"."分隔,顶级域位于最右边,如图 3.1 所示。

常用的地理域和机构域有:

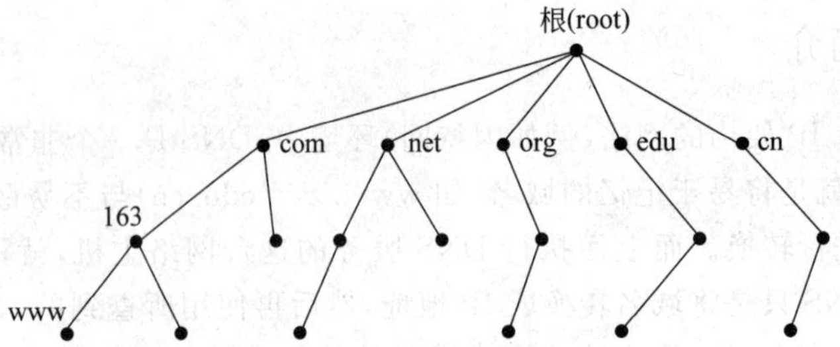

图 3.1　DNS 结构

(1) 机构域

. com 商业组织　　. edu 教育组织　　. net 网络支持组织

. gov 政府机构　　. int 国际组织

(2) 地理域

. au 澳大利亚　　. jp 日本　　. ca 加拿大

. uk 英国　　. ru 俄联邦　　. kr 韩国

. it 意大利　　. us 美国　　. fr 法国

. tw 中国台湾省　　. ch 瑞士　　. de 德国

. cn 中国　　. sg 新加坡

3. 各级子域(subdomain)

在 DNS 域名空间中，除了根域和顶级域之外，其他域都称为子域，如图 3.1 所示。

4. 反向域(in-addr. arpa)

为了完成反向域解析过程，需要使用到另外一个概念，即反向域。

5. DNS 域可以包括主机和其他域(子域)

每个机构都拥有名称空间的某一部分授权，负责该部分名称空间的管理和划分，并用它来命名 DNS 域和计算机。例如，163 为 com 域的子域，其表示方法为 163. com；而 www 为 163 域中的 Web 主机，可以使用 www. 163. com 表示。

3.1.3　区

区(zone)是 DNS 名称空间的一个连续部分，它包含一组存储在 DNS 服务器上的资源记录。每个区都位于一个特殊的域节点，但区并不是域。DNS 域是名称空间的一个分区，而区一般存储在文件中的 DNS 名称空间的某一部分，可以包括多个域。一个域可以再分成几部分，每个部分或区可以由一台 DNS 服务器控制。使用区的概念，DNS 服务器可以回答关于自己区中主机的查询，以及是哪个区的授权服务器。

3.1.4　DNS 域名服务器的类型

一般情况下，DNS 服务器有如下三种类型。

(1) 主服务器：每个区域中有唯一的主服务器，其中包含了授权提供服务的指定区域的数据库文件的主拷贝，其中包含了所有子域和主机名的资源记录。

(2) 附加的辅助服务器：辅助服务器为其区域从该区域中的主 DNS 服务器上获取数据。

(3) 附加的 Caching-only 服务器：与主辅助服务器不同的是，Caching-only 服务器不与任何 DNS 区域相关联，而且不包含任何活跃的数据库文件。一个 Caching-only 服务器开始时没有任何关于 DNS 域结构的信息，它必须依赖于其他 DNS 服务器来得到这方面的信息。每次 Caching-only 服务器查询 DNS 服务器并得到答案时，该 Caching-only 服务器就将该信息存储到它的名字缓存(Name Cache)中，当另外的请求需要得到这方面的信息时，该 Caching-only 服务器就直接从高速缓存中取出答案并予以返回。一段时间之后，该 Caching-only 服务器就包含了大部分常见的请求信息。

为使 DNS 服务得到实现，必须存在一个主 DNS 服务器，而附加的辅助服务器则不是必需的。一般建立辅助服务器有下面两个好处：

(1) 冗余。当主 DNS 服务器出现故障时，辅助 DNS 服务器可以承担起 DNS 服务的功能。为达到最大限度的容错，主 DNS 服务器与作为备份的辅助 DNS 服务器要做到尽可能的独立。

(2) 减负。当网络较大且服务比较繁忙时，可以用辅助的 DNS 服务器来减轻对主 DNS 服务器的负担。

在下面的叙述中，除特别说明之外，DNS 服务器均指主 DNS 服务器。

3.1.5 域名解析过程

计算机在网络上进行通信时只能识别如“220.181.38.4”之类的 IP 地址，而不能识别域名。在地址栏中输入域名后，就能看到所需要的页面，这是因为 DNS 服务器自动把域名“翻译”成了相应的 IP 地址，然后调出 IP 地址所对应的网页。下面针对具体的实例讲解 DNS 的解析过程。

假设客户机使用电信 ADSL 接入 Internet，电信为其分配的 DNS 服务器地址为 202.96.128.86，那么用户访问 www.baidu.com 时，其域名解析过程如图 3.2 所示。

(1) 客户机向本地域名服务器 202.96.128.86 发送解析 www.baidu.com 的请求。

(2) 本地域名服务器接收到请求后，查询本地缓存。如果没有相应的 DNS 记录，本地域名服务器会将查询 www.baidu.com 的请求发送到根域名服务器。

(3) 根域名服务器收到请求后，根据完全正式域名 FQDN，判断该域名属于 com 域。查询所有的 com 域 DNS 服务器的信息，并返回客户机。

(4) 域名服务器 202.96.128.86 收到回应后，先保存返回的结果，再选择一台 com 域的服务器，向其提交解析域名 www.baidu.com 的请求。

(5) com 域名服务器收到请求后，判断该域名属于 baidu.com 域。通过查询本地的记录，列出管理 baidu 域的域名服务器信息，然后将查询结果返回给服务器 202.96.128.86。

(6) 本地域名服务器收到回应后，先缓存返回结果，再向 baidu.com 域名服务器发出请求解析域名 www.baidu.com 的数据包。

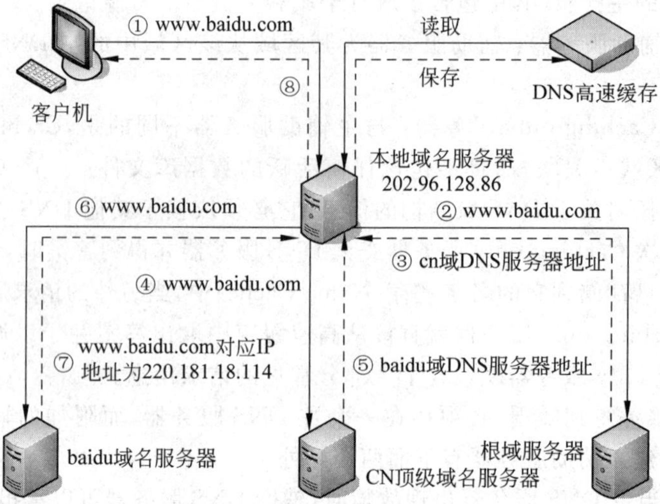

图3.2 域名解析过程示意图

(7) 域名服务器baidu.com收到请求后，查询DNS记录中www主机的信息，并将结果返回给服务器202.96.128.86。

(8) 本地域名服务器保存查询结果到本地缓存，同时将结果返回给客户机。

3.1.6 资源记录

为了将名字解析为IP地址，服务器查询它们的区（又叫DNS数据库文件或简单数据库文件）。区中包含组成相关DNS域资源信息的资源记录（RR）。例如，某些资源记录把友好名字映射到IP地址，另一些则把IP地址映射到友好名字。某些资源记录不仅包括DNS域中服务器的信息，还可用于定义域，即指定每台服务器授权了哪些域。这些资源记录，即SOA和DN资源记录，在后面章节将会详细讲解。

1. SOA资源记录

在每个区的开始处都包含一个起始授权记录（Start of Authority Record，SOA）。SOA定义了域的全局参数，并进行整个域的管理设置。一个区域文件只允许存在唯一的SOA记录。

2. NS资源记录

名称服务器（NS）资源记录表示该区的授权服务器。它表示SOA资源记录中指定的该区的主服务器和辅助服务器，也表示任何授权区的服务器。每个区在区根处至少包含一个NS记录。

3. A资源记录

地址（A）资源记录把FQDN映射到IP地址，因而解析器能查询FQDN对应的IP地址。

4. PTR资源记录

相对于A资源记录，指针（PTR）记录把IP地址映射到FQDN。

5. CNAME 资源记录

规范名字(CNAME)资源记录创建特定 FQDN 的别名。用户可以用 CNAME 记录来隐藏用户网络的实现细节,使连接的客户机无法得知这些细节。

6. MX 资源记录

邮件交换(MX)资源记录为 DNS 域名指定邮件交换服务器。邮件交换服务器是为 DNS 域名处理或转发邮件的主机。处理邮件是指把邮件投递到目的地或转交给另一不同类型的邮件传送者。转发邮件是指把邮件发送到最终目的服务器,或使邮件经过一定时间的排队。

3.2 安装 DNS 服务

3.2.1 BIND 简介

在 Linux 中,域名服务器是由 BIND(Berkeley Internet Name Domain)软件实现的。BIND 是一个 C/S 系统,其客户端称为转换程序(resolver),它负责产生域名信息的查询,将这类信息发送给服务器端。BIND 的服务端是一个称为 named 的守护进程,它负责回答转换程序的查询。

BIND 是目前最为流行的名称服务器软件,其市场占有率非常高。它主要有 3 个版本:BIND4、BIND8 和 BIND9。BIND8 已融合了许多具有稳定性、安全性的技术;而 BIND9 则增加了一些超前的理念,如支持 IPv6,公开密钥加密,支持多处理器,线程安全操作等,其基本配置与 BIND8 相同,并没有增加配置难度。

3.2.2 DNS 安装所需软件

DNS 所需要的软件包以及其用途如下。

- bind-9.3.3-10.el5.i386:该包为 DNS 服务的主程序包。服务器端必须安装该软件包,后面的数字为版本号。
- bind-utils-9.3.3-10.el5.i386 :该包为客户端工具,默认安装,用于搜索 domain name 指令。

3.2.3 DNS 的安装

Linux 的默认安装是没有安装 DNS 服务器的,可以通过以下命令检查系统是否安装了 DNS 服务器或查看已经安装了哪个版本。

```
[root@zhou~]#rpm -qa | grep bind
bind-libs-9.3.3-10.el5
bind-chroot-9.3.3-10.el5
ypbind-1.19-8.el5
bind-utils-9.3.3-10.el5
```

```
bind-9.3.3-10.el5
```

以上结果表示已安装了 DNS 所需的软件包。如果没有安装 DNS，首先就要获得 DNS 服务器的安装软件。如果使用 rpm 包安装，则可以在 Linux 安装光盘中获得。

将 Red Hat Enterprise Linux 5 的安装盘(DVD 版第一张)放入光驱，在光盘的 Server 目录下找到 bind-9.3.3-10.el5.i386.rpm 的安装包文件进行安装。安装方法同 DHCP 一样。

3.3 配置 DNS 常用服务器

安装了 DNS 服务器后，要使其能够提供正常的服务就必须清楚整个 DNS 的设定流程，以及每一步在整个流程中的作用。一个简单的 DNS 服务器设定流程主要分为以下 3 步。

- 建立主配置文件 named.conf。该文件主要是设置该 DNS 服务器能够管理哪些区域(zone)，以及这些区域所对应的区域文件名和存放路径。
- 建立区域文件。依照 named.conf 文件中指定的路径建立区域文件，该文件主要记录该区域内的资源记录。如：www.zsu.edu.cn 对应的 IP 地址为 202.213.202.15。
- 重新加载配置文件或重新启动 named 服务，使配置生效。

为了更好地理解流程中每一步的作用，下面通过一个示例来进行讲解，如图 3.3 所示。

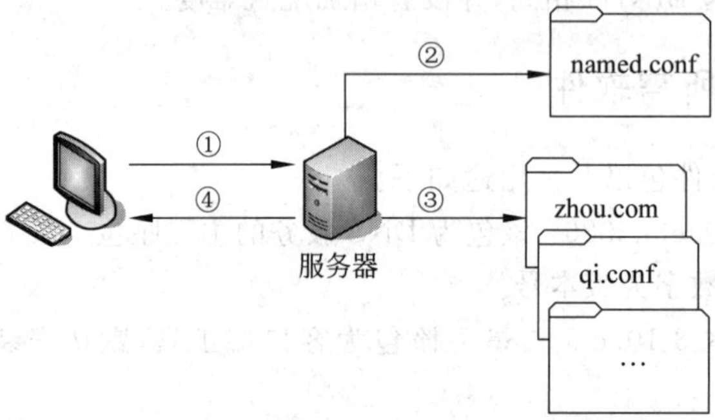

图 3.3 DNS 工作流程

(1) 客户端要获得 www.zhou.com 这台主机所对应的 IP 地址，将查询请求发送给 DNS 服务器。

(2) 服务器接收到请求后，查询主配置文件 named.conf，看是否能够管理 zhou.com 区域。named.conf 中记录着能够解析 zhou.com 区域，并提供 zhou.com 区域文件的所在路径及文件。

(3) 服务器根据 named.conf 文件中提供的路径和文件名找到 zhou.com 区域所对应的配置文件，并从中找到 www.zhou.com 主机所对应的 IP 地址。

(4) 将查询结果反馈给客户端,完成整个查询过程。

3.3.1 主配置文件 named.conf

安装 DNS 服务器后,要使其能够提供正常的服务就必须对它进行配置。

named. conf 是 BIND 的核心配置文件,它包含了 BIND 的配置,但并不包括域数据。named. conf 文件定义了 DNS 服务器的工作目录所在位置,所有的区域数据文件都存放在该目录中,该文件还定义了 DNS 服务器能够管理哪些区域。如果 DNS 服务器可管理某个区域,就能够完成该区域的域名解析工作。另外 named. conf 文件还可设置是否允许客户端的查询请求等诸多功能。

下面创建 named. conf 文件。注意:如果没有安装 caching-nameserver-9. 3. 3-10. el5. i386. rpm 包,则需要手动建立 named. conf 文件。为了方便管理,通常把该文件建立在 /etc 目录下,如下所示。

```
[root@zhou ~]#vi /etc/named.conf
```

手动建好 named. conf 文件后,该文件是空文件,还要对其进行设置。首先对配置的框架进行介绍。

```
options
{     字段      字段值;
};
logging
{     字段      字段值;
};

view
Zone      "区域名"     {
          type      区域类型;
          file      区域文件名;
};
```

为了使 DNS 服务器定位区域文件的位置,首先需要设置 DNS 服务器工作目录。指定工作目录相当于指定 DNS 服务器根目录,后续配置文件中所出现的路径均是相对工作目录而言的,通常用于存放所有的区域文件。

设置工作目录语句的语法格式如下:

```
options
{     字段      字段值;
};
```

例如:设置 DNS 服务器的工作目录为/var/named,如下所示。

```
options
{     directory "/var/named";
```

```
};
```

directory 设置存储区域文件的路径，默认路径为 directory/var/named。

3.3.2 配置正向解析区域

根据前面的流程分析，在设置 DNS 的工作目录后，需要设置可管理的区域。区域信息添加完成后，DNS 服务器就能够建立与这些区域的关联。

定义区域可以使用 zone 语句，其语法格式如下：

```
zone "区域名"{
     type 区域类型;
     file "区域文件名";
};
```

说明：

(1) 区域名：是服务器要管理的区域的名称，例如 example. com。如果添加了 example. com 区域，并且该区域存在相应的资源记录，那么 DNS 服务器就可以解析该区域的 DNS 信息了。

(2) type：指定区域的类型，对于区域的管理至关重要，一共分为 6 种，分别是 Master、Slave、Stub、Forward、Hint 和 Delegation-only。就搭建一般服务而言，主要用到 master 和 hint 类型。

- master(主 DNS 服务器)：拥有区域数据文件，并对此区域提供管理数据。
- hint：根域名服务器的初始化组指定使用的线索区域 hint zone。当服务器启动时，它使用线索来查找根域名服务器，并找到最近的根域名服务器列表。如果没有指定 class IN 的线索，服务器就使用编译时默认的根服务器线索。不过 IN 的类别没有内置默认线索服务器。

(3) file：指定区域文件的名称，该文件路径为相对路径，相对于/var/name 目录而言。

下面授权一个 DNS 服务器管理 zhouqi. org 区域。并把该区域的区域文件命名为 zhouqi. org，代码如下：

1. 添加正向解析区域

使用 vi 编辑器打开 named. conf 文件：

```
[root@zhou ~]#vi /etc/named.conf
options { directory "/var/named";
};


zone "zhouqi.org" {
        type master;
        file "zhouqi.org";
};
```

其中：

- 第一个“zhouqi. org”表示服务器可以管理的区域名。
- type master 表示服务器为主 DNS 服务器。
- file“zhouqi. org”表示区域文件名称。该文件路径属于相对路径，实际路径为 /var/named/zhouqi. org。

说明：配置文件中的语句必须以“；”结尾。

2. 建立正向区域文件

使用 vi 编辑器，创建正向区域文件 zhouqi. org。

```
[root@zhou ~]#vi /var/named/zhouqi.org
$TTL 86400
zhouqi.org.     IN     SOA    dns.zhouqi.org.    root.zhouqi.org (
                              20100820
                              1H
                              15M
                              1W
                              1D)

zhouqi.org.     IN     NS     dns.zhouqi.org.
dns             IN     A      192.168.1.100
aaa             IN     A      192.168.1.101
bbb             IN     A      192.168.1.102
```

3.3.3 配置反向解析区域

为了保证 zhou. com 区域服务器通信正常，必须为 zhou. com 区域设置一个反向区域，用于解析 IP 地址和域名之间的对应关系。

1. 添加反向解析区域

使用 vi 编辑器打开 named. conf 文件。

```
[root@zhou ~]#vi /etc/named.conf
```

设 zhou. com 中的服务器属于 192. 168. 1. 0/24 网段，添加以下字段。

```
zone "1.168.192.in-addr.arpa" {
        type master;
        file "1.168.192";
};
```

说明：设置反向区域时注意 zone 字段的格式，要反写 IP. in-addr. arpa。
file “1. 168. 192”配置区域文件位置。

2. 建立反向区域文件

使用 vi 编辑器，创建反向区域文件 1. 168. 192，如下所示。

```
[root@zhou ~]#vi /var/named/1.168.192
STTL 86400
@       IN    SOA    1.168.192.in-addr.arpa.     root.zhouqi.org (
                     20100820        ;serial
                     1H              ;refresh
                     15M             ;retry
                     1W              ;expire
                     1D)             ;minimun

@       IN    NS     dns.zhouqi.org.
100     IN    PTR    dns.zhouqi.org.
101     IN    PTR    aaa.zhouqi.org.
102     IN    PTR    bbb.zhouqi.org.
```

说明：

@：定义@变量的值，通常定义为本区域即为 zhouqi.org。

TTL：定义资源记录在缓存的存放时间。

3.3.4 区域文件与资源记录

在 DNS 服务器中储存了一个区域中包含的所有数据，保存这些数据的文件被称为区域文件，包括主机名对应的 IP 地址、刷新间隔和过期时间等。区域文件实际上是 DNS 的数据库，而资源记录就是数据库中的数据，其中包括多种记录类型，如 SOA、NA、A 记录等，这些记录统称为资源记录。如果没有资源记录，那么 DNS 服务器将无法为客户端提供域名解析服务。

一般每个区域都需要两个域文件，即正向解析区域文件和反向解析区域文件。这两种文件的结构和格式非常相似，区别是：反向解析区域文件主要建立 IP 地址映射到 DNS 域名的指针 PTR 资源记录，这点与正向区域文件恰恰相反。

如果想修改区域文件中的资源记录，可以使用 vi 命令直接编辑需要修改的区域文件。例如：

```
[root@zhou ~]#vi /etc/named.conf/zhouqi.org
```

通常区域文件的内容需要手动制定。创建区域之后，需要向该区域添加其他的资源记录。下面介绍几个常用的重要记录的作用。

1. SOA 资源记录

SOA 资源记录为起始授权机构记录，是最重要、最常用的一种资源记录。区域以服务器授权机构的概念为基础。当 DNS 服务器配置成加载区域时，它使用 SOA 和 NS 两种资源记录来确定区域的授权属性。

SOA 资源记录总是处于任何标准区域中的第一位。它表示最初创建它的 DNS 服务器或现在是该区域的主服务器的 DNS 服务器。它还用于存储影响区域更新或过期的其他属性，如版本信息和计时。这些属性会影响在该区域的域名服务器之间进行同步数据的频繁程度。

SOA 资源记录的语法格式如下：

```
区域名(当前)    记录类型    SOA    主域名服务器(FQDN)    管理员邮件地址(序列号
  刷新间隔    重试间隔    过期间隔    TTL)
```

下面是 SOA 资源记录的例子。

```
zhouqi.org.    IN    SOA    dns.zhouqi.org.    root.zhouqi.org (
                          20100820     ;serial
                          10800        ;refresh
                          3600         ;retry
                          604800       ;expire
                          36000)       ;minimun
```

说明：

主域名服务器：区域的主 DNS 服务器 FQDN。

管理员：管理区域负责人的电子邮件地址。在该电子邮件名称中使用英语句号“.”代替 at 符号“@”。

序列号(Serial)：该区域文件版本号。当修改数据文件里的数据时，这个版本号随之增加。每次区域改变时增加这个值非常重要，它使部分区域改动或完全修改的区域都可以在后续传输中复制到辅助 DNS 服务器上。

刷新时间(Refresh)：以秒计算的时间。辅助 DNS 服务器请求与源服务器同步的等待时间。当刷新间隔到期时，辅助 DNS 服务器请求源服务器的 SOA 记录副本。然后，辅助 DNS 服务将源服务器的 SOA 记录的序列号与其本地 SOA 记录序列相比较。如果二者不同，则辅助 DNS 服务器从主要 DNS 服务器请求区域传输。这个域的默认时间是 900s。

重试时间(Retry)：在辅助域名服务器刷新时无法连接到主域名服务器的情况下，辅助域名服务器等待的时间间隔，以秒为单位。

过期间隔(Expire)：以秒计算的时间，当这个时间到期时，如果辅助 DNS 服务器还无法与源服务器进行区域传输，则辅助 DNS 服务器会把它的本地数据当作不可靠数据。默认值是 86 400s(24 小时)。

最小(默认)：区域的默认生存时间(TTL)和缓存否定应答名称查询的最大间隔。该默认值为 3600s(1 小时)。

2. NS 记录

用于指定一个区域的权威 DNS 服务器。在 NS 资源记录中列出服务器的名字，其他主机就认为它是该区域的权威服务器。这意味着在 NS 资源记录中指定的任何服务器都被其他服务器当作权威的来源，并且能应答区域内所含名称的查询。

NS 资源记录的语法格式如下：

```
区域名  IN  NS  完整主机名(FQDN)
```

一个 NS 资源记录的例子如下：

```
zhouqi.org.  IN  NS  dns.zhouqi.org
```

3. A资源记录

A资源记录是使用最为频繁的一种，通常用于将指定的主机名称解析为对应的IP地址。

A资源记录语法的格式如下：

```
完整主机名(FQDN)  IN  A IP地址
```

一个A资源记录的例子如下：

```
aaa  IN  A  192.168.1.3
```

3.4 DNS应用配置实例1

至此，本书已介绍了最常用的三种资源记录。掌握这三种资源记录的用法，可以搭建和配置一个DNS服务器，提供域名到IP地址的解析服务。

3.4.1 DNS服务器配置与测试

下面以一个具体的配置作为实例进行讲解。

假设某单位所在的域“gztzy. org”内有三台主机，主机名分别为：jwc. gztzy. org、yds. gztzy. org和cys. computer. org。其中DNS服务器的地址为192. 168. 1. 3。三台主机的IP地址为192. 168. 1. 4、192. 168. 1. 5和192. 168. 1. 6。现要求DNS服务器dns. gztzy. org可以解析三台主机名和IP地址的对应关系。

分析：根据前面的操作，首先建立主配置文件，设置可以解析的gztzy. org区域。然后建立“gztzy. org”区域文件，并在区域文件中设置SOA、NS以及A资源记录。最后配置客户端。具体步骤如下：

1. 确认或配置DNS服务器的静态IP地址

服务器的IP地址一定是静态的，使用ifconfig查看并确认。

```
[root@zhou~]#ifconfig eth0
eth0       Link encap:Ethernet   HWaddr 00:0C:29:A7:12:D8
           inet addr:192.168.1.3  Bcast:192.168.1.255  Mask:255.255.255.0
           inet6 addr:fe80::20c:29ff:fea7:12d8/64 Scope:Link
```

本例中要求DNS服务器地址为192. 168. 1. 3，以上测试说明正好是此IP地址。

如果测试后IP地址跟本例要求不一致，就必须修改服务器的IP地址，请参考第1章1. 7. 6节网卡配置文件进行操作。

配置完网卡后，必须重新禁用或启动网卡使之生效，具体操作请参考第1章的1. 7. 3节。

2. 建立主配置文件 named. conf

使用 vi 命令创建 named. conf。

```
[root@zhou ~]#vi /etc/named.conf
```

3. 设置 named. conf 文件的工作目录/var/named

添加正向 gztzy. org 区域和反向 1. 168. 192 区域。

```
options { directory "/var/named";
};

zone "gztzy.org" {
        type master;
        file "gztzy.org";
};

zone "1.168.192.in-addr.arpa" {
        type master;
        file "1.168.192";
};
```

4. 建立并配置正向区域文件 gztzy. org

```
[root@zhou ~]#vi /var/named/gztzy.org
$TTL 86400
gztzy.org.      IN    SOA   dns.gztzy.org.    root.gztzy.org (
                            20100820
                            1H
                            15M
                            1W
                            1D)

gztzy.org.      IN    NS    dns.gztzy.org.
dns             IN    A     192.168.1.3
jwc             IN    A     192.168.1.4
yds             IN    A     192.168.1.5
cys             IN    A     192.168.1.6
```

说明：

$TTL：定义资源记录在缓存的存放时间。

SOA：设置 SOA 记录，注意 root 表示管理员的邮件地址。应该表示为 root@gztzy. org，但是这里不能使用"@"符号，因为"@"在这里表示区域，所以需要用". "来代替，表示为"root. gztzy. org"，可以简写为"root"。

NS：设置 NS 记录。

A：设置 A 记录。

5. 建立并配置反向区域文件“1.168.192”

```
[root@zhou ~]#vi /var/named/1.168.192
$TTL 86400
@       IN    SOA    1.168.192.in-addr.arpa.     root.gztzy.org (
                     20100820
                     1H
                     15M
                     1W
                     1D)

@       IN    NS     dns.gztzy.org.
3       IN    PTR    dns.gztzy.org.
4       IN    PTR    jwc.gztzy.org.
5       IN    PTR    yds.gztzy.org.
6       IN    PRT    cys.gztzy.org.
```

说明：

@：表示定义@变量的值，这里是定义本区域为 gztzy.org。

PTR：表示反向指针。

6. resolv.conf 文件

下面将测试 DNS 服务器，在 Linux 客户端进行，所以必须设置客户端的 DNS。此例要求 DNS 服务器的 IP 地址为 192.168.1.3，进行下面的修改即可。

```
[root@zhou ~]#vi /etc/resolv.conf
:generated by /sbin/dhclient-script
nameserver 192.168.1.3
```

7. 测试 DNS 服务器

在对 DNS 服务器测试之前，先重启 DNS 服务器，使修改过的配置文件生效，使用命令如下：

```
[root@zhou~]#service named restart
停止 named:                                                    [确定]
启动 named:                                                    [确定]
```

说明：如果启动服务器有以下提示：

```
[root@zhou~]#service named restart
Locating/var/named/chroot//etc/named.conf failed:   [失败]
```

则表示 caching-nameserver-9.3.3-10.el5.i386 包没有安装，此时要重新安装此包，然后再重新启动即可成功。

(1) 用 host 命令测试 DNS

Host 是常用测试 DNS 命令中的一个，功能相对 nslookup、dig 等命令较为简单，通常用于测试DNS服务器能否正常工作，如能否解析主机名与IP地址的对应关系等。

host命令格式如下：

```
host  主机名
```

测试结果如下：

```
[root@zhou~]#host jwc.gztzy.org
jwc.gztzy.org has address 192.168.1.4
[root@zhou~]#host yds.gztzy.org
yds.gztzy.org has address 192.168.1.5
[root@zhou~]#host cys.gztzy.org
cys.gztzy.org has address 192.168.1.6
[root@zhou~]#host 192.168.1.4
4.1.168.192, in-addr.arpa domain name pointer jwc.gztzy.org.
[root@zhou~]#host 192.168.1.5
5.1.168.192.in-addr.arpa domain name pointer yds.gztzy.org.
[root@zhou~]#host 192.168.1.6
6.1.168.192.in-addr.arpa domain name pointer cys.gztzy.org.
[root@zhou~]#host 192.168.1.3
3.1.168.192. in-addr.arpa domain name pointer dns.gztzy.org.
```

从上面可以看出，正向和反向都配置成功。

(2) 用ping命令测试DNS

测试结果如下：

```
[root@zhou~]#ping dns.gztzy.org
PING dns.gztzy.org (192.168.1.3) 56(84) bytes of data.
64 bytes from dns.gztzy.org (192.168.1.3): icmp_seq=1 ttl=64 time=1.98 ms
64 bytes from dns.gztzy.org (192.168.1.3): icmp_seq=2 ttl=64 time=0.117 ms
64 bytes from dns.gztzy.org (192.168.1.3): icmp_seq=3 ttl=64 time=0.091 ms
64 bytes from dns.gztzy.org (192.168.1.3): icmp_seq=4 ttl=64 time=0.291 ms

----  dns.gztzy.org ping statistics ----
4 packets transmitted, 4 received. 0%  packet loss. time 3000 ms
rtt min/avg/max/mdev=0.091/0.620/1.982/0.790 ms
```

测试成功。

3.4.2 DNS启动与停止DNS服务

下面将介绍使用命令行方式和图形化方式来启动、停止DNS服务器。

1. 命令行方式启动与停止

启动DNS服务的命令为：

```
[root@zhou ~]#service named start
```

停止 DNS 服务的命令为：

```
[root@zhou ~]#service named stop
```

重启 DNS 服务的命令为：

```
[root@zhou ~]#service named restart
```

要让 DNS 服务随系统启动而自动加载，可以执行 ntsysv 命令启动服务配置程序，找到 named 服务，按回车键，即在其前面加上星号，然后单击“确定”按钮即可，如图 3.4 所示。

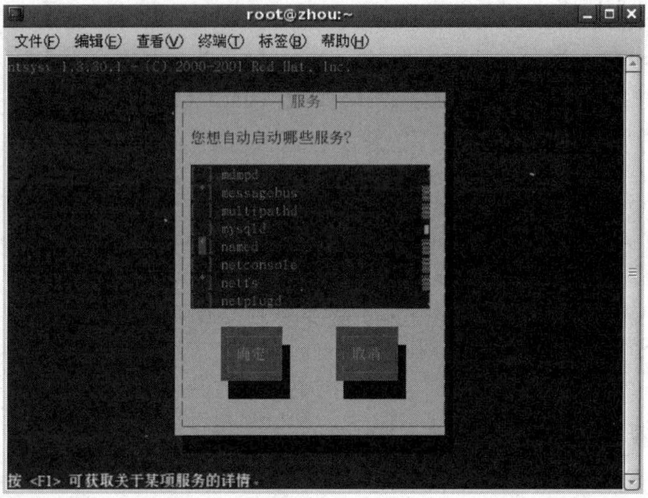

图 3.4 自动加载设置

2. 图形化方式启动与停止

选择【系统】|【管理】|【服务器设置】|【服务】命令，弹出服务配置窗口，如图 3.5 所

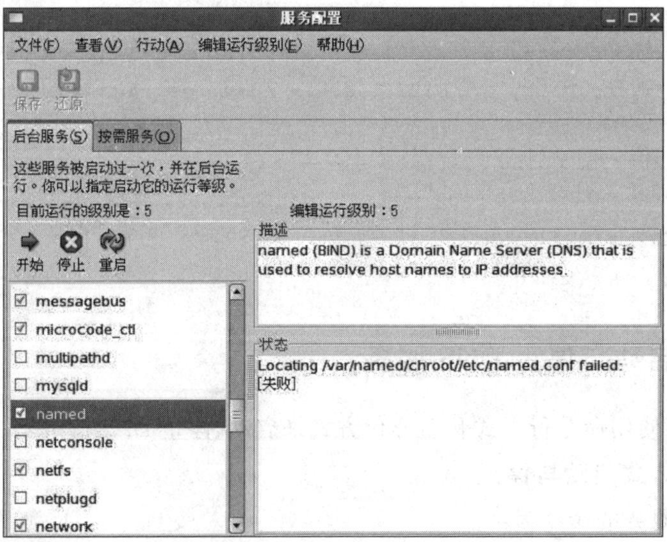

图 3.5 服务配置

示。选中【named】复选框，然后通过该窗口工具栏的【开始】、【停止】或【重启】按钮来操作DNS服务器。这样也可以设置系统启动时自动启动DNS服务器。

3.5 DNS应用配置实例2

1. 实例描述

假设某企业采用多个区域管理各部门的网络，产品研发部属于development.com域，产品销售部属于sales.com域，其他人员属于free.com域。产品研发部共有150人，采用的IP地址为192.168.1.1～192.168.1.150。产品销售部共有100人，采用的IP地址为192.168.2.1～192.168.2.100。其他人员共80人，采用的地址为192.168.3.1～192.168.3.80。

现采用一台主机配置DNS服务器，其IP地址为192.168.1.254。要求这台DNS服务器可以完成内网所有区域的正、反向解析，并且所有员工均可以访问外网地址。

2. 实训分析

本实训相对于前面讲过的DNS配置实例略有提高。前半部分可以依照实例1配置3个域并创建6个区域文件。后半部分是要求所有员工均可以访问外网地址，因此还需要设置根区域，并建立根区域对应的区域文件，这样才可以访问外网地址。

(1) 确认并配置DNS服务器IP地址为192.168.1.254。

(2) 建立主配置文件named.conf。

```
[root@zhou ~]#vi /etc/named.conf
options { directory "/var/named";
};

zone"." {
        type hint;                  //设置根域
        file "named.root";          //记录全球13台根域名服务器地址
};

zone "development.com" {            //设置可以解析development.com区域
        type master;
        file "development.com";     //设置development.com区域文件
};

zone "1.168.192.in-addr.arpa" {     //设置development.com的反向区域
        type master;
        file "1.168.192";
};

zone "sales.com" {                  //设置可以解析sales.com区域
        type master;
```

```
        file "sales.com";           //设置 sales.com 区域文件
};

zone "2.168.192.in-addr.arpa" {  //设置 sales.com 的反向区域
        type master;
        file "2.168.192";
};

zone "free.com" {                //设置可以解析 free.com 区域
        type master;
        file "free.com";          //设置 free.com 区域文件
};

zone "3.168.192.in-addr.arpa" {  //设置 free.com 的反向区域
        type master;
        file "3.168.192";
};
```

注意：named.root 记录全球 13 台根域名服务器的地址，将该文件复制到 DNS 的工作目录(/var/named)下即可，这样它就可以正常工作了。采用这种方法不但节省时间，而且可以避免手动输入错误。

named.root 存放于/usr/share/doc/bind-9.3.3/sample/var/named/named.root 目录下。

(3) 建立 7 个区域对应的区域文件。

```
[root@zhou ~]#vi /var/named/named.root
[root@zhou ~]#vi /var/named/development.com
[root@zhou ~]#vi /var/named/sales.com
[root@zhou ~]#vi /var/named/free.com
[root@zhou ~]#vi /var/named/1.168.192
[root@zhou ~]#vi /var/named/2.168.192
[root@zhou ~]#vi /var/named/3.168.192
```

(4) 分别建立 7 个区域文件，并添加相应的资源记录如下：

① 建立根区域文件。

```
[root@zhou ~]#cp /usr/share/doc/bind-9.3.3/sample/var/named/named.root /
var/named/
```

② 配置 development.com 正向解析的区域。

```
[root@zhou ~]#vi /var/named/ development.com
$TTL 86400
development.com.     IN        SOA    dns.development.com.    root (
                                      20100820     ;serial
                                      1H           ;refresh
```

```
                                15M        ;retry
                                1W         ;expire
                                1D)        ;minimum

development.com.    IN      NS     dns.development.com.
dns                 IN      A      192.168.1.254
depeople1           IN      A      192.168.1.1
depeople2           IN      A      192.168.1.2
……(略)
depeople150         IN      A      192.168.1.150
```

③ 配置 development.com 反向解析的区域。

```
[root@zhou ~]#vi /var/named/1.168.192
$TTL 86400
@     IN    SOA    254.1.168.192.in-addr.arpa.    root.development.com (
                          20100820     ;serial
                          1H           ;refresh
                          15M          ;retry
                          1W           ;expire
                          1D)          ;minimum

@          IN     NS      dns.development.com.
254        IN     PTR     dns.development.com.
1          IN     PTR     depeople1.development.com.
2          IN     PTR     depeople2.development.com.
……(略)
150        IN     PTR     depeople150.development.com.
```

④ 配置 sales.com 正向解析的区域。

```
[root@zhou ~]#vi /var/named/sales.com
$TTL 86400
sales.com.    IN     SOA    dns.sales.com.       root (
                         20100820     ;serial
                         1H           ;refresh
                         15M          ;retry
                         1W           ;expire
                         1D)          ;minimum

sales.com.        IN      NS      dns.sales.com.
dns               IN      A       192.168.1.254
sapeople1         IN      A       192.168.2.1
sapeople2         IN      A       192.168.2.2
……(略)
sapeople100       IN      A       192.168.2.100
```

⑤ 配置 sales.com 反向解析的区域。

```
[root@zhou ~]#vi /var/named/2.168.192
$TTL 86400
@       IN          SOA     254.1.168.192.in-addr.arpa.      root.sales.com (
                                    20100820        ;serial
                                    1H              ;refresh
                                    15M             ;retry
                                    1W              ;expire
                                    1D)             ;minimum

@               IN          NS          dns.sales.com.
254             IN          PTR         dns.sales.com.
1               IN          PTR         sapeople1.sales.com.
2               IN          PTR         sapeople2.sales.com.
……(略)
100             IN          PTR         sapeople100.sales.com.
```

⑥ 配置 free.com 正向解析的区域。

```
[root@zhou ~]#vi /var/named/free.com
$TTL 86400
free.com.        IN          SOA       dns.free.com.           root (
                                       20100820        ;serial
                                       1H              ;refresh
                                       15M             ;retry
                                       1W              ;expire
                                       1D)             ;minimum

free.com.        IN          NS         dns.free.com.
dns              IN          A          192.168.1.254
frpeople1        IN          A          192.168.3.1
frpeople2        IN          A          192.168.3.2
……(略)
Frpeople80       IN          A          192.168.3.80
```

⑦ 配置 free.com 反向解析的区域。

```
[root@zhou ~]#vi /var/named/3.168.192
$TTL 86400
@       IN         SOA     254.1.168.192.in-addr.arpa.     root. free.com (
                                                 20090304     ;serial
                                                 1H           ;refresh
                                                 15M          ;retry
                                                 1W           ;expire
                                                 1D)          ;minimum
```

```
@              IN      NS       dns.free.com.
254            IN      PTR      dns.free.com.
1              IN      PTR      frpeople1.free.com.
2              IN      PTR      frpeople2.free.com.
……(略)
80             IN      PTR      frpeople80.free.com.
```

⑧ 配置完后重启 DNS 服务器，并进行测试。

3.6 DNS 客户端配置

1. Linux 客户端配置

在 Linux 中设置 DNS 客户端时方法很简单，可以直接编辑/etc/resolv. conf，然后使用 nameserver 参数来指定 DNS 服务器的 IP 地址，如下所示。

```
[root@zhou ~]#vi /etc/resolv.conf
: generated by /sbin/dhclient-script
nameserver 192.168.1.3
```

2. Windows 客户端配置

在 Windows 客户端配置 DNS 服务器地址时，首先打开“网上邻居”，选择指定的网卡，右击。在弹出的快捷菜单中选择【属性】命令，打开【本地连接 属性】对话框，如图 3.6 所示。

选择“Internet 协议(TCP/IP)”选项，然后手动设置 DNS 服务器地址或者选择自动获得 DNS 服务器地址，如图 3.7 所示。

图 3.6 本地连接属性

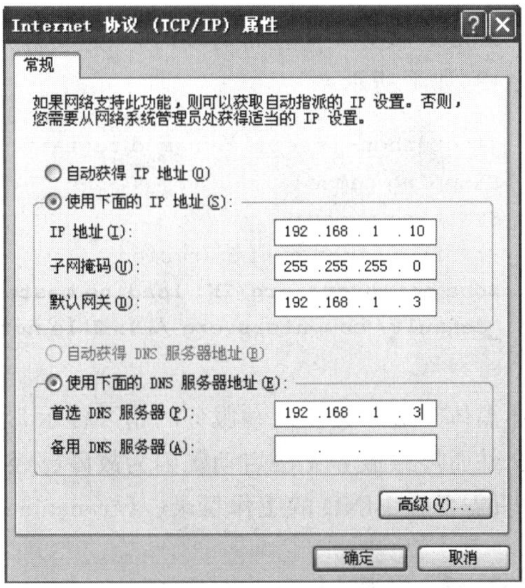

图 3.7 配置 DNS 服务器地址

3.7 DNS服务器故障排错

DNS是一个比较庞大而复杂的服务，对它的配置相当烦琐。在DNS出现问题后，找到问题所在并不是一件容易的事情。不过，通过以下步骤进行排错，至少可以有效地解决一些问题。

3.7.1 rndc reload

使用rndc reload命令重新加载配置文件。如果加载失败，说明配置文件出错。

```
[root@zhou~]#rndc reload
rndc: 'reload' failed: failure
```

以上错误经常是因为工作不小心造成的，如缺少了符号"}"或者"；"，所以在出现这样的问题时，要仔细检查配置文件并把有问题的地方改正过来。改正后，应该看到以下信息提示：

```
[root@zhou~]#rndc reload
Server reload successful
```

出现"Server reload successful"这样的提示信息并不说明配置文件一定没出错。它自带的检测机制只能检测语法有没有问题，对于域名或IP地址书写问题或一些规划时的逻辑错误是无法检测的，所以配置文件一定要好好检查。建议最好是把模板文件复制，然后做相应的修改，这样可以把出错的可能性降到最低。

3.7.2 查看启动信息

named服务无法正常启动时，一定要好好看看提示信息。错误的原因可能会出现在提示中，如下所示。

```
[root@zhou~]#service named restart
Stopping named:                              [ ok ]
Starting named:
Error in named configuration:
zone computers.org/IN: loading master file computers.org: file not found
_default/ computers.org /IN: file not found
                                             [FALLED]
```

上述黑体字显示无法启动服务的错误提示，是因为无法找到"**computers. org**"这个域的区域文件而导致服务无法启动。因为故障已经明确判断出来了，所以解决问题就变得简单了，只需要在BIND的工作目录(/var/named/)中建立对应的区域文件即可。

3.7.3 查看端口

如果服务器正常工作，相应的tcp和udp的53端口就会开启。可以使用netstat -an

命令检测 53 端口是否正常工作，如下所示。

```
[root@zhou~]#netstat -ant |grep 53
tcp   0 0   192.168.1.3:53      0.0.0.0:          LISTEN
tcp   0 0   127.0.0.1:53        0.0.0.0:          LISTEN
tcp   0 0   127.0.0.1:953       0.0.0.0:          LISTEN
tcp   0 0   127.0.0.1:3936      127.0.0.1:953:    TIME_WAIT
tcp   0 0   ::1:953             :::*              LISTEN
udp   0 0   0.0.0.0:1053        0.0.0.0:*
udp   0 0   192.168.1.3:53      0.0.0.0:*
udp   0 0   127.0.0.1:53        0.0.0.0:*
udp   0 0   0.0.0.0:5353        0.0.0.0:*
udp   0 0   :::5353             0.0.0.0:*
```

3.7.4 权限问题

为了提高安全性，经常使用 chroot 来改变 BIND 的根目录，这时要特别注意权限问题。当根目录发生改变后，该目录的权限可能为 700，属主是 root 而不是 named，启动 named 时会遇到权限拒绝的提示。因此在使用 chroot 的时候，应注意权限不足所带来的问题。

3.8 本章小结

本章介绍了 DNS 服务器的作用，它解决了 IP 地址难记的问题，完成 IP 与域名的解析。DNS 系统主要由 DNS 服务器、区域、解析器（DNS 客户端）和资源记录组成，本章分别介绍了它们的基本概念以及域名解析系统的工作原理。它的查询过程分两步进行：首先，本地解析查询名称，即客户机自己运用解析程序（DNS 客户服务）进行解析；其次，如果不能本地解析查询，就必须向 DNS 服务器请求解析名称。本章详细说明了 Linux BIND 服务器常用的配置参数语法，包括主配置文件和域文件。

本章重点介绍 DNS 服务器的安装和配置，在配置过程中主要是对配置文件和区域文件进行详细解析；最后通过一个实例，总结了前面所讲的知识点。本章还介绍了 DNS 服务器的一般测试方法。

本章的重点和难点是 DNS 服务器的安装与配置。

3.9 本章习题

1. 判断题

(1) DNS是专为基于 TCP/IP 的网络提供主机名到 IP 地址翻译的专用域名解析系统。 (　　)

(2) DNS 服务器的进程命名为 named，当其启动时，自动装载 /etc 目录下的 named)

conf 文件中定义的 DNS 分区数据库文件。（　　）

（3）DNS 服务器的查询方式有递归和迭代两种方式。（　　）

（4）DNS 服务所采用的 TCP/IP 协议的端口号是 TCP 53。（　　）

（5）DNS 是分布式系统。（　　）

二、选择题

（1）DNS 别名记录的标志是________。

A. A　　B. PTR　　C. CNAME　　D. MZ

（2）以下哪些选项对 DNS NS 的描述是正确的________。

A. NS 记录是定义该域的主机

B. 对 NS 的解析是针对接收邮件主机的

C. 指定负责此 DNS 区域的权威名称服务器

D. NS 记录是一个必备的条件

（3）以下属于 DNS 记录类型的是________。

A. SRV　　B. A　　C. URL　　D. HINFO

（4）哪个目录包含 DNS 的区域文件________。

A. /etc/bind/　　B. /etc/named/　　C. /etc/bind. d　　D. /var/named

（5）配置 DNS 客户端，需要修改哪个配置文件________。

A. /etc/service

B. /etc/hosts

C. /etc/sysconfig/network-scripts/ifcfg-eth0

D. /etc/resolv. conf

3. 填空题

（1）DNS 实际上是分布在 Internet 上的主机信息的数据库，其作用是实现________和________之间的转换。

（2）host 可用来测试________。

（3）bind 的主配置文件是________。

（4）使用________命令能启动 DNS 服务。

（5）通常使用________和________命令测试 DNS 服务器。

4. 操作题

（1）配置 DNS 服务器

要求：

① 主区域名称为 live. cn。

② 能够解析域名 www. live. cn，其 IP 地址为 192. 168. 1. 2。

（2）步骤

① 打开配置文件：vi /etc/named. conf。

添加如下内容：

…

② 创建区域文件：vi /var/named/live.cn 和 vi /var/named/1.168.192。

添加如下内容：

…

③ 保存、退出。

④ 启动服务器：service named start。

⑤ 测试 DNS 服务器。

3.10 本章实训

1. 实训概要

某学院有三个系部，计算机系属于 computer.org 域，英语系属于 English.org 域，会计系属于 account.org 域。计算机系共有 20 位老师，采用的 IP 地址为 192.168.1.1～192.168.1.20。英语系共有 10 位老师，采用的 IP 地址为：192.168.2.1～192.168.2.10。会计系共有 5 位老师，采用的 IP 地址为 192.168.3.1～192.168.3.5。

现采用一台主机配置 DNS 服务器，其 IP 地址为 192.168.1.254。要求这台 DNS 服务器可以完成内网所有区域的正、反向解析，并且所有员工均可以访问外网地址。

2. 实训内容

在 Red Hat Enterprise Linux 5 操作系统上搭建 DNS 服务器。

3. 实训过程

(1) 实训分析

本实训相对于前面讲过的 DNS 配置实例略有提高。前半部分可以依照实例配置 3 个域并创建 6 个区域文件。后半部分要求所有员工均可以访问外网地址，因此还需要设置根区域，并建立根区域对应的区域文件，这样才可以访问外网地址。

(2) 实训步骤

① 建立主配置文件 named.conf

```
[root@zhou ~]#vi /etc/named.conf
```

② 建立 7 个区域对应的区域文件

```
[root@zhou ~]#vi /var/named/named.root
[root@zhou ~]#vi /var/named/computer.org
[root@zhou ~]#vi /var/named/English.org
[root@zhou ~]#vi /var/named/account.org
[root@zhou ~]#vi /var/named/1.168.192
[root@zhou ~]#vi /var/named/2.168.192
[root@zhou ~]#vi /var/named/3.168.192
```

(3) 分别建立 7 个区域文件，并添加相应的资源记录

① 建立根区域文件

```
[root@zhou ~]#cp /usr/share/doc/bind-9.3.3/sample/var/named/named.root /
```

```
var/named/
```

② 配置 computer. org 正向解析的区域

```
[root@zhou ~]#vi /var/named/computer.org
```

③ 配置 computer. org 反向解析的区域

```
[root@zhou ~]#vi /var/named/1.168.192
```

④ 配置 english. org 正向解析的区域

```
[root@zhou ~]#vi /var/named/english.org
```

⑤ 配置 english. org 反向解析的区域

```
[root@zhou ~]#vi /var/named/2.168.192
```

⑥ 配置 account. org 正向解析的区域

```
[root@zhou ~]#vi /var/named/ account.org
```

⑦ 配置 account. org 反向解析的区域

```
[root@zhou ~]#vi /var/named/3.168.192
```

配置完后重启 DNS 服务器,并进行测试。

4. 实训总结

通过此次上机实训,掌握在 Red Hat Enterprise Linux 5 上安装与配置 DNS 服务器及其客户端的方法。

第4章 chapter 4

邮件服务器搭建与应用

教学目标与要求

在信息网络飞速发展的今天，电子邮件是人们在Internet上使用最广泛的服务之一。用户可以通过电子邮件服务与远程用户进行经济、方便、快捷且无需在线的信息交流。现在已有很多企业都在架设自己的电子邮件系统了。本章主要介绍邮件服务器的基本概念、sendmail服务器的安装及其配置。通过本章的学习，读者应该做到：

- 了解Linux邮件服务器的基本概念。
- 熟练掌握邮件服务器的配置及使用。

教学重点与难点

建立一个基本的邮件服务器，并对其进行配置，为外部主机提供邮件服务。

4.1 Linux邮件服务器基本概念

4.1.1 电子邮件服务

电子邮件(E-mail)是Internet上最基本、最重要的服务之一，其应用也非常广泛。发送电子邮件类似于传统邮寄书信，电子邮件通过计算机网络与其他用户进行联系，是快速、高效、简便、经济的现代化通信手段。邮件编写完成后，只要按"发送"按钮，就可以在几分钟内通过网络到达目的地。电子邮件在价格上也很低廉，除了支付基本的网费，不需要再支付其他任何费用。随着电子邮件的发展和进一步扩展，现在电子邮件已经远远超出了一般邮件的范畴。它不仅可以传递文字信息，还可以传送计算机上所有形式的数据信息，如二进制文件、图像、声音、视频等。除此之外，人们还可以订阅电子杂志，参加学术讨论，举行电子会议或查询信息等。

电子邮件之所以发展如此迅速，是因为它有以下明显的优点：

(1) 速度快。它只需要几秒钟就可以将邮件发送到目的地，这是人工传送邮件不可比拟的。

（2）安全可靠。传统邮件在传送过程中容易损坏，但电子邮件就不必担心了。

（3）成本低。发送电子邮件只需要支付基本的上网费，无需额外费用。

（4）范围广。电子邮件可以到达 Internet 可到达的任何地方。

（5）内容形式丰富。电子邮件可以发送文字、图像、语音和视频等类型的信息。

4.1.2 电子邮件系统

电子邮件服务是基于客户/服务器(C/S)模式的，使用的协议标准是 TCP/IP 协议族的一部分，它规定了交换电子邮件的协议和电子邮件的格式。

每个电子邮件都由邮件头和邮件内容两部分组成。TCP/IP 对电子邮件邮件头的格式有明确的规定，通常包括：收信人 E-mail 地址、发信人 E-mail 地址、发送日期和标题等，其中前两项是必选的。邮件内容的格式由用户定义。在邮件头中最重要的就是发送者和接收者的电子邮件地址这两部分。

电子邮件地址的格式如下：用户名@电子邮局域名。例如：zhoudake@163.com。

一个完整的电子邮件系统主要由用户代理、邮件服务器和传输协议及 DNS 邮件交换记录(MX)组成，下面将对这几部分进行详细阐述。

1. 用户代理

用户代理(User Agent，UA)是用户与电子邮件系统之间的接口，通常情况下是一个运行在发送端或接收端的程序，主要负责将邮件发送到邮件服务器和从邮件服务器上接收邮件。用户可以通过使用用户代理来发送和接收邮件。用户代理应至少具有撰写、查看、处理电子邮件(如删除、保存、打印、转发)的功能，可为用户提供命令行、菜单或图形方式的界面与电子邮件系统进行交互。在客户端系统中的用户代理软件常用的有：Outlook Express、Hotmail 和 Foxmail 等。

2. 邮件服务器

邮件服务器(Mail Server)是电子邮件系统的核心，它包括邮件发送服务器(SMTP 服务器)和邮件接收服务器(POP3 服务器或 IMAP4 服务器)。邮件服务器的功能是发送和接收邮件(使用 SMTP 协议)，同时还要向发信人报告邮件的传送情况(成功交付、被拒收、丢失等)。

3. 传输协议

电子邮件的传输协议(也就是在邮局间交换电子邮件的协议)主要有简单邮件传输协议(SMTP)、电子邮件协议(POP)和 Internet 邮件存取协议(IMAP)。

（1）SMTP 协议

简单邮件传输协议(Simple Mail Transfer Protocol，SMTP)是最早出现的邮件传输协议，也是应用最广泛和最基本的 Internet 邮件服务协议。SMTP 协议是一组从源地址传送邮件到目的地址的规则的集合，它主要是用来控制信件的中转方式。SMTP 协议属于 TCP/IP 协议族，它工作在应用层，帮助每台需要使用电子邮件的计算机在发送或中转信件时找到下一个目的地。SMTP 服务器是遵循 SMTP 协议的发送邮件服务器，用来发送或中转电子邮件，它使用传输层 TCP 协议的 25 号端口。

(2) POP3 协议

电子邮件协议第 3 版本(Post Office Protocol 3,POP3)规定如何将个人计算机连接到 Internet 邮件服务器上并下载用户电子邮件的协议,具有简单电子邮件存储转发的功能。它支持在线和离线的工作方式,允许用户从服务器上把邮件下载存储到本地主机上,同时删除保存在邮件服务器上的邮件。POP3 服务器是遵循 POP3 协议的接收邮件服务器,用来接收电子邮件。它使用传输层 TCP 协议的 110 端口。

(3) IMAP4 协议

Internet 邮件存取协议第 4 版本(Internet Mail Access Protocol Version 4,IMAP4)是基于客户/服务器模型(C/S)模式的,用于从本地服务器上访问电子邮件的标准协议,用户的电子邮件由服务器负责接收保存。IMAP4 与 POP3 的不同之处是,IMAP4 服务器会保留用户邮件消息,并且将邮件存储在一个集中的地方,用户可以从网络上的任何主机登录到 IMAP4 服务器进行查阅、发送和保留自己的邮件。除此之外,IMAP4 还允许用户在邮件服务器上设置可以组织邮件的多个文件夹,它也支持使用共享文件夹,几个用户可以共享关于某个特定的主题邮件。

当用户访问电子邮件时,如果访问的是 IMAP4 服务器,则需要持续访问服务器。如果访问的是 POP3 服务器,则用户打开邮箱时服务器上的所有内容都会被立刻下载到用户的本地机上。IMAP4 可以被看成是一个远程文件服务器,而 POP3 则像是一个存储转发服务器。

4. DNS 邮件交换记录(MX)

邮件交换记录是用于查询邮件服务器位置的 DNS 资源记录。客户发送 E-mail 时,只填写一个目的邮箱地址,例如:zhoudake@163. com,并不知道 zhoudake 的邮件服务器地址。这时必须通过 DNS 服务器存储的 163. com 域的 MX 记录,查询该域的邮件服务器的地址,否则,邮件是无法发送成功的。

4.1.3 电子邮件系统的工作原理

Internet 用户可以使用互联网,自动收发电子邮件;而邮件系统会按照用户的指令,完成一系列发送、接收操作。下面通过一个实例进行详细介绍。zsu. edu. cn 域的管理员使用本域的邮箱 admin,向 zhoudake@163. com 发送 E-mail,邮件发送流程如图 4. 1 所示。

对如图 4. 1 所示的工作流程说明如下。

(1) 管理员登录邮箱 admin@zsu. edu. cn,因为客户机无法定位管理员的邮件服务器位置,因此会向 DNS 服务器发送请求,查找 zsu. edu. cn 域的邮件服务器地址。

(2) DNS 服务器接收到客户机请求,查找 zsu. edu. cn 域的 MX 邮件交换记录,并响应客户端该域的邮件服务器地址。

(3) 客户端登录到邮件服务器编写邮件并填写目的邮件地址 zhoudake@163. com。

(4) 因为 zsu. edu. cn 域的邮件服务器需要将邮件发送至 zhoudake 的邮箱,所以该服务器会向 DNS 服务器提交请求,查询 163. com 域的邮件服务器地址。

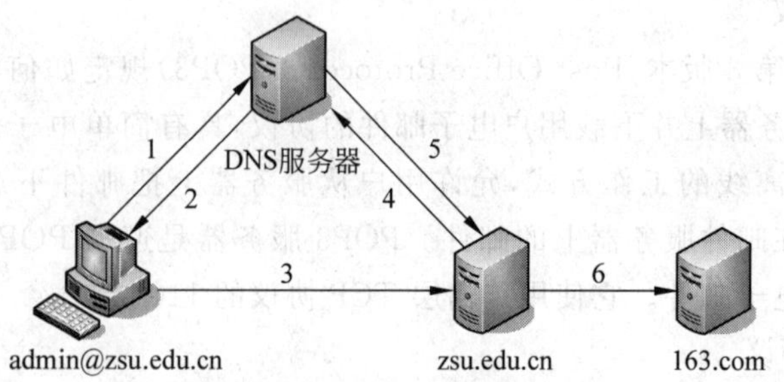

图 4.1 邮件系统工作流程

(5) DNS 服务器根据 MX 资源记录信息，回应 163. com 域的邮件服务器地址。

(6) zsu. edu. cn 域邮件服务器将 admin 的邮件投递至目的地 zhoudake@163. com。

4.1.4 邮件功能组件

1. MUA

邮件用户代理(Mail User Agent，MUA)是客户端软件，它可以提供用户读取、编辑、回复及处理邮件等功能。根据使用者的需要，一个操作系统中可以同时存在多个 MUA 程序。一般常见的 MUA 程序包括 Linux 中的 mailx、elm 和 mh 等，以及 Windows 中的 Outlook Express 或 Foxmail。

2. MTA

邮件传输代理(Mail Transfer Agent，MTA)是服务器端运行的软件，也就是邮件服务器。用户使用 MUA 发送和接收邮件时，这一系列操作看上去是透明的，而实际上是由 MTA 完成的。与 MUA 不同，在每个系统中只能有一个 MTA 处于工作状态，负责邮件的发送。在 UNIX 类平台中使用最为广泛的 MTA 程序有 sendmail、Postfix、Qmail 和 Fetchmail 等。

3. MDA

邮件传送代理(Mail Delivery Agent，MDA)也是服务器运行的软件，用于将 MTA 所接受的邮件传递至指定的用户邮箱，如图 4.2 所示。

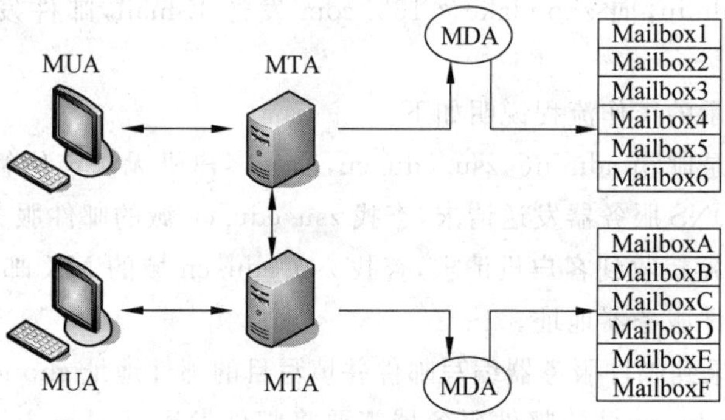

图 4.2 邮件传送流程

4.1.5　邮件中继

上节讲解了整个邮件转发的流程，实际上邮件服务器在接收到邮件以后，会根据邮件的目的地址，判断该邮件是发送至本域还是外部，然后再分别进行不同的操作，常见的处理方法有以下两种。

1. 本地邮件发送

邮件服务器检测到邮件是发送至本地邮箱时，如 zhoudake@163. com 发送至 zhouqq@163. com，处理方法比较简单。这时会直接将邮件发送至指定的邮箱，如图 4.3 所示。

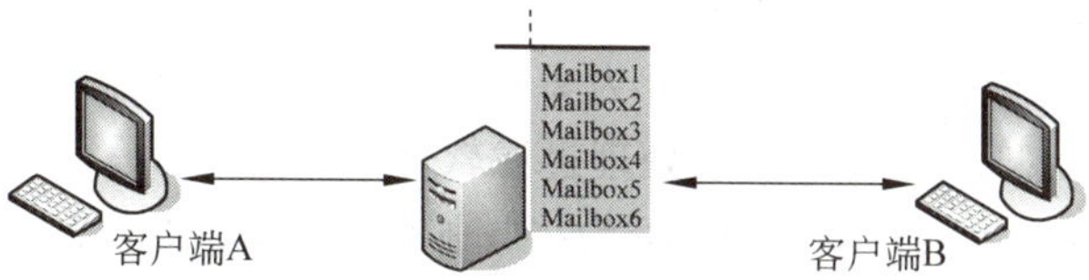

图 4.3　本地邮件发送流程

2. 邮件中继

中继是指要求服务器向其他服务器传递邮件的一种请求。在一个正常的邮件转发过程中，邮件是一站到达的。也就是说一个服务器处理的邮件只有两类，一类是外发的邮件，一类是接收的邮件。前者是本域用户通过服务器要向外部转发的邮件，后者是发给本域用户的。一个服务器不应该处理过路的邮件，也就是既不是你的用户发送的，也不是发给你的用户的；而是一个外部用户发给另一个外部用户的。这一行为称为第三方中继。如不需要经过验证就可以中继邮件到组织外，则称为 OPEN RELAY(开放中继)。这两种行为是要禁止的，但中继是不能关闭的。因此，这里需要了解几个概念。

(1) 中继

用户通过服务器将邮件传递到组织外。

(2) OPEN RELAY

不受限制的组织外中继，即无验证的用户也可提交中继请求。

(3) 第三方中继

由服务器提交 OPEN RELAY，而不是由客户端直接提交。比如我的域是 A，要通过服务器 B(属于 C 域)中转邮件到 D 域。这时在服务器 B 上看到的是连接请求来源于 A 域的服务器(不是客户)，而邮件既不是服务器 B 所在域的用户提交的，也不是发送到 C 域的，这就属于第三方中继。这是垃圾邮件的根本原因。如果用户通过直接连接服务器发送邮件，则是无法阻止的，比如群发软件。但如果关闭了 OPEN RELAY，那么就只能发信到组织内的用户，而无法将邮件中继到组织外。

4.1.6　邮件认证机制

如果关闭了 OPEN RELAY，那么只有该组织的成员通过认证后才可以提交中继请求。也就是说，要发邮件到组织外，一定要经过认证。要注意的是不能关闭中继，否则邮件系统只能在组织内使用。邮件认证机制要求用户在发送邮件时，必须提交账号及密码，邮件服务器验证该用户属于该域的合法用户后，才允许转发邮件。

4.2 安装 sendmail 服务

1. sendmail 服务器所需软件

安装 sendmail 服务器之前，需要了解 sendmail 软件包及其用途。

- sendmail-8.13.8-2.el5.i386：为 sendmail 服务器的主程序包。服务器端必须安装软件包，后面的数字为版本号。
- sendmail-cf-8.13.8-2.el5.i386：为 sendmail 的宏文件包。
- m4-1.4.5-3.el5.1.i386：为宏处理过滤软件。
- dovecot-1.0-1.2.rc15.el5.i386：为接收邮件软件，安装时需要注意安装顺序。

2. 安装 sendmail 服务器

在 Red Hat Enterprise Linux 5 系统中，如果是完全安装，则系统已经安装了 sendmail 软件包。如果不能确定是否已经安装 sendmail 或者安装了哪个版本，可以在终端命令窗口输入以下命令：

```
[root@zhou~]# rpm -qa | grep sendmail
sendmail-8.13.8-2.el5
sendmail-cf-8.13.8- 2.el5
```

由上面结果显示，说明系统已经安装 sendmail 服务器。如果安装时没有选择服务器，则没有安装 sendmail 服务。将 Red Hat Enterprise Linux 5 的安装盘(DVD 版第一张)放入光驱，加载光驱后在光盘的 Server 目录下找到 sendmail-8.13.8-2.el5.i386.rpm 的安装包文件进行安装即可。

3. 相关的配置文档

(1) sendmail.cf 文件

sendmail 的核心配置文件，该文件位于/etc/mail/sendmail。

(2) access.db 文件

用来设置 sendmail 服务器为哪些主机进行转发邮件。该文件位于/etc/mail/access.db。

(3) aliases.db 文件

用来定义邮箱别名。该文件位于/etc/mail/aliases.db。

(4) virtusertable.db 文件

用于设置虚拟账户。该文件位于 etc/mail/virtusertable.db。

4. 启动 sendmail 服务

安装 sendmail 服务器以后，可以启动和停止 sendmail 服务器。但最常用的启动方式是在终端命令窗口进行如下操作。

(1) 启动 sendmail 服务

```
Service sendmail start 或 /etc/rc.d/init.d/sendmail start
```

(2) 停止 sendmail 服务

```
Service sendmail stop 或 /etc/rc.d/init.d/sendmail stop
```

(3) 重新启动 sendmail 服务

```
Service sendmail restart 或 /etc/rc.d/init.d/sendmail restart
```

(4) 重新加载 sendmail 服务

```
Service sendmail reload 或 /etc/rc.d/init.d/sendmail reload
```

(5) 自动加载 sendmail 服务

可以使用 ntsysv 命令,利用文本图形界面对 sendmail 自动加载进行配置。

4.3 sendmail 一般服务器配置

如果想要成功地配置 sendmail 服务器,除了需要理解其工作原理外,还需要清楚整个配置流程,以及在整个流程中每一步的作用。一个简易 sendmail 服务器配置流程主要包含以下 5 个步骤:

(1) 配置 sendmail. mc 文件。

(2) 使用 M4 工具将 sendmail. mc 文件导入 sendmail. cf 文件。

(3) 配置 local-host-names 文件。

(4) 建立用户。

(5) 重新启动服务,使配置生效。

4.3.1 sendmail.cf 和 sendmail.mc

sendmail. cf 是 sendmail 的核心配置文件,有关 sendmail 参数的设置大都需要修改该文件。例如,sendmail. cf 文件可以定义邮件服务器为哪个域工作,是否开启验证机制来增强安全性等。但是,sendmail 的配置文件和其他服务器的主配置文件略有不同,其内容为特定宏语言所编写,这导致大多数人对它都抱有恐惧心理,甚至有人称之为天书,因为文件中的宏代码实在太多。为了降低复杂度,人们用修改 sendmail. mc 文件来代替直接修改 sendmail. cf 文件。因为 sendmail. mc 文件的可读性远远强于 sendmail. cf 文件,而且在默认情况下,sendmail 还提供 sendmail. mc 文件模板,所以,只要通过编辑 sendmail. mc 文件,然后再使用 M4 工具将结果导入 sendmail. cf 文件中即可。通过这种方法可以大大降低复杂度,并且可以满足环境需求。

下面将主要介绍 sendmail. mc 中的常用设置。M4 工具的使用将在下节介绍。使用 vi 命令打开/etc/mail/sendmail. mc 文件,如下所示。

```
[root@zhou ~]#vi /etc/mail/sendmail.mc
divert(-1)dnl
dnl #
dnl #This is the sendmail macro config file for m4. If you make changes to
dnl #/etc/mail/sendmail.mc. you will need to regenerate the
dnl #/etc/mail/sendmail.cf file by confirming that the sendmail-cf package is
dnl #installed and then performing a
……
DAEMON_OPTIONS('Port=smtp.Addr=127.0.0.1. Name=MTA')dnl
……
```

sendmail.mc内容非常多，但大部分已经被注释，以“dnl”开头的信息无效。先把注意力集中在第116行（图中黑体字部分，可以用“:116”定位）。如果只需要搭建简单的sendmail服务器，sendmail.mc文件只需要修改此行即可。括号中的Addr字段表示SMTP协议侦听的地址为127.0.0.1。

配置邮件服务器时，需要更改IP地址为公司内部网段或者0.0.0.0，这样可以扩大侦听范围（通常都设置为0.0.0.0）。否则，服务器无法正常发送信件，如下所示。

```
DAEMON_OPTIONS('Port=smtp.Addr=0.0.0.0. Name=MTA')dnl
```

注意括号内的标点符号。Port前面的单引号表示字符引用开始，而Name＝MTA后面的单引号表示字符引用结束。在sendmail.mc文件中不可随意加入空格符号。

4.3.2　M4工具的使用

M4是一个强大的宏处理过滤器，它的复杂性完全不亚于sendmail.cf。虽然最初它是为预处理而编写的，但是后来证明它即使作为独立的工具来使用也是非常有用的。事实上，M4结合了许多工具的功能，比如eval、tr和awk。除此之外，它还可使宏扩展更加容易。

在使用M4之前，请先确认服务器上已经安装了该软件包。默认情况下，M4工具是被安装好的。可以使用rpm-qa命令检测，如下所示。

```
[root@zhou~]#rpm-qa m4
m4-1.4.5-3.el5.1
```

如果服务器上未安装该软件包，请先安装再进行后面的配置过程。安装过程同sendmail。将Red Hat Enterprise Linux 5的安装盘（DVD版第一张）放入光驱，加载光驱后在光盘的Server目录下找到m4-1.4.5-3.el5.i386.rpm的安装包文件，进行安装即可。

在配置sendmail的过程中，需要利用M4将编辑后的sendmail.mc文件内容重定向到sendmail.cf文件中，这样可避免直接编辑复杂的sendmail.cf文件，如下所示。

```
[root@zhou ~]#m4 /etc/mail/sendmail.mc>/etc/mail/sendmail.cf
```

使用M4很容易完成对主配置文件sendmail.cf的修改。这里需要注意的是，每当修改 sendmail.mc 文件后，都需要使用 M4 再次将结果导入到 sendmail.cf 文件中。

4.3.3　local-host-names 文件

local-host-names 文件用来定义收发邮件的主机别名。默认情况下该文件位于/etc/mail/目录中。为了使 sendmail 服务正常工作，必须在该文件中添加主机名称或主机别名，否则提示错误。那么，应该如何在/etc/mail/local-host-names 文件中添加主机名呢？假设邮件服务器有两个主机名称，分别是 mail.gztzy.edu.cn 和 dhcp.zone.com，而只想收到发给 mail.gztzy.edu.cn 的信件，不收发给 dhcp.zone.com 的信件，那就需要添加 mail.gztzy.edu.cn 到 local-host-names 文件中，如下所示。

```
[root@zhou ~]#vi /etc/mail/local-host-names
#local-host-names-include all aliases for your machine here.
gztzy.edu.cn
mail.gztzy.edu.cn
```

4.3.4　安装 IMAP 和 POP 服务器

1. 安装

在对 sendmail 服务器进行基本配置以后，mail server 就可以完成 E-mail 的邮件发送工作。但是如果要使用 POP3 和 IMAP 协议接受邮件，还需要安装 dovecot 软件包。安装 Red Hat Enterprise Linux 5 时，可以选择安装 POP 和 IMAP 服务器，可以在终端命令窗口运行以下命令进行验证：

查看是否安装 POP。

```
[root@zhou~]#rpm -qa | grep pop
poppler-0.5.4-4.1.el5
popt-1.10.2-47.el5
```

如果服务器上未安装该软件包，则需先安装再进行后面的配置过程。安装过程同 sendmail。将 Red Hat Enterprise Linux 5 的安装盘（DVD 版第一张）放入光驱，加载光驱后在光盘的 Server 目录下找到 dovecot-1.0-1.2.rc15.el5.i386.rpm 的安装包文件，进行安装即可。

说明：如果安装不成功，那是因为 dovecot 还依赖 perl-DBI-1.52-1.fc6.i386.rpm 和 mysql-5.0.22-2.1.0.1.i386.rpm 包，应该先安装这两个包。

由于 Red Hat Enterprise Linux 5 已经将 POP 和 IMAP 打包成一个单独的套件，安装好 dovecot-1.0-1.2.rc15.el5.i386.rpm 包后，就会同时安装这两个服务器包。

2. 启动 POP 服务

安装 dovecot 软件后，可使用 service 命令启动 dovecot 服务，如下所示。

```
[root@zhou~]#service dovecot restart
停止 Dovecot Imap:                                    [确定]
```

```
启动 Dovecot Imap:                                         [确定]
```

如果需要 dovecot 服务每次随系统启动，则可使用 chkconfig 命令修改。

3. 测试端口

使用 netstat 命令测试是否开启 POP3 的 110 端口、SMTP 的 25 端口和 IMAP 的 143 端口，如下所示。

```
[root@zhou~]#netstat -an | grep 110
tcp             0          0:::110          :::*                LISTEN
[root@zhou~]#netstat -an|grep 25
tcp             0          0 127.0.0.1:25   0.0.0.0:*           LISTEN
udp             0          0 0.0.0.0:1025   0.0.0.0:*           LISTEN
unix  2  [ ACC ]  STREAM  LISTENING  9252  /tmp/scim-helper-manager-socket-root
unix  2  [ ACC ]  STREAM  LISTENING 9257  /tmp/scim-panel-socket:0-root
unix  3  [ ]      STREAM  CONNECTED  10025 /tmp/orbit-root/linc-cbb-0-1b0135d2f3f78
unix  3  [ ]      STREAM  CONNECTED 9825  /var/run/dbus/system_bus_socket
unix  3  [ ]      STREAM  CONNECTED 9625
unix  3  [ ]      STREAM  CONNECTED 9256  /tmp/scim-helper-manager-socket-root
unix  3  [ ]      STREAM  CONNECTED 9255
[root@zhou~]#netstat -an | grep 143
tcp     0     0 :::143          :::*                   LISTEN
```

结果显示 110 和 143 端口开启，表示 POP3 以及 IMAP 服务可以正常工作。

4.3.5 sendmail 应用案例 1

【例 4.1】 广州某信息服务公司内部需要建立使用邮件服务器。准备在 Linux 系统上搭建 sendmail。现在内部所使用的网段是 192.168.1.0/24 网段，公司内部采用 gdhy.col 作为内部域名进行管理，并配备 DNS 服务器。DNS 服务器地址是 192.168.1.3，sendmail 服务器地址也是 192.168.1.3。现要求内部人员使用 sendmail 自由收发内部信件。

分析：sendmail 服务是和 DNS 服务结合相当紧密的，所以通常在设置 sendmail 之前，要设置并调试好 DNS 服务器，包括使用 MX 资源记录在 DNS 服务器的区域文件中指明邮件服务器以及它的地址，而且，要求 DNS 服务器能够正确解析内网的 IP 地址等。然后，再进行 sendmail 的设置。

1. 修改 named.conf

添加 gdhy.col 域的相关字段，如下所示。

```
[root@zhou ~]#vi /etc/named.conf
options {
        directory "/var/named";
};
zone "gdhy.col" {
```

```
        type master;
        file "gdhy.col";
};
zone "1.168.192.in-addr.arpa" {
        type master;
        file "1.168.192";
};
```

2. 配置 DNS 服务器正向 gdhy.col 的区域文件

```
[root@zhou ~]#vi /var/named/gdhy.col
$TTL 86400
@         IN    SOA    dns.gdhy.col.     root (
                       20100820
                       1H
                       15M
                       1W
                       1D)
@         IN    NS                       dns.gdhy.col.
dns             IN     A                 192.168.1.3
@               IN     MX                10    mail.gdhy.col.
mail            IN     A                 192.168.1.3
```

其中：

@ IN MX 10 ：表示使用 MX 记录设置邮件服务器。这条记录一定要有，否则 sendmail 无法正常工作；10 表示优先等级。

3. 配置 DNS 服务器反向 1.168.192 的区域文件

```
[root@zhou ~]#vi /var/named/1.168.192
$TTL 86400
@    IN   SOA  1.168.192.in-addr.arpa.     root (
               20100820
               1H
               15M
               1W
               1D)
@    IN   NS   dns.gdhy.col.
3    IN   PTR  dns.gdhy.col.
@    IN   MX   10    mail.gdhy.col.
3    IN   PTR        mail.gdhy.col.
```

4. 确定或修改 DNS 域名解析配置文件

```
[root@zhou ~]#vi /etc/resolv.conf
nameserver 192.168.1.3
```

5. 重启和测试 DNS 服务器

```
[root@zhou~]#service named restart
停止 named:                                        [失败]
启动 named:                                        [确定]
[root@zhou ~]#host 192.168.1.3
3.1.168.192.in-addr.arpa domain name pointer dns.gdhy.col.
3.1.168.192.in-addr.arpa domain name pointer mail.gdhy.col.
[root@zhou~]#host mail.gdhy.col
mail.gdhy.col has address 192.168.1.3
```

运行结果表明 DNS 可以正常运行并能解析。

说明：在启动时如果出现以下提示信息：Locating /var/named/chroot//etc/named.conf failed：此时要安装 caching-nameserver-9.3.3-10.e15.i386.rpm 包。

如果不能正常解析，可以查看 DNS 域名解析的配置文件，确认 vi /etc/resolv.conf 的内容是否为 nameserver 192.168.1.3，即 DNS 服务的 IP 地址。不能正常解析可能还有其他原因。

6. 编辑 sendmail.mc

修改 smtp 侦听网段的范围。

```
[root@zhou ~]#vi /etc/mail/sendmail.mc
DAEMON_OPTIONS('Port=smtp. Addr=0.0.0.0. Name=MTA')dnl
```

说明：把 smtp 侦听范围从 127.0.0.1 改为 0.0.0.0。

7. 修改 sendmail.mc 的第 155 行

修改成自己的域：LOCAL_DOMAIN('gdhy.col')dnl。

```
[root@zhou ~]#vi /etc/mail/sendmail.mc
LOCAL_DOMAIN('gdhy.col')dnl
```

说明：把原来括号中的域改为'gdhy.col'。

8. 使用 M4 命令生成 sendmail.cf

前面配置的 sendmail.mc 只是一个模板。

```
[root@zhou ~]#m4 /etc/mail/sendmail.mc> /etc/mail/sendmail.cf
```

9. 使用 vi 编辑器修改 local-host-names 文件

添加域名及主机名。

```
[root@zhou ~]#vi /etc/mail/local-host-names
#local-host-names-include all aliases for your machine here.
gdhy.col.
mail.gdhy.col.
```

10. 重新启动 sendmail 服务

```
[root@zhou~]#service sendmail restart
```

```
关闭 sm-client:                                    [确定]
关闭 sendmail:                                     [确定]
启动 sendmail:                                     [确定]
启动 sm-client:                                    [确定]
```

4.3.6 sendmail 的调试

1. 使用 telnet 登录服务器，并发送邮件

搭建 sendmail 服务器后，应该尽可能快地保证服务器的正常使用。一种快速有效的测试方法是使用 telnet 命令直接登录服务器的 25 端口，并收发信件以及对 sendmail 进行测试。

在测试之前，先要确保 telnet 的服务器端软件已经安装，如下所示。

```
[root@zhou~]# rpm -qa | grep telnet
telnet-0.17-38.el5
```

telnet-server-0.17-38.el5 为服务器端软件，还没有安装。将 Red Hat Enterprise Linux 5 的安装盘(DVD 版第一张)放入光驱，加载光驱后在光盘的 Server 目录下找到 telnet-server-0.17-38.el5 的安装包文件，进行安装即可。

再重新测试，如下所示。

```
[root@zhou~]#rpm -qa | grep telnet
telnet-0.17-38.el5
telnet-server-0.17-38.el5
```

表示安装成功。

如果 telnet-server-0.17-38.el5 安装不成功，则先要安装 xinetd-2.3.14-10.el5.i386.rpm 包。

telnet 服务所使用的端口默认是 23 端口。到这里为止，服务器至少已经开启了 143、25 和 110 端口。请确定这些端口已经处在监听状态，之后使用 telnet 命令登录服务器 25 端口。SMTP 的端口是 25，POP3 的端口是 110，IMAP 的端口是 143。下面分别查看这些端口是否处于监听状态，如下所示。

```
[root@zhou~]#netstat -an | grep 110
tcp       0     0 :::110            :::*        LISTEN
[root@zhou~]#netstat -an|grep 143
tcp       0     0 :::143            :::*        LISTEN
unix      3     [ ]     STREAM     CONNECTED     12143   /tmp/.X11-unix/XO
[root@zhou~]#netstat -an | grep 25
tcp       0     0 0.0.0.0:25      0.0.0.0:*  LISTEN
udp       0     0 :::1025           :::*
```

说明：要测试 pop3 等服务，必须先开启服务器(service dovecot restart)。

为了使用 telnet 命令来测试上节所配置的 sendmail 服务，先要建立一些用户才可以收发邮件。建立用户如下。

```
[root@zhou~]#useradd zhoudake
[root@zhou~]#passwd zhoudake
Changing password for user zhoudake.
New UNIX password:
BAD PASSWORD: it is too simplistic/systematic
Retype new UNIX password:
passwd: all authentication tokens updated successfully.
[root@zhou~]#useradd jiangpin
[root@zhou~]#passwd jiangpin
Changing password for user jiangpin.
New UNIX password:
BAD PASSWORD: it is too simplistic/systematic
Retype new UNIX password:
passwd: all authentication tokens updated successfully.
```

使用 telnet 命令登录 sendmail 服务器 25 端口，并进行邮件发送测试（上节配置的 sendmail 服务器）。

```
[root@zhou~]#telnet 192.168.1.325
Trying 192.168.1.3...
Connected to dns.gdhy.col (192.168.1.3).
Escape character is '^]'.
220 zhou.com ESNTP Sendmail 8.13.8/8.13.8: Thu. 9 Sep 2010 13:36:42 +0800
helo zhou.com
250 zhou.com Hello dns.gdhy.col [192.168.1.3]. pleased to meet you
mail from:"test"<zhoudake@gdhy.col>
250 2.1.0 "test"<zhoudake@gdhy.col>... Sender ok
rcpt to:jiangpin@gdhy.col
250 2.1.5 jiangpin@gdhy.col... Recipient ok
data
354 Enter mail, end with '.' on a line by itself
this is a test
.
250 2.0.0 o895ag No009260 Message accepted for delivery
quit
221 2.0.0 zhou.com closing connection
Connection closed by foreign host.
```

其中：

helo zhou. com：表示和服务器打招呼。注意是“helo”，而不是“hello”。

Mail from：“test”<zhoudake@gdhy. col>：：设置信件标题以及发信人地址。其中信件标题为“test”，发信人地址为 zhoudake@gdhy. col。

rcpt to:jiangpin@gdhy. col：设置收信人地址。

data：表示要求开始写信件内容。输入完 data 指令后，会提示以一个单行的“. ”结束信件。

This is a test：表示输入信件内容，根据个人需要填写。

“.”：表示结束信件内容。千万不要忘记输入“.”。

Quit：指令退出。

在上面的测试中，每当输入指令后，服务器总会回应一个数字代码。熟知这些代码的含义对于判断服务器的错误是很有帮助的。下面介绍常见的回应代码以及相关含义，如表 4.1 所示。更多的代码内容请参考字段汇总。

表 4.1 邮件回应代码

回应代码	说明	回应代码	说明
220	SMTP 服务器开始提供服务	500	SMTP 语法错误，无法执行指令
250	命令指令完结，回应正确	501	指令参数或引述的语法错误
354	可以开始输入信件内容，并以“.”结束	502	不支持该指令

2. 用户邮件目录/var/spool/mail

可以在邮件服务器上查看用户邮件，确保邮件服务器已经正常工作。sendmail 在 /var/spool/mail 目录中为每个用户分别建立单独的文件用于存放邮件，这些文件的名字和用户名是相同的。例如，用于 jiangpin@gdhy. col 的文件名为 jiangpin，如下所示。

```
[root@zhou~]#ls /var/spool/mail
jiangpin root zhouqi
```

3. 在 linux 客户端测试

```
[root@zhou~]#mail -u jiangpin
Mail version 8.1 6/6/93. Type? for help.
"/var/mail/jiangpin": 1 message 1 new
>N  1 zhoudake@gdhy.col   Sun Sep 12 02:59   11/378
& 1
Message 1:
From zhoudake@gdhy.col   Sun Sep 12 02:59:31 2010
Date:Sun,12 Sep 2010 02:59:06 +0800
From:zhoudake@gdhy.col

this is a test


& quit
Saved 1 message in mbox
```

表明用户 jiangpin 已收到来自用户 zhoudake 的邮件，内容为 this is test。

4. 在 Windows 客户端进行测试

(1) 启动 MS-DOS 分别测试 IP 和 mail. gdhy. com 服务，如图 4.4 所示。

说明：

- 假设 IP 可以通过测试，但 mail. gdhy. col ping 不能通过测试。由于是在 Windows

图 4.4　测试 mail 服务器

端进行测试，所以要确定 Windows 端的 DNS 测试是否与服务器的 DNS 一致，最好网关也一致。例如 Linux 服务的 DNS 为 192.168.1.2，网关也为 192.168.1.2，则在 Windows 的设置中也应该一致，如图 4.5 所示。

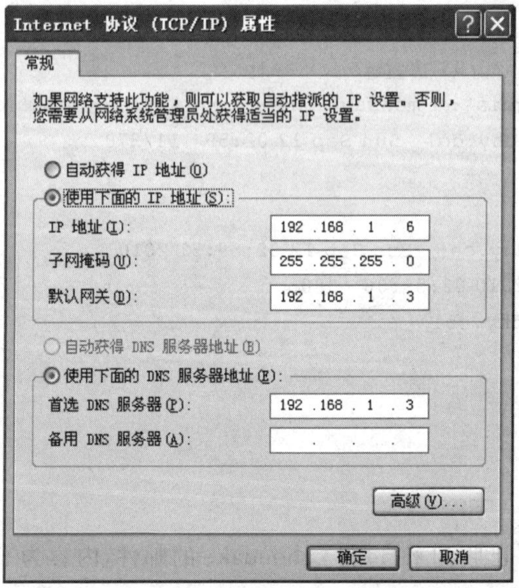

图 4.5　Windows 客户端设置

- 如果执行了以上操作还是 ping mail.gdhy.col，则应该是防火墙有问题。关闭防火墙，执行 service iptables stop 即可。

(2) 在 Windows 客户端用 Outlook 收到邮件(具体配置请参考下节)。向收件人 zhoudake 发送一封邮件,内容如图 4.6 所示。

(3) 发送成功后再接收一次邮件,如图 4.7 所示。此时收件箱已收到一封邮件,双击并打开。

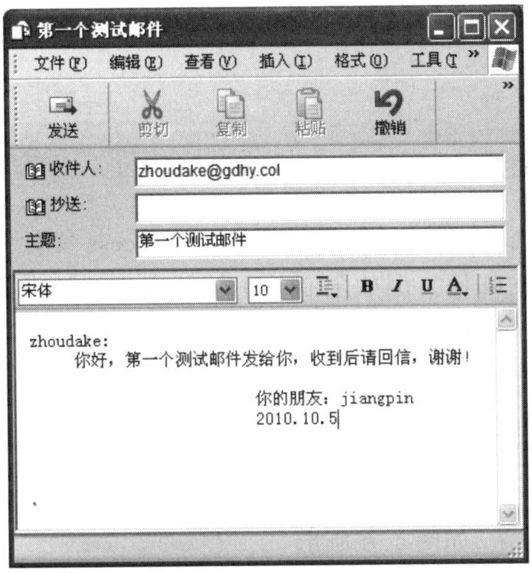

图 4.6 写邮件

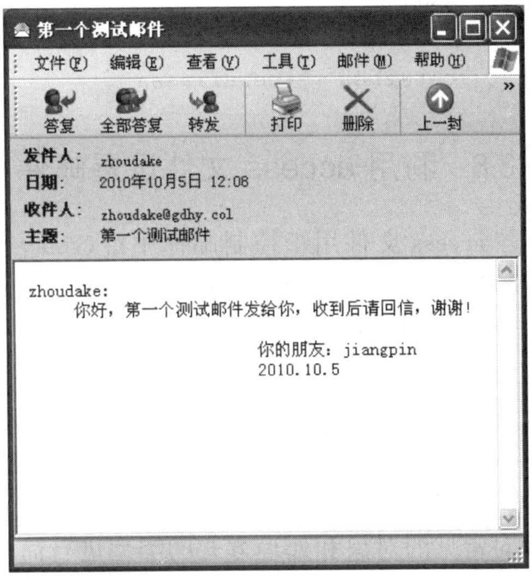

图 4.7 接收邮件

4.3.7 别名和群发设置

用户别名是经常用到的一个功能。顾名思义,别名就是给用户起另外一个名字。例如,给用户 A 起个别名为 B,则以后发给 B 的邮件实际是 A 用户来接收。为什么说这是一个经常用到的功能呢?第一,root 用户无法收发邮件,如果有发给 root 用户的信件必须为 root 用户建立别名。第二,群发设置需要用到这个功能。企业内部在使用邮件服务的时候,经常会按照部门群发信件,发给财务部的信件只有财务部的人才会收到,其他部门无法收到。

如果要使用别名设置功能,首先需要在/etc/mail/目录下建立文件 aliases,然后编辑文件内容。其格式如下。

```
真实用户账号:别名 1、别名 2
```

说明:":"冒号左边一定要使用真实账号。右边则可以自选定义,可以是用户别名,也可以使用文件或者程序。

```
[root@zhou ~]#vi /etc/mail/aliases
mailmaster:root
zhoudake:qq1.qq2
postmaster: :include: /etc/mail/myaliases
```

include 关键字表示让 Sendmail 去读取对应的文件。而/etc/mail/myaliases 的内容

要设置成：

```
usera
userb
...
```

最后，在设置过 aliases 文件后，还要使用 newaliases 命令生成 aliases.db 数据库文件。

```
[root@zhou ~]#newaliases
```

4.3.8 利用 access 文件设置邮件中继

access 文件用于控制邮件中继(relay)和邮件的进出管理。可以利用 access 文件来限制哪些客户端可以使用此邮件服务器来转发邮件。例如限制某个域的客户端转发邮件，也可以限制某个网段的客户端转发邮件。Access 文件的内容会以列表形式体现出来。其格式如下。

```
对象      处理方式
```

对象和处理方式的表现形式并不单一，每一行都包含对象和对它们的处理方式。下面对常见的对象和处理方式的类型进行简单介绍，如图 4.8 所示。

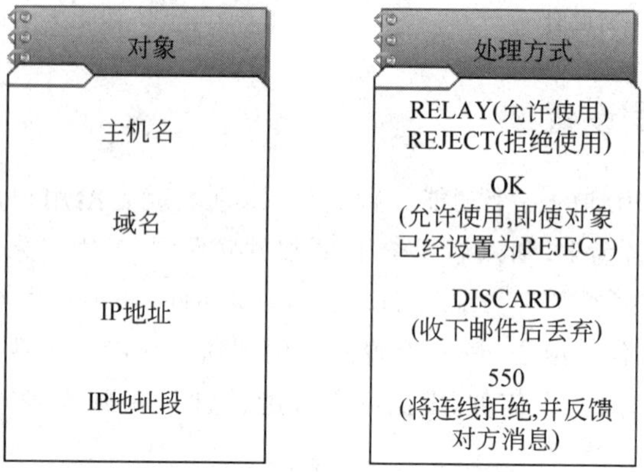

图 4.8 access 处理方式

access 文件中的每一行都具有一个对象和一种处理方式，可根据环境需要进行二者的组合。例如，使用 vi 命令查看默认的 access 文件。

```
[root@zhou ~]#vi /etc/mail/access
#Check the /usr/share/doc/sendmail/README.cf file for a description
#of the format of this file. (search for access_db in that file)
#The /usr/share/doc/sendmail/README.cf is part of the sendmail-doc
#package.
#
#by default we allow relaying from localhost...
Connect: localhost.localdomain            RELAY
```

```
Connect:localhost                          RELAY
Connect:127.0.0.1                          RELAY
```

默认的设置表示来自本地的客户端允许使用 mail 服务器收发邮件。通过修改 access 文件，可以设置邮件服务器对 E-mail 的转发行为，但是配置后必须使用 makemap 建立新的 access. db 数据库。

【例 4.2】 允许 192.168.1.0 网段自由发送邮件，但拒绝客户端 gdhy. tech. col 及除 192.168.2.100 以外的 192.168.2.0 网段的所有主机自由发送邮件。

```
[root@zhou ~]#vi /etc/mail/access
Connect:localhost.localdomain              RELAY
Connect:localhost                          RELAY
Connect:127.0.0.1                          RELAY
Connect:192.168.2                          REJECT
Connect:gdhy.tech.com                      REJECT
Connect:192.168.2.100                      OK
```

最后使用 makemap 命令生成新的 access. db 数据库。

```
[root@zhou ~]#makemap hash /etc/mail/access.db <  /etc/mail/access
```

4.3.9 sendmail 应用案例 2

某学院采用 gztzy. net 为学院的域名，其中采用两个网段和两个域来分别管理计算机系和外语系的教职工，computer. gztzy. net 域采用 192. 168. 10. 0/24 网段，english. gztzy. net 域采用 192. 168. 20. 0/24 网段。DNS 服务器地址是 192. 168. 1. 3，sendmail 服务器地址是 192. 168. 1. 3。拓扑结构如图 4. 9 所示。

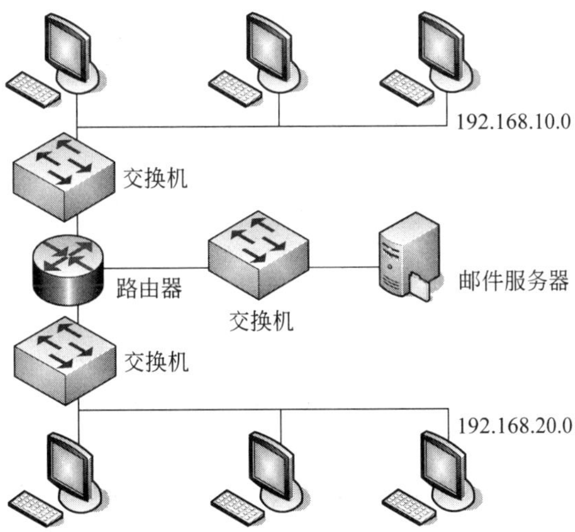

图 4.9 拓扑结构

1. 要求

(1) 教职工可以自由收发内部邮件，并且能够通过邮件服务器入外网发送邮件。

(2) 设置两个邮件群组 computer 和 english，确保发送给 computer 的邮件 computer. gztzy. net 域的成员都可以接收到；同理，发送给 english 的邮件 english. gztzy. net 域的成员都可以接收到。

(3) 禁止待客室的主机 192. 168. 10. 88 使用 sendmail 服务器。

2. 分析

(1) 设置教职工自由收发内部邮件时可以参考应用案例 1。如果需要通过邮件服务器把邮件转发到外网，还需要设置 access 文件。

(2) 需要用别名设置实现群发功能。

(3) 需要在 access 文件中拒绝(refect)192. 168. 10. 88。

3. 配置过程的步骤

(1) 设置分配网段

由于不在实验室进行图 4. 5 拓扑结构的实验，sendmail 邮件服务器代替路由器功能。在 192. 168. 10. 1 和 192. 168. 20. 1 网段，用同一个网卡指定多个 IP 地址来实现路由器的配置，分别实现 computer. gztzy. net 和 english. gztzy. net。

```
[root@zhou~]#ifconfig eth0:0 192.168.10.1 netmask 255.255.255.0
[root@zhou~]#ifconfig eth0:1 192.168.20.1 netmask 255.255.255.0
[root@zhou~]#ifconfig
eth0     Link encap:Ethernet HWaddr 00:0C:29:A7:12:D8
         inet addr:192.168.1.3 Bcast:192.168.1.255  Mask:255.255.255.0
         inet6 addr:fe80::20c:29ff:fea7:12d8/64 Scope:Link
         UP BROADCAST RUNNING MULTICAST MTU:1500 Metric:1
         RX packets:20 errors:0 dropped:0 overruns:0 frame:0
         TX packets:109 errors:0 dropped:0 overruns:0 carrier:0
         collisions:0 txqueuelen:0
         RX bytes:4912 (4.7 KiB) TX bytes:18048 (17.6KiB)

eth0:0   Link encap:Ethernet HWaddr 00:0C:29:A7:12:D8
         inet addr:192.168.10.1  Bcast:192.168.10.255  Mask:255.255.255.0
         UP BROADCAST RUNNING MULTICAST  MTU:1500  Metric:1

eth0:1   Link encap:Ethernet HWaddr 00:0C:29:A7:12:D8
         inet addr:192.168.20.1  Bcast:192.168.20.255  Mask:255.255.255.0
         UP BROADCAST RUNNING MULTICAST  MTU:1500  Metric:1
```

通过以上测试可以看到，设置好的 192. 168. 10. 1 和 192. 168. 20. 1 网段已配置生效。

(2) 配置 DNS 主文件设置

```
[root@zhou ~]#vi /etc/named.conf
```

```
options {
        directory           "/var/named";
};
zone "gztzy.net" {
        type master;
        file "gztzy.net";
};
zone "1.168.192.in-addr.arpa" {
        type master;
        file "1.168.192";
};
zone "computer.gztzy.net" {
        type master;
        file "computer.gztzy.net";
};
zone "10.168.192.in-addr.arpa" {
        type master;
        file "10.168.192";
};
zone "english.gztzy.net" {
        type master;
        file "english.gztzy.net";
};
zone "20.168.192.in-addr.arpa" {
        type master;
        file "20.168.192";
};
```

(3) 配置 gztzy.net 区域正向文件

```
[root@zhou ~]#vi /var/named/gztzy.net
STTL 86400
@       IN   SOA    dns.gztzy.net.      root (
                    20100820
                    1H
                    15M
                    1W
                    1D)
@       IN   NS                         dns.gztzy.net.
dns     IN   A                          192.168.1.3
@       IN   MX     10                  mail.gztzy.net.
mail    IN   A                          192.168.1.3
```

(4) 配置 1.168.192 反向区域文件

```
[root@zhou ~]#vi /var/named/1.168.192
```

```
STTL 86400
@        IN    SOA    1.168.192.in-addr.arpa.    root (
                      20100820
                      1H
                      15M
                      1W
                      1D)
@        IN    NS                                dns.gztzy.net.
3        IN    PTR                               dns.gztzy.net.
@        IN    MX     10                         mail.gztzy.net.
3        IN    PTR                               mail.gztzy.net.
```

（5）配置 computer. gztzy. net 区域正向文件

```
[root@zhou ~]#vi /var/named/computer.gztzy.net
STTL 86400
@        IN    SOA    dns.gztzy.net.     root (
                      20100820
                      1H
                      15M
                      1W
                      1D)
@        IN    NS                        dns.gztzy.net.
dns      IN    A                         192.168.1.3
@        IN    MX     10                 mail.gztzy.net.
mail     IN    A                         192.168.1.3
```

（6）配置 10. 168. 192 反向区域文件

```
[root@zhou ~]#vi /var/named/10.168.192
STTL 86400
@        IN    SOA    10.168.192.in-addr.arpa.   root(
                      20100820
                      1H
                      15M
                      1D)

@        IN    NS                                dns.gztzy.net.
3        IN    PTR                               dns.gztzy.net.
@        IN    MX     10                         mail.gztzy.net.
3        IN    PTR                               mail.gztzy.net.
```

（7）配置 english. gztzy. net 正向区域文件

```
[root@zhou ~]#vi /var/named/englis h.gztzy.net
STTL 86400
@        IN    SOA    dns.gztzy.net.     root (
```

```
                              20100820
                              1H
                              15M
                              1W
                              1D)
@        IN      NS                          dns.gztzy.net.
dns      IN      A                           192.168.1.3
@        IN      MX       10                 mail.gztzy.net.
mail     IN      A                           192.168.1.3
```

(8) 配置 20.168.192 反向区域文件

```
[root@zhou ~]#vi /var/named/20.168.192
STTL 86400
@        IN      SOA      20.168.192.in-addr.arpa.   root (
                          20100820
                          1H
                          15M
                          1W
                          1D)
@        IN      NS                               dns.gztzy.net.
3        IN      PTR                              dns.gztzy.net.
@        IN      MX       10                      mail.gztzy.net.
3        IN      PTR                              mail.gztzy.net.
```

(9) 确定或修改 DNS 域名解析配置文件

```
[root@zhou ~]#vi /etc/resolv.conf
: generated by /sbin/dhclient-script
nameserver 192.168.1.3
```

(10) 重启 named 服务器使配置生效

```
[root@zhou~]#service named restart
停止 named:                                           [失败]
启动 named:                                           [确定]
```

(11) 编辑 sendmail.mc 修改 SMTP 侦听网段范围

配置邮件服务器需要更改 IP 地址为单位内部网段或者 0.0.0.0,这样可以扩大侦听范围,否则邮件服务器无法正常发送邮件。

```
[root@zhou ~]#vi /etc/mail/sendmail.mc
DAEMON_OPTIONS('Port=smtp.Addr=0.0.0.0. Name=MTA')dnl
```

(12) 将 sendmail.mc 第 155 行修改成自己的域

```
LOCAL_DOMAIN('xinan.school')dnl
[root@zhou ~]#vi /etc/mail/sendmail.mc
```

```
dnl #
LOCAL_DOMAIN('gztzy.net')dnl
dnl #
```

(13) 使用M4命令生成sendmail.cf文件

因为sendmail.mc只是一个模板，所以需生成该文件。

```
[root@zhou ~]#m4/etc/mail/sendmail.mc>/etc/mail/sendmail.cf
```

(14) 修改local-host-names文件添加域名及主机名

```
[root@zhou ~]#vi /etc/mail/local-host-names
#local-host-names-include all aliases for your machine here.
gztzy.net.
mail.gztzy.net.
computer.gztzy.net.
mail.computer.gztzy.net.
english.gztzy.net.
mail.english.gztzy.net.
```

(15) 设置群发邮件

要求设置computer对应的别名分别为：usercom1、usercom2、usercom3，english对应的别名分别为：usereng1、usereng2、usereng3。

```
[root@zhou ~]#vi /etc/aliases
computer:      usercom1.usercom2.usercom3
english:       usereng1.usereng2.usereng3
```

(16) 使用newaliases命令生成aliases.db数据库

```
[root@zhou~]#newaliases
/etc/aliases: 78 aliases.longest 26 bytes,832 bytes total
```

(17) 配置访问控制的access文件

在RHEL5中，默认sendmail服务器所在的主机的用户可以任意发送邮件，而不需要任何身份验证，即注意/etc/mail/access文件中有一行Connect:127.0.0.1RELAY。

```
[root@zhou ~]#vi /etc/mail/access
#Check the /usr/share/doc/sendmail/README.cf file for a description
#of the format of this file.(search for access_db in that file)
#The /usr/share/doc/sendmail/README.cf is part of the sendmail-doc
#package.
#
#by default we allow relaying from localhost...
Connect:localhost.localdomain             RELAY
Connect:localhost                         RELAY
Connect:127.0.0.1                         RELAY
Connect:192.168.10                        RELAY
```

```
Connect:192.168.20                    RELAY
Connect:192.168.10.88                 REJECT
```

(18) 生成 access 数据库

```
[root@zhou~]#makemap hash /etc/mail/access.db </etc/mail/access
```

(19) 启动 sendmail 服务

```
[root@zhou~]#service sendmail restart
关闭 sm-client:                                    [确定]
关闭 sendmail:                                     [确定]
启动 sendmail:                                     [确定]
启动 sm-client:                                    [确定]
```

说明:在整个配置过程及后面的测试中,一定要让 Dovecot(POP3 和 IMAP)运行。

```
[root@zhou~]#service dovecot restart
停止 Dovecot Imap:                                 [失败]
启动 Dovecot Imap:                                 [确定]
```

(20) 建立组 computer、english 和用户 usercom1、usercom2、usercom3、usereng1、usereng2、usereng3

```
[root@zhou~]#groupadd computer
[root@zhou~]#groupadd english
[root@zhou~]#useradd -g computer -s /sbin/nologin usercom1
[root@zhou~]#useradd -g computer -s /sbin/nologin usercom2
[root@zhou~]#useradd -g computer -s /sbin/nologin usercom3
[root@zhou~]#useradd -g english -s /sbin/nologin usereng1
[root@zhou~]#useradd -g english -s /sbin/nologin usereng2
[root@zhou~]#useradd -g english -s /sbin/nologin usereng3
[root@zhou~]#psswd usercom1
bash: psswd: command not found
[root@zhou~]#passwd usercom1
Changing password for user usercom1.
New UNIX password:
BAD PASSWORD: it is too simplistic/systematic
Retype new UNIX password:
passwd: all authentication tokens updated successfully.
```

用相同的方法给其他用户添加密码。

(21) 客户端 192.168.1.0/24 网段测试

① 先查看 Windows 客户端网络连接详细信息是否正常。选中本地连接状态,然后单击"支持",最后单击"详细信息",如图 4.10 所示。表示正常连接。

② 运行 zhoudake 账号向 zhoudake@gztzy.net 发送一封邮件,如图 4.11 所示。

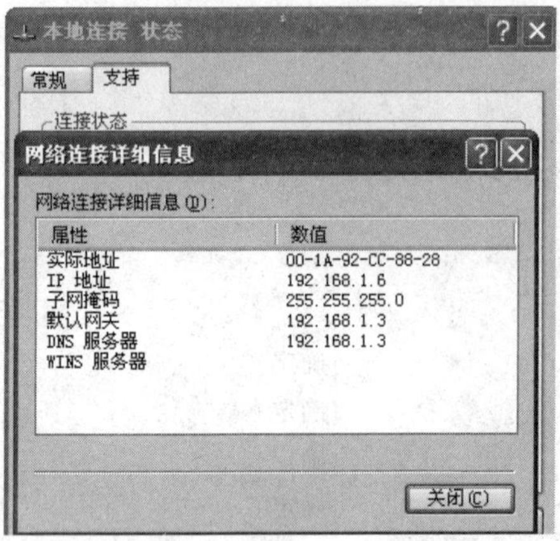

图 4.10 网络连接详细信息

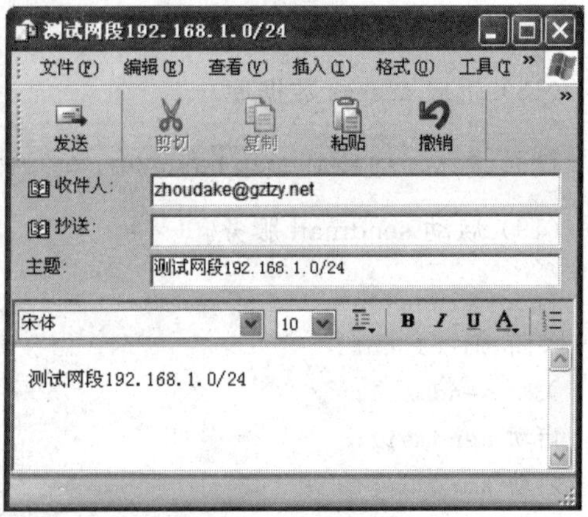

图 4.11 发送邮件

③ 接收邮件，如图 4.12 所示，表示接收成功。

说明：

• 如果在发送和接收过程中，总是频繁提示输入用户名和密码，就表明 saslauthd 服务没有正常运行。因此，应该开启此服务。[root@zhou ~]# service saslauthd start 即可。

• 此时发送邮件服务器已与前一个实例不一样了。前一个实例的邮件服务器为 mail.gdhy.col，现在为 mail.gztzy.net，所以要重新配置 Outlook 才可以正式发送和接收。

(22) 群发测试

① 向组 computer 发邮件，如图 4.13 所示。

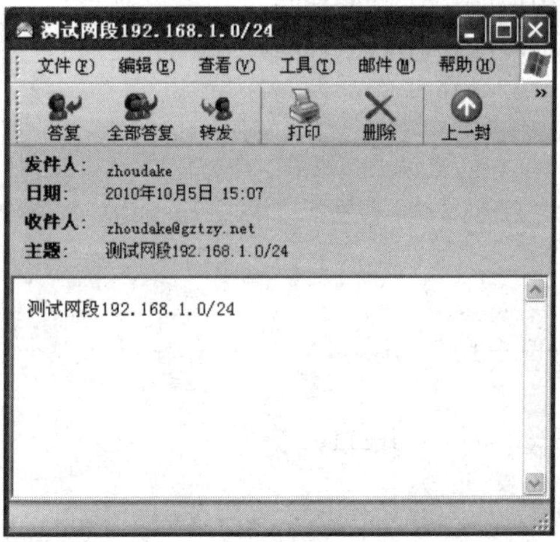

图 4.12 接收邮件

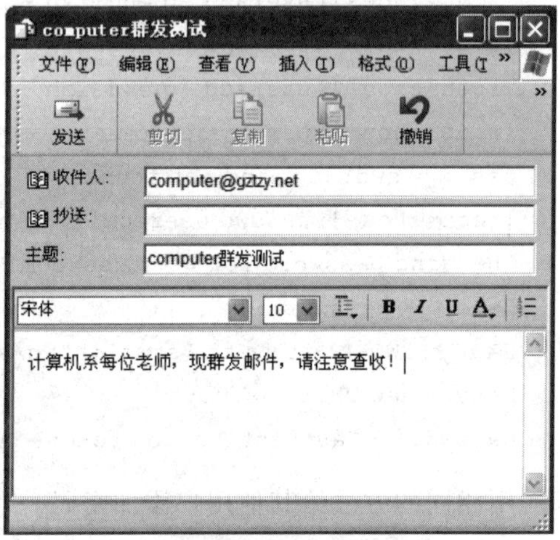

图 4.13 群发邮件

② 群发邮件 computer@gztzy.net。此时可以查看已发邮件，右边显示群发邮件已成功发出。同理，可以用 english@gztzy.net 群发，如图 4.14 所示。

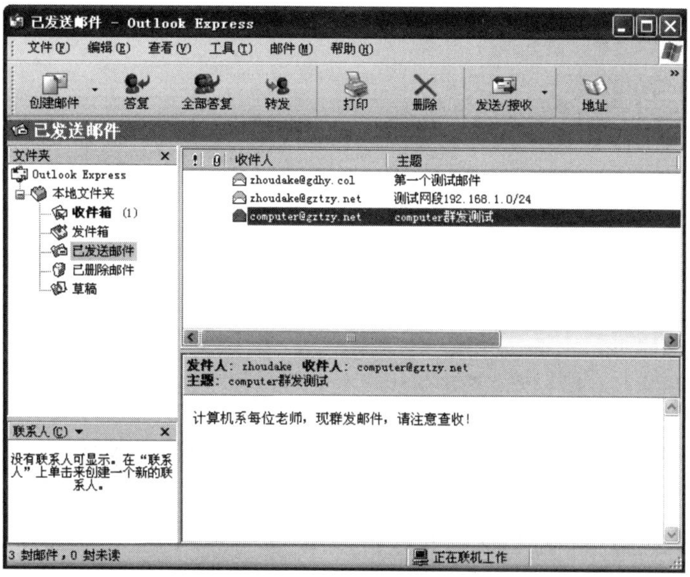

图 4.14 群发邮件成功

(23) 192.168.10.0/24 网段测试

运用 mail 命令可以查看账号具体邮件使用情况，下面是 usercom1、usercom2 和 usercom3 的具体情况。

① 查看服务器状态

```
[root@zhou~]#mail -u usercom1
Mail version 8.1 6/6/93. Type? for help.
"/var/mail/usercom1": 1 message 1 new
>N 1 zhoudake@gztzy.net  Mon Oct 4 20:35  41/1571 "=?gb2312?B?Y29tcHVOZXLIu"&1
Message 1:
From zhoudake@gztzy.net  Mon Oct  4 20:35:08 2010
From: "zhoudake" <zhoudake@gztzy.net>
To:<computer@gztzy.net>
Subject:=?gb2312?B?Y29tcHVOZXLIureisuLKIA==?=
Date: Tue. 5 Oct 2010 15:14:28 +0800
MIME-Version:1.0
...
[root@zhou~]#mail -u usercom2
Mail version 8.1 6/6/93. Type? for help.
"/var/mail/usercom2": 1 message 1 new
>N 1 zhoudake@gztzy.net  Mon Oct 4 20:35  41/1571 "=?gb2312?B?Y29tcHVOZXLIu"&1
Message 1:
From zhoudake@gztzy.net  Mon Oct  4 20:35:08 2010
From: "zhoudake" <zhoudake@gztzy.net>
To:<computer@gztzy.net>
Subject:=?gb2312?B?Y29tcHVOZXLIureisuLKIA==?=
```

```
Date: Tue. 5 Oct 2010 15:14:28 +0800
MIME-Version: 1.0
...
[root@ zhou~]#mail -u usercom3
Mail version 8.1 6/6/93. Type? for help.
"/var/mail/usercom3": 1 message 1 new
>N 1 zhoudake@gztzy.net  Mon Oct 4 20:35  41/1571 "=?gb2312?B?Y29tcHVOZXLIu"&1
Message 1:
From zhoudake@gztzy.net  Mon Oct  4 20:35:08 2010
From: "zhoudake" <zhoudake@ gztzy.net>
To:<computer@ gztzy.net>
Subject:=?gb2312?B?Y29tcHVOZXLIureisuLKIA==?=
Date: Tue. 5 Oct 2010 15:14:28 +0800
MIME-Version: 1.0
...
```

从上面可以看到，在服务器端可以看到组computer成员已收到192.168.1.0/24网段中zhoudake用户发的邮件，下面在192.168.10.0/24网段进行接收测试。

② 改变网段为192.168.10.0/24。即在Windows客户端中设置默认网关为192.168.10.1，如图4.15所示。

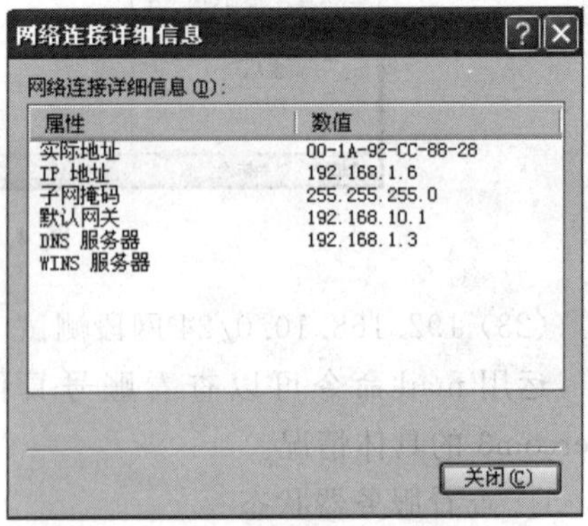

图4.15　网络段为192.168.10.0/24

③ 在网段192.168.10.0/24接发邮件，如图4.16所示，能正常接收群发邮件。先用zhoudake账号写一封邮件，并发给zhoudake@gztzy.net。

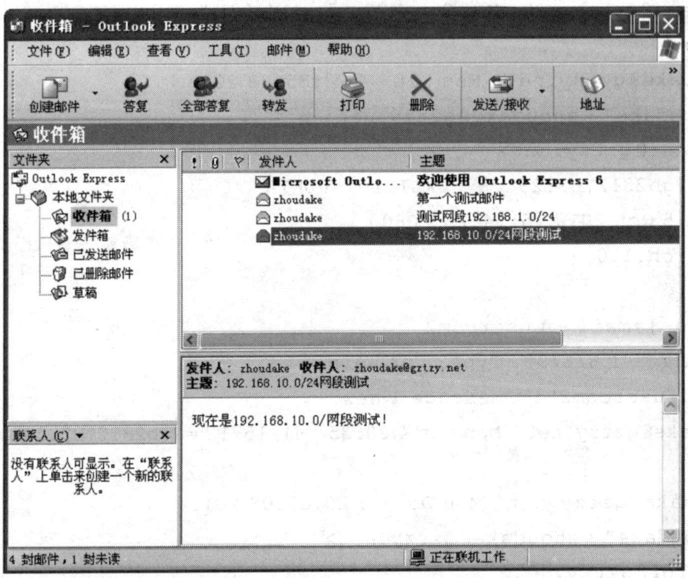

图4.16　在网段192.168.10.0/24接收邮件

(24) 由 computer. gztzy. net 区域向 english. gztzy. net 用户组群发邮件

如图 4.17 所示，发送成功。

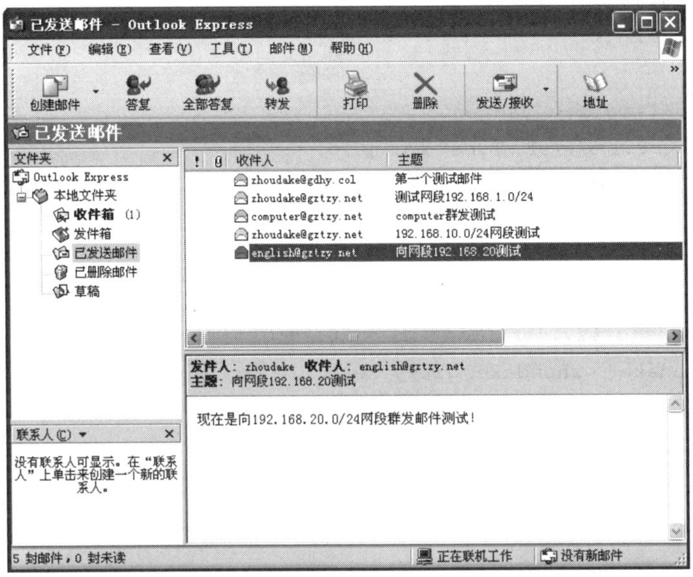

图 4.17 向网段 192.168.20.0/24 群发邮件

(25) 192.168.20.0/24 网段测试

运用 mail 命令可以查看账号具体邮件使用情况，例如 usereng1、usereng2 和 usereng3 的具体情况。查看服务器状态如下：

```
[root@zhou~]#mail -u usereng1
Mail version 8.1 6/6/93. Type? for help.
"/var/mail/usereng1": 1 message 1 new
>N 1 zhoudake@gztzy.net  Mon Oct 4 20:58  41/1569 "=?gb2312?B?z/LN+LbOMTkyL"& 1
Message 1:
From zhoudake@gztzy.net  Mon Oct  4 20:58:01 2010
From: "zhoudake" <zhoudake@gztzy.net>
To:<english@gztzy.net>
Subject:=?gb2312?B?z/LN+LbOMTkyLjE20C4yMLLiytQ=?=
Date: Tue. 5 Oct 2010 15:37:21 +0800
MIME-Version: 1.0
……
[root@zhou~]#mail -u usereng2
Mail version 8.1 6/6/93. Type? for help.
"/var/mail/usereng2": 1 message 1 new
>N 1 zhoudake@gztzy.net  Mon Oct 4 20:58  41/1569 "=?gb2312?B?z/LN+LbOMTkyL"& 1
Message 1:
From zhoudake@gztzy.net  Mon Oct  4 20:58:01 2010
From: "zhoudake" <zhoudake@gztzy.net>
```

```
To:<english@gztzy.net>
Subject:=?gb2312?B?z/LN+LbOMTkyLjE20C4yMLLiytQ=?=
Date: Tue. 5 Oct 2010 15:37:21 +0800
MIME-Version: 1.0
……
[root@zhou~]#mail -u usereng3
Mail version 8.1 6/6/93. Type? for help.
"/var/mail/usereng3": 1 message 1 new
>N 1 zhoudake@gztzy.net  Mon Oct 4 20:58  41/1569 "=?gb2312?B?z/LN+LbOMTkyL"
& 1
Message 1:
From zhoudake@gztzy.net  Mon Oct  4 20:58:01 2010
From: "zhoudake" <zhoudake@gztzy.net>
To:<english@gztzy.net>
Subject:=?gb2312?B?z/LN+LbOMTkyLjE20C4yMLLiytQ=?=
Date: Tue. 5 Oct 2010 15:37:21 +0800
MIME-Version: 1.0
……
```

测试说明，可以从 computer. gztzy. net（网段 192. 168. 10. 0/24）向 english. gztzy. net（网段 192. 168. 20. 0/24）群发邮件。

(26) 待客室主机 192. 168. 10. 88 测试

① 把默认网关修改为 192. 168. 10. 1，IP 地址改为 192. 168. 10. 88。

② 向 zhoudake@gztzy. net 发邮件，如图 4. 18 所示。

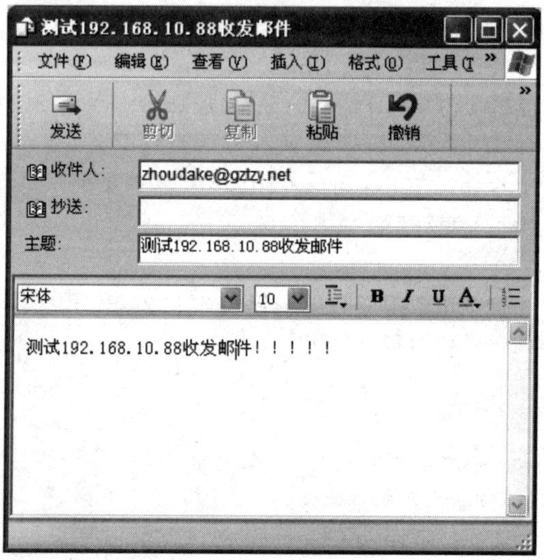

图 4.18 测试收发邮件

③ 发送过程中出错，如图 4. 19 所示，即不成功。

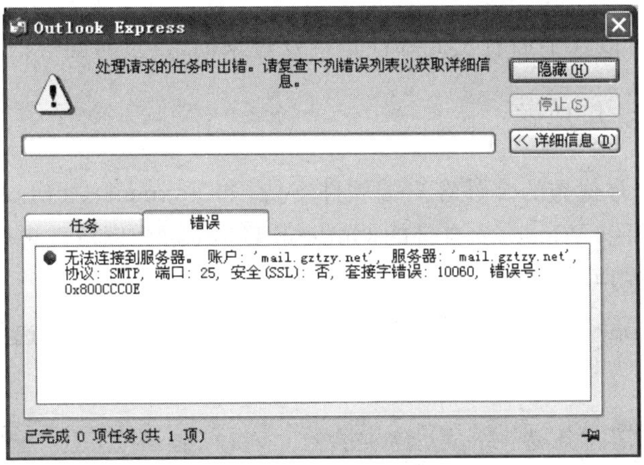

图 4.19 发送邮件不成功

4.4 sendmail 客户端配置

4.4.1 Linux 客户端

本地登录服务器,在 Linux 命令行下,使用 mail 命令可以发送、收取用户邮件。

测试之前用户 zhoudake 向用户 jiangpin 发送一封邮件,内容为"Hi where are you?"。然后使用 mail 查看服务上 jiangpin 用户状态的使用情况:

```
[root@zhou~]#mail -u jiangpin
Mail version 8.1 6/6/93. Type? for help.
"/var/mail/jiangpin": 1 message 1 new
>N 1 zhoudake@gztzy.net  Mon Oct 4 22:25  11/370
& 1
Message 1:
From zhoudake@gztzy.net  Mon Oct  4 22:25:43 2010
Date: Mon, 4 Oct 2010 22:22:24 +0800
From: zhoudake@gztzy.net

Hi where are you?


& quit
Saved 1 message in mbox
```

其中:

第 1 行 mail -u jiangpin:显示指定 jiangpin 用户的邮件列表。

第 4 行>N 1 中的 1:邮件编号。如果要读此邮件,则直接选择 1 按 Enter 键确认就可以阅读了。

第10行 Hi where are you?：邮件正文内容，正好与所发送的内容一样。

除此之外，还可以从上面看出此邮件是谁发过来的，以及时间等信息。

4.4.2 Windows客户端

Windows有非常优秀的邮件客户端软件支持，如Foxmail、Outlook等。这些工具的配置方法类似，下面以Windows自带的Outlook Express为例重点讲解。

1. 添加邮箱账户

(1) 使用Outlook首先要添加邮件账户，选择【工具】菜单，再选择【账户】选项，如图4.20所示。

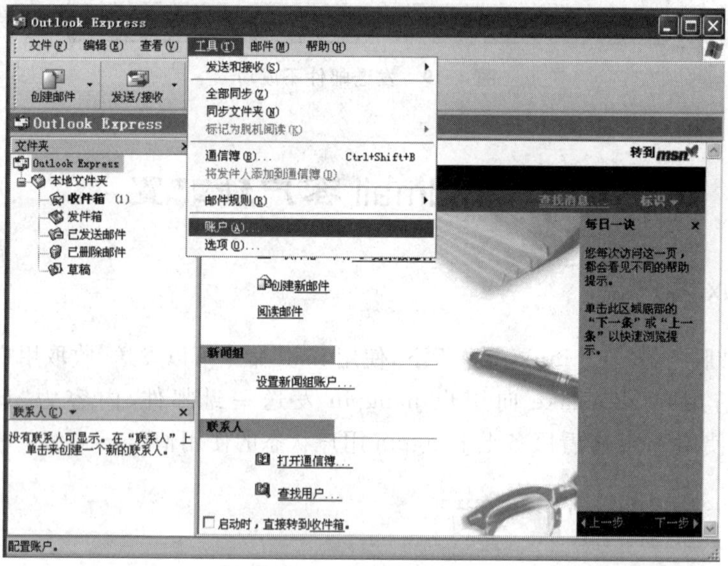

图4.20　选择邮件账户

(2) 选择【邮件】，准备添加邮件，如图4.21所示。

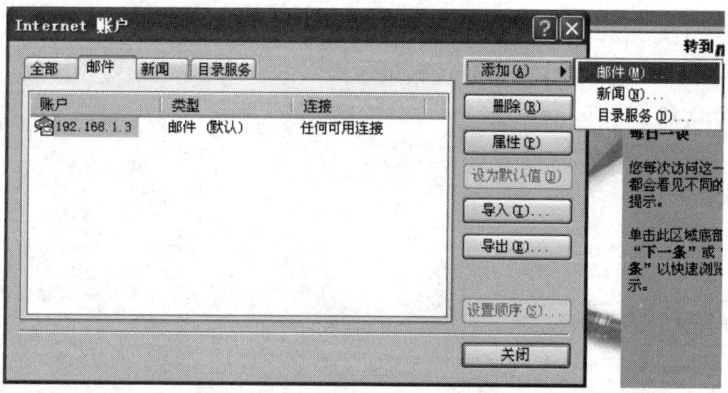

图4.21　添加邮件

(3) 输入邮箱账户的显示名，单击【下一步】按钮，如图4.22所示。

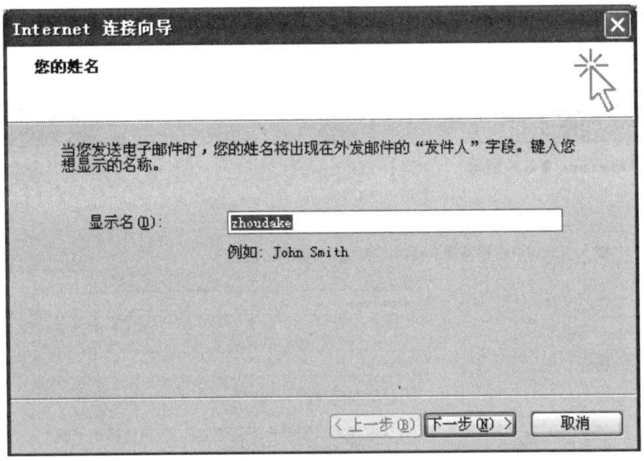

图 4.22　配置邮件显示名

(4) 输入用户的邮件地址，这是 Outlook 收取邮件的位置，务必填写正确，如图 4.23 所示。

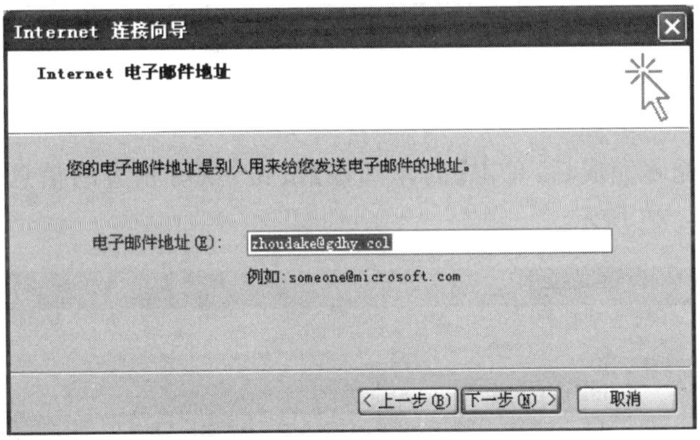

图 4.23　设置电子邮件地址

(5) 选择邮件接收服务器类型，POP3 或者 IMAP，根据需要进行选择，并填写接收服务器及 SMTP 服务器的 IP 地址或者域名，如图 4.24 所示。

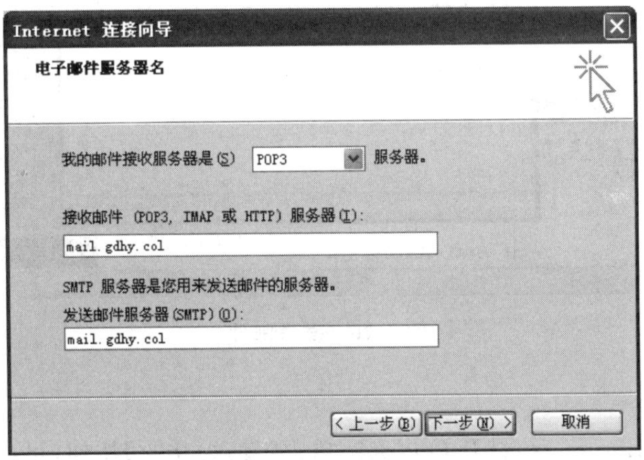

图 4.24　添加邮件服务器地址

(6) 输入账户和密码，单击【下一步】按钮，完成邮件账户的添加工作，如图 4.25 所示。

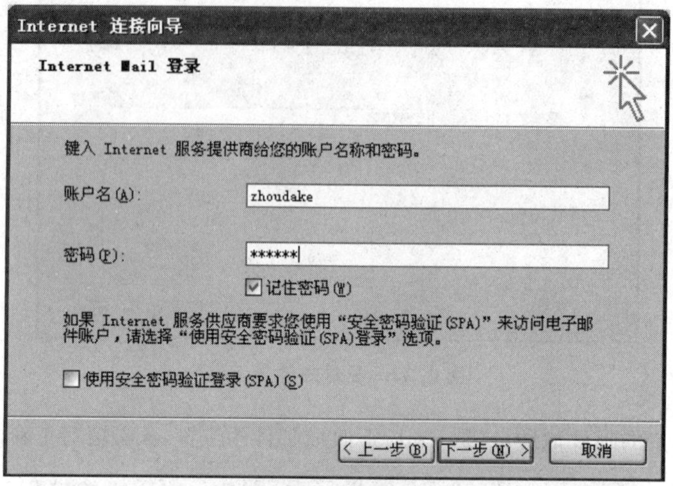

图 4.25　输入账号和密码

2. 发送邮件

Outlook 账户配置完成后，单击【创建邮件】按钮，填写相应的信息，就能够与其他用户进行交流，如图 4.26 所示。

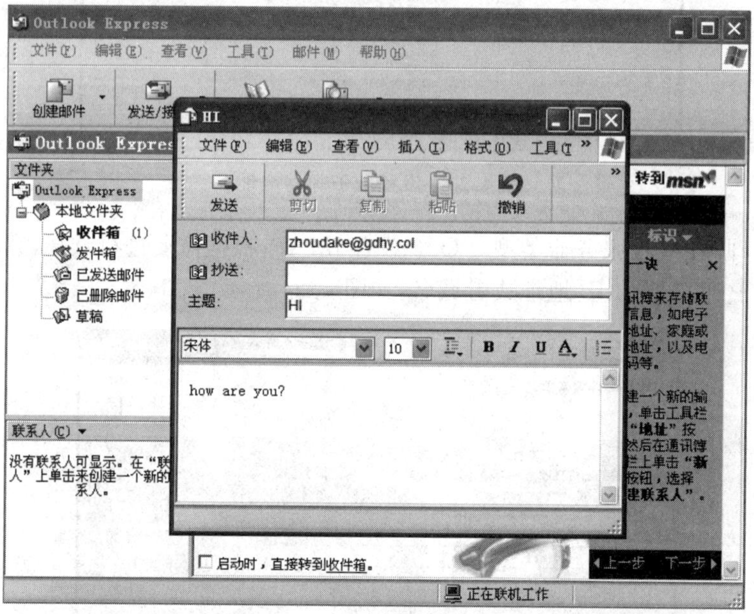

图 4.26　发送邮件

3. 接收邮件

客户端接入 Internet 后，打开 Outlook，单击【发送/接收】按钮，可以执行接收邮件的操作，如图 4.27 所示。

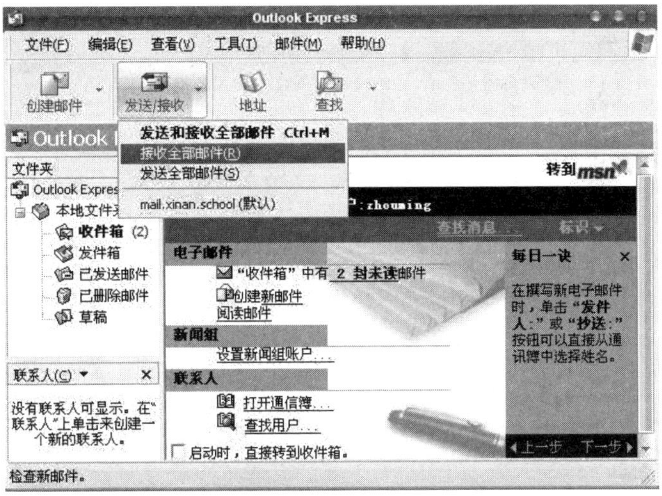

图 4.27 接收邮件

4.5 sendmail 服务器故障排错

sendmail 功能强大，但其程序代码非常庞大，配置也相对复杂，而且与 DNS 服务等组件有密切的关联，一旦某一环节出现问题，就可能导致邮件服务器的意外错误。下面将讲解 sendmail 配置的常见错误。

4.5.1 无法定位邮件服务器

客户端使用 MUA 发送邮件时，如果收到无法定位邮件服务器的信息，如图 4.28 所示，表明客户端没有连接到邮件服务器，这很有可能是因为 DNS 解析失败造成的。如果出现该问题，可以分别在客户端和 DNS 服务器寻找问题的缘由。

1. 客户端

检查客户端配置的 DNS 服务器 IP 地址是否正确。Linux 用户可以检查/etc/reslov.conf 文件，Windows 用户可以查看网卡 TCP/IP 的协议属性，再使用 host 命令尝试解析邮件服务器的域名。

2. DNS 服务器

打开 DNS 服务器的 named.conf 文件，检查邮件服务器的区域配置是否完整，并查看其对应的区域文件 MX 记录。确认没问题了，再重新进行测试。

4.5.2 身份验证失败

对于开启了邮件认证的服务器，saslauthd 服务如果出现问题，未正常运行，就会导致

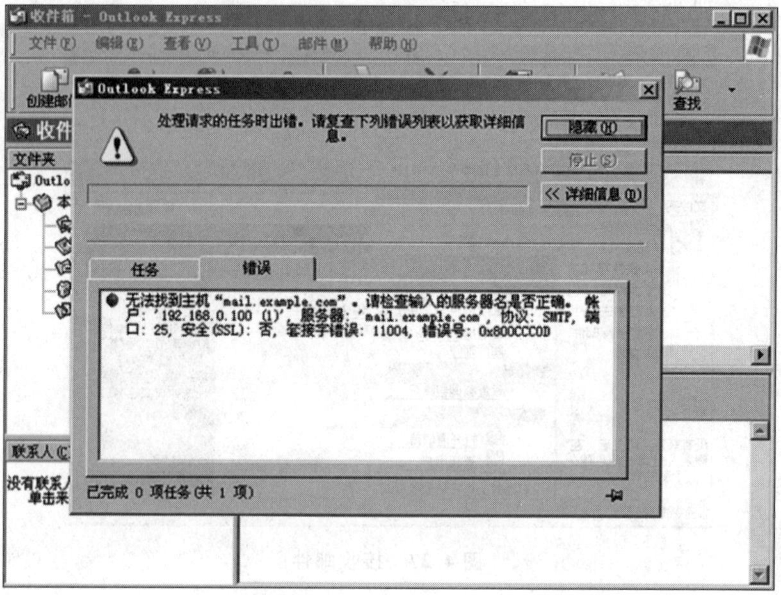

图 4.28　无法定位邮件服务器

邮件服务器认证的失败，在收发邮件时，频繁提示输入用户名及密码，如图 4.29 所示。这时请检查 saslauthd 是否开启，排除该错误。

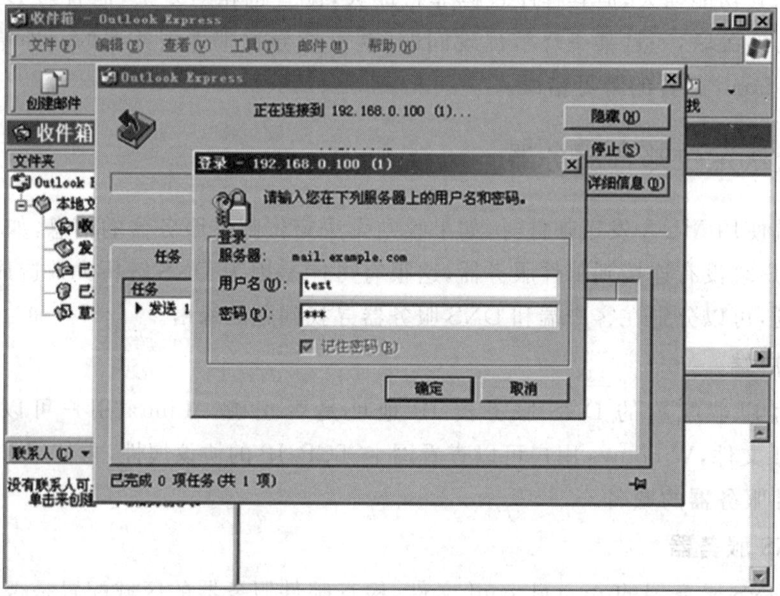

图 4.29　无法验证用户名和密码

4.5.3　邮箱配额限制

客户端使用 MUA 向其他用户发送邮件时，如果收到信息为 Disk quota exceeded 系统退信，则表明接受方的邮件空间已经达到磁盘配额限制，如图 4.30 所示。这时，接受方必须删除垃圾邮件，或者由管理员增加使用空间，才可以正常接收 E-mail。

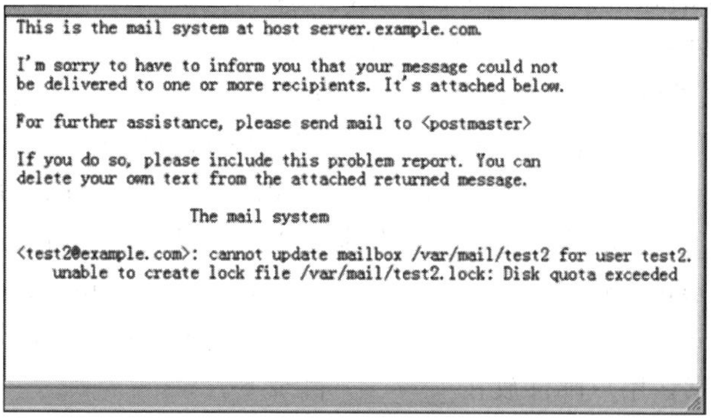

```
This is the mail system at host server.example.com.

I'm sorry to have to inform you that your message could not
be delivered to one or more recipients. It's attached below.

For further assistance, please send mail to <postmaster>

If you do so, please include this problem report. You can
delete your own text from the attached returned message.

                   The mail system

<test2@example.com>: cannot update mailbox /var/mail/test2 for user test2.
    unable to create lock file /var/mail/test2.lock: Disk quota exceeded
```

图 4.30 系统退信

4.6 本章小结

电子邮件的使用为何如此广泛，原因是它具有速度快、安全可靠、成本低、范围广和内容形式丰富的优点。木章介绍了电子邮件系统的构成，主要包括用户代理、邮件服务器和传输协议(STMP、POP 和 IMAP)；说明了电子邮件系统的工作原理，以及它与其他大部分网络应用的不同之处；详细说明了 sendmail 邮件服务器和 IMAP 协议的安装和启动。重点介绍了 sendmail 相关配置文件，包括 sendmail.cf、access、aliases、local-host-names 和 virtusertable 等；最后介绍了与 sendmail 邮件服务相关的本地域配置、邮件转发配置和邮件账户设置，并且举例进行了说明。

4.7 本章习题

1. 判断题

(1) 电子邮件不能传送视频信息。 ( )

(2) POP3 协议使用 TCP 的 110 端口。 ( )

(3) IMAP4 支持在线游览邮件。 ( )

(4) sendmail 的操作流程为：参数处理和地址分析，收集消息，邮件投递，排队等待重新发送，返回发送者。 ( )

(5) 邮件系统中，传输代理的功能是将邮件放入用户的邮箱。 ( )

2. 选择题

(1) 下面________是 sendmail 的主配置文件。

A. /etc/mail/sendmail.cf　　B. /etc/sendmail.cf

C. /etc/sendmail.mc　　D. /etc/mail/sendmail

(2) TCP/IP 体系的电子邮件系统规定电子邮件地址为________。

A. 收信人的邮箱名！邮箱所在主机的域名

B. 收信人的邮箱名？邮箱所在主机的域名

C. 收信人的邮箱名@邮箱所在主机的域名

D. 收信人的邮箱名＃邮箱所在主机的域名

(3) 通常，SMTP 服务器会使用________端口开展邮件服务。

A. 23　　B. 25　　C. 80　　D. 21

(4) 通过配置________选项可以使得非本地用户可以通过 Web 方式登入邮件系统。

A. MAP daemon　　B. Apache Mail interface

C. POP3 daemon　　D. sendmail-Web interface

(5) sendmail 默认用户邮件放在________目录下。

A. /var/mail/spool/　　B. /var/spool/mail/

C. /var/mail/　　D. ～/mail/

3. 填空题

(1) sendmail 邮件系统使用的两个主要协议是：________和________，前者用来发送邮件，后者用来接收邮件。

(2) 一个完整的电子邮件系统主要由________、________和________组成。

(3) 用模板文件 sendmail. mc 生成 sendmail. cf 配置文件时，使用命令 ________。

(4) 使用________命令能启动 sendmail 服务。

(5) 使用________命令可以检测 sendmail 服务器的运行状态。

4. 操作题

(1) 配置 sendmail 服务器

要求：

① 允许从网络上接收和发送邮件。

② 允许转发邮件。

(2) 步骤

① 打开模板文件。

vi /etc/mail/sendmail. mc。

② 修改模板文件。

使用 dnl ＃ 注释下面的行，如下所示。

```
dnl #DAEMON_OPTIONS('Port=smtp,Addr=127.0.0.1, Name=MTA')
```

添加以下语句：

```
FEATURE('promiscuous_relay')dnl
```

在同一个目录下，编译模板文件 sendmail. mc，生成配置文件 sendmail. cf。

```
#m4 /etc/mail/sendmail.mc>/etc/mail/sendmail.cf
```

③ 保存退出。

④ 启动服务器。

```
#service sendmail start
```

4.8 本章实训

1. 实训概要

学院建立邮件服务器,统一为学生设置邮箱,学生以系为单位进行管理。分别有三个系:计算机系、英语系和会计系,对应的域为:computer. xinan. com、english. xinan. com 和 account. xinan. com。

- 邮件服务器域名:mail. xinan. com
- 邮件服务器 IP 地址:192.168.1.2
- DNS 服务器 IP 地址:192.168.1.2

计算机系所在的网段为 192.168.20.0/24,英语系所在的网段为 192.168.30.0/24,会计系所在的网段为 192.168.40.0/24。

要求每个系内能收发邮件,系与系之间能收发邮件。其中每个系最后一段 IP 地址为 99 的主机不能收发邮件。

2. 实训内容

在 Red Hat Enterprise Linux 5 操作系统上搭建 sendmail 服务器。

3. 实训过程

(1) 实训分析

① 设置每个系的学生自由收发内部邮件时可以参考本章的应用案例 1 进行设置。

② 要使每个系能收发邮件,就需要通过邮件服务器把邮件转发到外网,此外还需要设置 access 文件。

③ 需要用别名设置来实现群发功能。

④ 每个系最后一段 IP 地址为 99 的主机不能收发邮件,即 192.168.20.99、192.168.30.99 和 192.168.40.99 三个主机的 IP 地址需要在 access 文件中拒绝(REFECT)192.168.10.88。

(2) 实训步骤

整个实训过程可以参照应用案例 2 进行。

建立主配置文件 named. conf 时要注意,应用案例 2 的 DNS 是 xinan. school,而此实训的 DNS 为 xinan. com。

4. 实训总结

通过此次上机实训,掌握在 Red Hat Enterprise Linux 5 上安装与配置 sendmail 服务器及其客户端的方法。

第5章 chapter 5

FTP服务器搭建与应用

教学目标与要求

文件传输协议(File Transfer Protocol,FTP)服务是Internet上最早提供的服务之一,应用非常广泛,至今它仍是最基本的应用之一。FTP提供了在计算机网络上任意两台计算机之间相互传输文件的机制。由于FTP操作性好,开放性强,在Internet上进行信息传递与共享非常方便,所以目前越来越多的FTP服务器已连入Internet,实现了资源共享。

本章将介绍FTP的基本概念、VSFTP服务器的搭建及访问FTP服务器的方法等。通过本章的学习,读者应该做到:

- 了解FTP基本原理。
- 掌握安装和启动默认的VSFTP服务。
- 掌握修改配置文件。
- 了解VSFTP两种运行模式的区别。
- 熟练掌握各种FTP服务器的配置方法。

教学重点与难点

配置不同安全级别的FTP服务器。

5.1 FTP简介

FTP协议能够使用户不需要了解远程主机操作系统的操作方法,就可直接完成主机之间可靠的文件传输。同时,FTP协议允许用户使用一组标准的命令集,在远程主机访问文件,从而使不同操作系统的客户都可与文件服务器进行通信,降低了用户工作的复杂度,保证了操作的通用性。

FTP是TCP/IP应用层上的具体应用,即它工作在OSI模型或TCP/IP模型的应用层。FTP使用传输层的TCP协议,建立连接可靠的链路。使用FTP协议可以高效地从FTP服务器下载大信息量的数据文件,将远程主机上的文件复制到自己的计算机上,实现资源共享和传递信息的目的。

5.1.1 FTP 工作原理

1. 工作原理

FTP 服务与大多数 Internet 服务类似，也是基于客户端/服务器(C/S)模式的。客户端通过支持 FTP 协议的程序连接到主机上的 FTP 服务器；用户通过客户端程序向服务器程序发出命令；服务器程序执行用户发出的命令，然后将执行结果返回给客户端。

客户端与服务器建立 TCP 连接时必须各自使用一个端口。FTP 有两个连接，一个是控制连接，一个是数据传输。因此，FTP 协议需要两个端口，其中一个端口作为控制连接端口，即 21 端口，用于发送指令给服务器以及等待服务器响应；另外一个端口作为数据传输端口，即 20 端口(仅用 PORT 模式)，用于建立数据传输通道，主要实现在客户端从服务器获得文件，从客户端向服务器发送文件，从服务器向客户端发送文件或目录列表。

在 FTP 连接过程中，控制连线始终保持连接状态；而数据连线是需要时才建立的。即有传输文件时才建立连接；当文件传输完毕，则中断此连接。结束 FTP 操作时，控制连线也相应结束。FTP 的具体工作流程如图 5.1 所示。

图 5.1 FTP 工作流程

2. 登录流程

FTP 协议的通信过程由多个步骤构成。从建立连接、文件传输到断开连接，这些不同的动作通过 FTP 的指令完成。当客户端与 FTP 通信时，首先要进行身份验证，如图 5.2 所示。

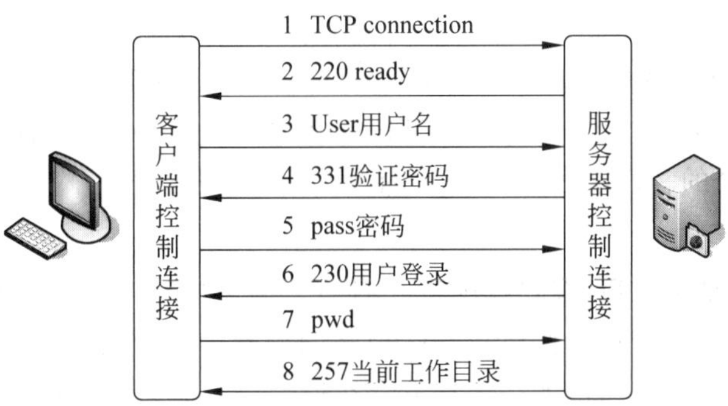

图 5.2 FTP 身份验证

(1) 客户端向服务器发送建立 TCP 连接的请求。

(2) 服务器响应 220 代码，表明 21 端口工作正常，处于侦听状态。

(3) 客户端以 User 指令发送用户名。

(4) 服务器响应 331 代码，通知客户端发送密码。

（5）客户端使用 pass 指令发送密码。

（6）服务器验证客户端的用户名和密码匹配关系。如果成功则响应 230，通知客户端身份验证通过。

（7）客户端提交 pwd 指令，请求显示当前路径。

（8）服务器响应 257 代码，显示当前工作目录。

5.1.2 FTP 传输模式

FTP 协议的任务是把文件从一台计算机传送到另一台计算机。FTP 的传输有两种方式：ASCII 传输模式和二进制数据传输模式。

1. ASCII 传输模式

ASCII 传输模式即文本传输模式。假设用户正在复制的文件是包含简单 ASCII 码的文本文件，如果客户端和服务器上运行的操作系统不相同，那么对文件格式的处理也会有所不同。FTP 在文件传输时会自动调整文件内容，并把文件转换成另一台主机存储文本文件的格式。但必须注意的是，不是所有文件都可以转换，很多情况下，要传输的文件不是文本文件，而可能是可执行文件、压缩文件或图片文件等。复制这些非文本文件时就不要用 ASCII 传输模式了，此时必须使用二进制传输模式。

2. 二进制传输模式

二进制传输模式是指在文件的传输过程中保存文件的位序一致，并且原始和拷贝一一对应。如果两台操作系统不同的主机用二进制传输模式来传输文件，则对于保存文件的位序是没意义的。若传送可执行文件、压缩文件和图片文件，就必须使用二进制模式。如果用 ASCII 模式传输，则会显示一堆乱码。如果传送的这两台机器类型相同，则二进制模式对文本文件和数据文件都是可以有效完成的。

5.1.3 FTP 连接模式

FTP 主要支持两种连接模式，一种是主动传输模式（PORT 模式），另一种是被动传输模式（PASV 模式）。主动传输模式 FTP 的客户端发送 PORT 命令到 FTP 服务器。被动传输模式 FTP 的客户端发送 PASV 命令到 FTP 服务器。

1. 主动传输模式

主动传输模式是指 FTP 客户端随机开启一个端口（通常是 1024 以上）向 FTP 服务器的 TCP 21 端口发起控制连接请求，在 FTP 的控制连接成功建立后，如果客户端再提出目录列表、传输文件请求时，那么客户端会在这个控制通道上发送 PORT 命令，此命令通常包含客户端用哪个端口接收数据。当 FTP 服务器接收到客户端发送的 PORT 命令时，与其进行协商确定，然后 FTP 服务器使用 TCP 20 端口作为服务器端的数据连接端口与客户端建立起数据连接。20 端口没有监听进程来监听客户请求，它只用于连接源地址是服务器端的情况，如图 5.3 所示。在主动传输模式下，FTP 的数据连接与控制连接方向相反，控制连接是由客户端主动发起的，而数据传输的连接是由服务器向客户端发起的。客户端的连接端口由服务器端和客户端通过协商确定。

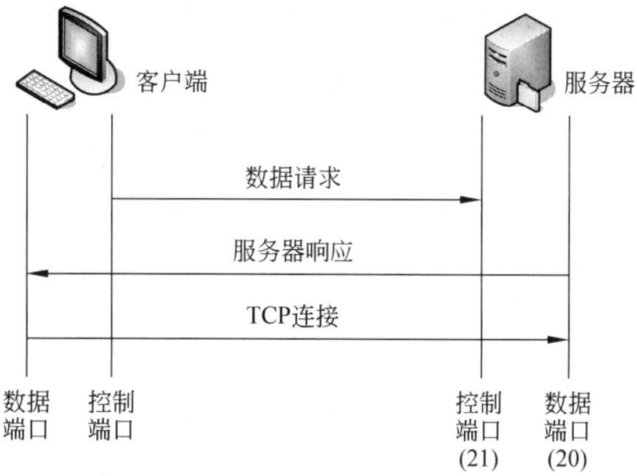

图 5.3 FTP 主动模式

2. 被动传输模式

被动传输模式在建立控制通道的时候与主动传输模式相类似，不同的是被动传输模式使用 PASV 命令，而不是 PORT 命令。在 FTP 的控制连接成功建立后，客户端在提出目录列表及传输文件请求时，客户端会在这个控制通道上发送 PASV 命令。当 FTP 服务器接收到 PASV 命令后，就处于被动传输模式。也就是说，FTP 服务器等待客户与其联系。此时，FTP 服务器在非 20 端口(通常是 1024 以上)上监听客户端的请求。FTP 服务器将使用该端口进行数据的传送，此时 FTP 服务器已经不再需要建立一个新的和客户端之间的连接，如图 5.4 所示。在被动传输模式下，FTP 的数据连接与控制连接方向一样，控制连接和数据传输的连接都是由客户端向服务器发起的。

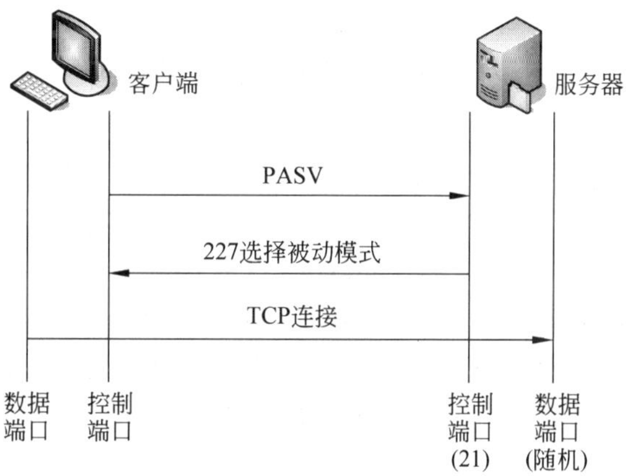

图 5.4 FTP 被动模式

说明：

(1) 被动传输模式受到很多防火墙的限制，通常防火墙都是不允许接受外部发起的连接的，而主动传输模式下也有许多内网的客户端因为防火墙的限制不能用 PORT 模式登录 FTP 服务器，从而使得服务器的 TCP 20 端口不能与客户端建立数据连接。这也是可能造成无法工作的原因。

(2) FTP服务器被动模式需要使用大于1024的端口，所以在配置服务器端的防火墙时，请开启1024以上的端口，并适当限制范围，否则，客户端将无法使用被动模式连接FTP服务器。

其实除上述两种模式之外，还有一种单端口模式。在该模式的数据连接请求由FTP服务器发起。使用该传输模式时，客户端的控制连接端口和数据连接端口是一样的。由于这种模式无法在短时间连续输入数据、传输命令，所以该模式不常用。

5.1.4 FTP用户分类

1. 匿名用户

客户端访问FTP资源时，可以在没有服务器账户及密码的情况下，使用匿名(anonymous)身份获取公共资源，但权限有限。

2. 实体用户

实体用户(real user)是指FTP服务器的本地账户，使用/etc/passwd中的用户名为认证方式。

3. 虚拟用户

区别于实体用户，FTP支持建立专有用户，将账号及密码保存在数据库中，采用非系统账户访问服务器资源。相对于FTP的实体用户而言，虚拟用户只能访问FTP共享资源，增强了系统安全性。并且，客户端使用虚拟用户登录，需要提交账号和密码，管理员可以根据这些账号进行策略设置，从而增加了对用户和下载的可管理性。考虑到FTP服务器的安全性以及管理因素，选择虚拟用户登录，是一个非常可靠的方案。

5.2 安装FTP服务器

Linux下的FTP服务器软件有很多，其中比较有名的有WU-FTP(Washington University FTP)和VSFTP。WU-FTP是一个很不错的FTP服务器软件，其功能非常强大，并且能够很好地运行于多种UNIX类型的操作系统。不过作为后起之秀的VSFTP现在也越来越流行了。VSFTP中VS的意思是Very Secure。从名称可以看出，VSFTP设计的出发点就是安全性，下面将以VSFTP来配置FTP服务器。

安装VSFTP服务之前，首先安装VSFTP软件包。

```
vsftpd-2.0.5-10.el5.i386
```

5.2.1 安装VSFTP

如果在安装Linux系统时没有选择安装VSFTP服务，此时就要进行安装。如果无法确认是否安装了该软件，或者不知道安装了哪个版本，可以输入以下命令查看：

```
[root@zhou~]#rpm -qa | grep vsftpd
```

```
vsftpd-2.0.5-10.el5
```

查看结果如上，表明系统已经安装了 vsftpd-2.0.5-10.el5。

如果没有安装 VSFTP 服务程序的 RPM 安装包文件，则可以通过 Red Hat Enterprise Linux 5 的安装盘(DVD 版第一张)进行安装。加载光驱后在光盘的 Server 目录下找到 vsftpd-2.0.5-10.el5.ppc.rpm 安装包文件进行安装，如图 5.5 所示。

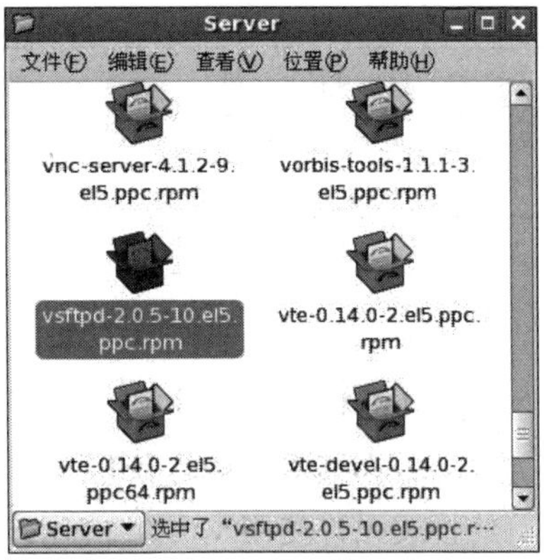

图 5.5　VSFTP 安装包

5.2.2　启动与停止 VSFTP

1. 启动 VSFTP 服务

service vsftpd start 或 /etc/rc.d/init.d/vsftpd start

2. 关闭 VSFTP

service vsftpd stop 或 /etc/rc.d/init.d/vsftpd stop

3. 重新启动 VSFTP

service vsftpd restart 或 /etc/rc.d/init.d/vsftpd restart

4. 重新加载 VSFTP

service vsftpd reload 或 /etc/rc.d/init.d/vsftpd reload

5. 自动加载

```
Chkconfig -level 3 vsftpd on        #运行级别 3 自动加载
Chkconfig -level 3 vsftpd of        #运行级别 3 不自动加载
```

或用 ntsysv 命令，利用图形界面对 VSFTP 自动加载进行配置。

5.3　FTP 常规服务器配置

要深入掌握 VSFTP 的配置，首先要了解其文件目录结构，如表 5.1 所示，可见其目录文件结构非常简洁。

表 5.1　VSFTP 的文件目录结构

目　　录	说　　明
/usr/sbin/vsftpd	vsftpd 的主程序
/etc/rc.d/init.d/vsftpd	启动 vsftpd 的脚本
/etc/vsftpd/vsftpd.conf	主配置文件
/etc/pam.d/vsftpd	PAM 认证文件
/var/ftp	匿名用户主目录
/var/ftp/pub	匿名用户的下载目录

续表

目　录	说　明
/etc/vsftpd/ftpusers	禁止使用 vsftpd 的用户列表文件
/etc/vsftpd/user_list	禁止或允许使用 vsftpd 的用户列表文件

其中 VSFTP 文件主要有以下三个。

1. vsftpd. conf

vsftpd 的核心配置文件，位于/etc/vsftpd/目录下。

2. /etc/vsftpd. user_list

禁止或允许使用 vsftpd 的用户列表文件。

3. /var/ftp

默认情况下匿名用户的根目录。

5.3.1 主配置文件 vsftpd.conf

VSFTP 与 Samba 有很多类似的地方。它们相似的地方主要就是配置文件的格式。整个配置文件都是由很多字段组合而成，其格式如下：

```
定段= 设定值
```

这与 Samba 几乎一样。需要特别说明的是，“=”两边没有空格，与 Samba 不同。安装 vsftpd 的主程序后，主配置文件就自动被建立好了，其中以“#”开头的表示注释。整个配置文件一共有 117 行。打开 vsftpd. conf 查看其内容(部分)。

```
[root@zhou ~]#vi /etc/vsftpd/vsftpd.conf
#Allow anonymous FTP?(Beware-allowed by default if you comment this out).
anonymous_enable=NO
#
#Uncomment this to allow local users to log in.
local_enable=YES
#
#Uncomment this to enable any form of FTP write command.
write_enable=YES
```

下面先对配置文件中的常用命令进行介绍。

1. 进程选项

```
Listen(YES|NO)
```

作用：listen 字段表示是否使用 stand-alone 模式启动 vsftpd，而不是使用超级进程(xinetd)控制它(vsftpd 推荐使用 stand-alone 方式)。

YES：使用 standalone 启动 vsftpd。NO：不使用 standalone 启动 vsftpd。

【例 5.1】 采用独立进程来控制 vsftpd。

```
listen=YES
```

2. 登录和访问控制选项

(1) anonymous_enable(YES|NO)

作用：anonymous_enable 字段用于控制是否允许匿名用户登录。

YES：表示允许，NO：表示不允许。

(2) local_enable(YES|NO)

作用：local_enable 字段用于控制是否允许本地用户登录。

YES：表示允许，NO：表示不允许。

【例 5.2】 允许本地用户登录 FTP。

```
Local_enable=YES
```

(3) pam_service_name

作用：用于设置在使用 PAM 模块进行验证时所使用的 PAM 配置文件名。

该字段默认值为 vsftpd，而默认的 PAM 配置文件为/etc/pam.d/vsftpd。

(4) userlist_enable(YES|NO)

作用：userlist_enable 字段表示是否使用控制用户登录的用户列表。用户列表由 userlist_file 字段所指定。如果用户出现在列表中，则在登录 FTP 服务器时被 vsftpd 禁止登录。

YES：表示允许，NO：表示不允许。

【例 5.3】 设置一个禁止登录的用户列表文件/etc/vsftpd/user_list，并让该文件可以正常工作。

```
userlist_enable=YES
userlist_file=/etc/vsftpd/user_list
```

(5) tcp_wrappers(YES|NO)

作用：是否在 vsftpd 中使用 tcp_wrappers 远程访问控制机制。

YES：表示使用，NO：表示不使用。

3. 匿名用户选项

匿名用户访问服务器相关设置，使用以下这些字段的时候，必须设置 anonymous_enable=YES。

```
anou_root
```

作用：设置匿名用户的根目录，也就是匿名用户登录所在的目录。

【例 5.4】 设置匿名用户的根目录为/var/ftp/temp。

```
anou_root=/var/ftp/temp
```

4. 本地用户选项

本地用户访问服务器的相关设置，使用以下这些字段的时候，必须将 local_enable 设置为 YES。

```
local_umask
```

作用：local_umask 字段用于设置本地用户新建文件的 umask 数值。大多数 FTP 服务器都在使用 022,也可以根据需要自行修改。

5. 目录选项

影响目录设置的相关字段有：

```
dirmessage_enable(YES|NO)
```

作用：dirmessage_enable 字段用于设置是否开启目录提示功能。

YES：表示开启,NO：表示不开启。

说明：如果开启了目录提示功能,则当用户进入某一目录时,会检查该目录下是否有 message_file 字段所指定的文件。如果有,则会将文件内容显示在屏幕上。

6. 文件传输选项

文件传输的字段有：

```
write_enable(YES|NO)
```

作用：write_enable 字段用于设置使用者是否有写权限。

YES：表示可以删除和修改文件,NO：表示不可以删除或修改文件。

7. 日志选项

有关日志行为的字段有：

(1) xferlog_enable(YES|NO)

作用：xferlog_enable 字段表示是否设置用于记录下载和上传的日志文件。

YES：表示启用,NO：表示不启用。

说明：日志文件的名称和位置需要由 xferlog_file 字段来设置。

【例 5.5】 设置记录下载和上传的日志文件/var/log/vsftp.log。

```
xferlog_enable=YES
xferlog_file=/var/log/vsftp.log
```

(2) xferlog_std_format(YES|NO)

作用：xferlog_std_format 字段用于设置日志的格式是否采用标准格式。

YES：表示使用标准格式,NO：表示不使用标准格式。

8. 网络选项

与网络设置相关的字段有：

(1) connect_from_port_20

作用：设置以 port 模式进行数据传输时使用 20 端口。

YES：表示使用,NO：表示不使用。

(2) connect_timeou

作用：设置客户端尝试连接 vsftpd 命令通道的超时时间,以秒为单位。

说明：如果客户端在尝试连接 vsftpd 的命令通道时超时,则强制断开。

5.3.2 匿名账号 FTP 服务器

匿名账号 FTP 服务器面向的用户很不固定。为了方便管理,需使匿名用户可以访问 FTP 服务。根据不同的应用环境,可以对匿名账号 FTP 服务器进行不同的设置。

1. 与匿名相关的常用字段

要使匿名用户能访问服务器,必须把 anonymous_enable 字段设置为 YES。在主配置文件中,和匿名用户相关的常用字段还有如下几个。

(1) anon_mkdir_write_enable(YES|NO)

作用:控制是否允许匿名用户创建目录。

YES:表示允许,NO:表示不允许。

(2) anon_root(YES|NO)

作用:用于设置匿名用户的根目录。

(3) anon_upload_enable(YES|NO)

作用:控制是否允许匿名用户上传文件。

YES:表示允许,NO:表示不允许。

(4) anon_world_readable_only(YES|NO)

作用:设置是否允许匿名用户下载可阅读文档。

YES:表示允许,NO:表示允许匿名用户浏览整个服务器的文件系统。

(5) anon_max_rate

作用:设置匿名用户的最大数据传输速度,单位是 B/s。

2. 匿名服务配置

【例 5.6】 组建一台 FTP 服务器,允许匿名用户上传一个下载文件,匿名用户的根目录设置为/var/ftp/,如下所示。

```
[root@zhou ~]#vi /etc/vsftpd/vsftpd.conf
anonymous_enable=YES
anon_root=/var/ftp
anon_upload_enable=YES
```

其中:

anonymous_enable=YES:表示允许匿名用户登录。

anon_root=/var/ftp:表示设置匿名用户的根目录为/var/ftp。

anon_upload_enable=YES:表示允许匿名用户上传文件。

测试刚才组建的 FTP 服务器,然后使用匿名 anonymous 或 FTP 账号登录。

```
[root@zhou~]#ftp 192.168.1.3
Connected to 192.168.1.3.
220 (vsFTPd 2.0.5)
530 Please login with USER and PASS.
530 Please login with USER and PASS.
```

```
KERBEROS_V4 rejected as an authentication type
Name (192.168.1.3:root): anonymous.
331 Please specify the password.
Password:
230 Login successful.
Remote system type is UNIX.
Using binary mode to transfer files.
ftp>
```

其中：

第1行，用来与IP为192.168.1.3 FTP服务器相连。

第7行，输入匿名用户anonymou或ftp。

第9行，不需要输入密码即可登录。

第10行，登录成功。

说明：

- 如果要实现匿名用户可以删除文件等功能，还需要开放本地权限，使匿名用户具有写权限。
- 连接FTP服务器之前，一定要重启service vsftpd restart。

5.3.3 真实账号FTP服务器

有时需要使FTP只对某些用户开放，这就要配置一个真实账号FTP服务器。实际上，实体用户访问最大的特点就是可以灵活控制具体用户的权限，如，公司内部的FTP服务器允许所有员工访问和下载，也允许上传文件，但只有管理员可以上传和修改FTP服务器上的内容。对于这种不同的用户要求不同权限的应用场合，真实账号就可发挥作用。

1. 与真实用户相关的常用字段

如果要实现真实账号访问功能，必须把local_enable字段设置为YES。在主配置文件中，有以下几种和真实账号相关的常用字段。

(1) local_root

作用：设置所有本地用户的根目录。当本地用户登录后，会自动进入该目录。

(2) local_umask

作用：设置本地用户新建文件的umask数值。

(3) user_config_dir

作用：设置用户配置文件所在目录。用户配置文件为该目录下的同名文件。

2. 真实账号服务配置

【例5.7】 组建一台只允许本地账户登录的FTP服务器，如下所示。

```
[root@zhou ~]#vi /etc/vsftpd/vsftpd.conf
anonymous_enable=NO
local_enable=YES
```

```
local_root=/home
```

配置完后重新启动 FTP 服务器

```
[root@zhou~]#service vsftpd restart
关闭 vsftpd:                                       [确定]
为 vsftpd 启动 vsftpd:                             [确定]
```

进行配置后，使用账户登录进行测试。

```
[root@zhou~]#ftp 192.168.1.3
Connected to 192.168.1.3.
220 (vsFTPd 2.0.5)
530 Please login with USER and PASS.
530 Please login with USER and PASS.
KERBEROS_V4 rejected as an authentication type
Name(192.168.1.3:root):anonymous
331 Please specify the password.
Password:
530 Login incorrect.
Login failed.
ftp>quit
221 Goodbye.
```

其中：

第 7 行，输入匿名用户 anonymous 或 FTP，尝试用匿名账号登录。

第 11 行，登录失败。

用本地账号再测试一次。

```
[root@zhou~]#ftp 192.168.1.3
Connected to 192.168.1.3.
220 (vsFTPd 2.0.5)
530 Please login with USER and PASS.
530 Please login with USER and PASS.
KERBEROS_V4 rejected as an authentication type
Name(192.168.1.3:root):zhouqi
331 Please specify the password.
Password:
230 Login successful.
Remote system type is UNIX.
Using binary mode to transfer files.
ftp>pwd
257 "/home"
ftp>cd/
250 Directory successfully changed.
```

其中：

用本地账号 zhouqi 登录。

230 Login successful：表示登录成功。

ftp>pwd：显示当前路径。

cd /：表示进入"/"目录。

注意：在使用本地用户登录的时候，如果有提示信息"500 OOPS：cannot change directory:/home/zhouqi"，则在终端输入命令：setsebool ftpd_disable_trans 1，然后重启 vsftpd 即可。

5.3.4 FTP 应用案例 1

【例 5.8】 某公司内部准备建立一台功能简单的 FTP 服务器，允许所有员工上传和下载文件，并允许创建用户自己的目录。其拓扑结构如图 5.6 所示。

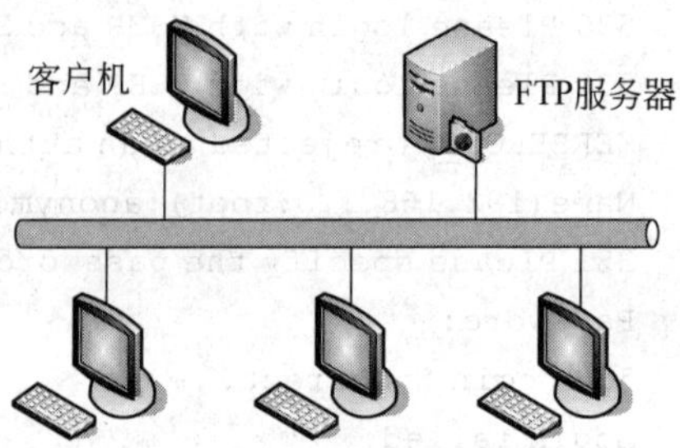

图 5.6 拓扑结构

分析：由于允许所有员工上传和下载文件，因此需要设置允许匿名用户登录；而且，还需要把允许匿名用户上传的功能打开；最后还要设置 anon_mkdir_write_enable 字段，来实现允许匿名用户创建目录。

1. 编辑 vsftpd.conf，并允许匿名用户访问

```
[root@zhou ~]#vi /etc/vsftpd/vsftpd.conf
anonymous_enable=YES
```

2. 允许匿名用户上传文件，并可以创建目录

```
[root@zhou ~]#vi /etc/vsftpd/vsftpd.conf
anon_upload_enable=YES
anon_mkdir_write_enable=YES
```

3. 重新启动 vsftpd 服务

```
[root@zhou~]#service vsftpd restart
关闭 vsftpd:                                             [确定]
为 vsftpd 启动 vsftpd:                                   [确定]
```

4. 修改/var/ftp 权限

为了保证匿名用户能够上传和下载文件，需使用 chmod 命令开放所有的系统权限。

```
[root@zhou~]# chmod 777 -R /var/ftp
```

说明：

777：表示给所有用户读、写和执行权限。

-R：递归修改/var/ftp 下所有目录的权限。

5.3.5 限制用户目录

1. 限制用户目录的作用

限制用户目录就是把使用者的活动范围限制在某一个目录内，使其可在该目录范围内自由活动，但不能进入这个目录以外的任何目录。

限制用户目录的作用主要是限制心怀不轨的用户访问目录，以便减少对服务安全的危害度。其相关字段有：

(1) chroot_local_user(YES|NO)

作用：是否将本地用户锁定在目录中。

YES：锁定本地用户在目录中。NO：不锁定本地用户在目录中。

(2) chroot_list_enable(YES|NO)

YES：锁定使用者在目录中。NO：不锁定使用者在目录中。

(3) chroot_list_file

作用：设置锁定用户的列表文件。文件中一行代表一个用户。

2. 限制用户目录的实现步骤

(1) 建立用户

用 useradd 命令建立用户 yg1 和 yg2

```
[root@zhou~]#useradd -s /sbin/nologin yg1
[root@zhou~]#useradd -s /sbin/nologin yg2
```

对用户 yg1 和 yg2 设置密码：

```
[root@zhou~]#passwd yg1
Changing password for user yg1.
New UNIX password:
BAD PASSWORD: it is too simplistic/systematic
Retype new UNIX password:
passwd: all authentication tokens updated successfully.
[root@zhou~]#passwd yg2
Changing password for user yg2.
New UNIX password:
BAD PASSWORD: it is too simplistic/systematic
Retype new UNIX password:
passwd: all authentication tokens updated successfully.
```

(2) 修改主配置文件 vsfpd.conf

```
[root@zhou ~]#vi /etc/vsftpd/vsftpd.conf
anonymous_enable=NO
local_enable=YES
local_root=/home
chroot_list_enable=YES
```

```
#(default follows)
chroot_list_file=/etc/vsftpd/chroot_list
```

(3) 编辑 chroot_list 文件

```
[root@zhou ~]#vi /etc/vsftpd/chroot_list
yg1
yg2
```

(4) 重启服务及测试

```
[root@zhou~]#service vsftpd restart
关闭 vsftpd:                                    [确定]
为 vsftpd 启动 vsftpd:                          [确定]
[root@zhou~]#ftp 192.168.1.3
Connected to 192.168.1.3.
220 (vsFTPd 2.0.5)
530 Please login with USER and PASS.
530 Please login with USER and PASS.
KERBEROS_V4 rejected as an authentication type
Name (192.168.1.3:root): yg1
331 Please specify the password.
Password:
230 Login successful.
Remote system type is UNIX.
Using binary mode to transfer files.
ftp>pwd
257 "/"
ftp>ls
227 Entering Passive Mode (192.168.1.3.248.187)
150 Here comes the directory listing.
drwx----        2    502   502     4096 Oct 04 09:03 Jiangpin
drwx----        2    503   503     4096 Oct 04 12:16 usercom1
drwx----        2    504   503     4096 Oct 04 12:16 usercom2
drwx----        2    505   503     4096 Oct 04 12:16 usercom3
drwx----        2    506   504     4096 Oct 04 12:17 usereng1
drwx----        2    507   504     4096 Oct 04 12:17 usereng2
drwx----        2    508   504     4096 Oct 04 12:17 usereng3
drwx----        2    509   509     4096 Oct 04 17:50 yg1
drwx----        2    510   510     4096 Oct 04 17:50 yg2
drwx----        3    501   501     4096 Oct 04 09:15 zhoudake
drwx----        2    500   500     4096 Oct 03 09:13 zhouqi
226 Directory send OK.
ftp>
```

说明：

Name(192.168.1.3:root):yg1：使用 yg1 账号登录。

Password：输入密码。

230 Login successful：成功登录。

ftp>pwd：查看当前路径。

ftp>ls：查看当前目录下的文件。

使用 yg1 账号可以成功登录。虽然使用 pwd 命令查看当前路径时，发现目前所处的位置是在“/”下，但使用 ls 命令后却发现，实际所处的位置是在/home 目录下。这样一来，yg1 这个用户就完全锁定在/home 目录中了。即使账号被人盗用，也不会对服务造成过大危害，从而大大提高了系统的安全性能。

5.3.6 限制服务器的连接数量

限制连接服务器的数量是一种非常有效的保护服务器并减少负载的方式。要规定同一时刻连接服务器的数量，其主配置文件中常用的字段有以下两种。

1. max_clients

作用：设置 FTP 同一时刻的最大连接数。

其默认值为 0，表示不限制最大连接数。

例如：max_clients=100

2. max_per_ip

作用：设置每个 IP 的最大连接数。

默认值为 0，表示不限制最大连接数。

例如：max_per_ip=5

5.3.7 制定 FTP 目录欢迎信息

用户进入 VSFTP 目录时，可以给出一些提示信息，利用这个功能可设置欢迎词或者目录提示等。

1. 与设置目录欢迎信息相关的字段

(1) dirmessage_enable

作用：是否开启目录提示功能。

(2) message_file

作用：定义提示信息的文件名，该项只有在 dirmessage_enable 激活后才可以使用。

2. 配置与测试

【例 5.9】 设置用户进入/home 目录后，提示“Welcome to home's space”。

(1) 修改配置文件 vsftpd.conf

```
[root@zhou ~]#vi /etc/vsftpd/vsftpd.conf
dirmessage_enable=YES
message_file=.message          #指定信息文件为.message
```

（2）创建提示信息文件

```
[root@zq ~]#vi /home/.message
Welcome to home's space
```

（3）测试

```
[root@zhou ~]#service vsftpd restart
[root@zhou~]#ftp 192.168.1.3
Connected to 192.168.1.3.
220 (vsFTPd 2.0.5)
530 Please login with USER and PASS.
530 Please login with USER and PASS.
KERBEROS_V4 rejected as an authentication type
Name (192.168.1.3:root): yg2
331 Please specify the password.
Password:
230-Welcome to home's space
230-
230 Login successful.
Remote system type is UNIX.
Using binary mode to transfer files.
ftp>
```

说明：

Name(192.168.1.3:root):yg2：表示使用 yg2 账号登录。

Password：表示输入密码。

230-Welcome to home's space：显示设置的欢迎信息。

230 Login successful：表示成功登录。

说明：由于用户 yg1 和 yg2 已锁定在目录/home 中，所以登录成功就默认进入了/home。这时将显示提示信息 Welcome to home's space。

5.3.8 下载速度的限制

1. 与限制速度相关的字段

很多 FTP 服务器都会限制用户的下载速度来保护自己的硬件资源（如硬件等），与限制速度相关的主要有以下字段。

（1）anon_max_rate

作用：设置匿名用户的最大传输速度，单位是 B/s。

（2）local_max_rate

作用：设置本地用户的最大传输速度，单位是 B/s。

说明：VSFTP 对于文件传输速度的限制并不是绝对锁定在一个数值，而是在 80%～120%之间变化。如果限制下载速度为 100KB/s，则实际下载速度在 80～120KB/s 之间变化。

2. 配置实例

【例 5.10】 限制所有用户的下载速度为 80KB/s。

修改配置文件 vsftpd. conf。

```
[root@zhou ~]#vi /etc/vsftpd/vsftpd.conf
anon_max_rate=8000
local_max_rate=8000
```

5.3.9 FTP 应用案例 2

【例 5.11】 学院内部有一台 FTP 和 Web 服务器，其功能主要是维护学院的网站，内容包括上传文件、创建目录、更新网页等。学院的这些维护工作是委派给计算机系学习部的学生进行的，分别有两个账号 computerstu1 和 computerstu2 登录 FTP 服务器，但不能登录本地系统。他们只能对目录/var/www/html 进行操作，不能进入该目录以外的任何目录，如图 5.7 所示。

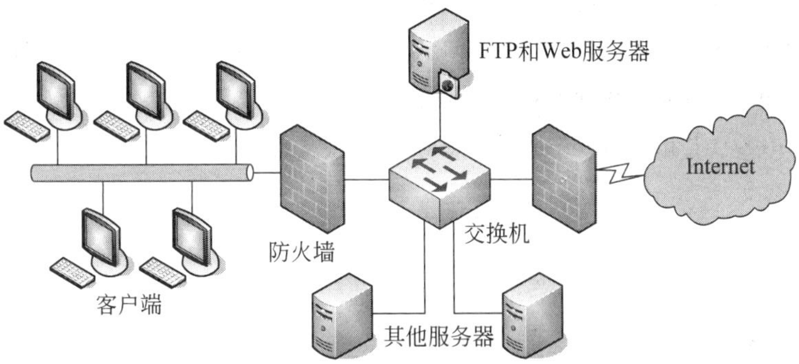

图 5.7 拓扑结构

分析：把 FTP 服务器和 Web 服务器做在一起是企业经常采用的方法，这样方便实现对网站的维护。为了增强安全性，先要仅允许本地用户访问，并禁止匿名用户登录；其次，使用 chroot 功能将 computerstu1 和 computerstu2 锁定在/var/www/html 目录下。如果需要删除文件，则需要注意本地权限。具体配置如下。

1. 建立 computerstu1 和 computerstu2 账号，并禁止本地登录

```
[root@zhou~]#useradd -s /sbin/nologin computerstu1
[root@zhou~]#useradd -s /sbin/nologin computerstu2
[root@zhou~]#passwd computerstul
Changing password for user computerstul.
New UNIX password:
BAD PASSWORD: it is too simplistic/systematic
Retype new UNIX password:
passwd: all authentication tokens updated successfully.
[root@zhou~]#passwd computerstu2
```

```
Changing password for user computerstu2.
New UNIX password:
BAD PASSWORD: it is too simplistic/systematic
Retype new UNIX password:
passwd: all authentication tokens updated successfully.
```

2. 编辑 vsftpd.conf 文件,并进行相应修改

```
[root@zhou ~]#vi /etc/vsftpd/vsftpd.conf
anonymous_enable=NO
local_enable=YES
local_root=/var/www/html
chroot_list_enable=YES
#(default follows)
chroot_list_file=/etc/vsftpd/chroot_list
```

说明:

local_root=/var/www/html:设置本地用户的根目录为/var/www/html。

chroot_list_enable=YES:激活 chroot 功能。

chroot_list_file=/etc/vsftpd/chroot_list:设置锁定用户在根目录的列表文件中。

3. 建立/etc/vsftpd/chroot_list 文件

将 computerstu1 和 computerstu2 账号添加在文件中。

```
[root@zhou ~]#vi /etc/vsftpd/chroot_list
computerstu1
computerstu2
```

4. 重启服务

```
[root@zhou~]#service vsftpd restart
关闭 vsftpd:                                        [确定]
为 vsftpd 启动 vsftpd:                               [确定]
```

5. 修改本地权限

```
[root@zhou~]#chmod -R o+w /var/www/html/
[root@zhou~]#ls -1d /var/www/html/
drwxr-xrwx 3 root root 4096 10-05 02:58 /var/www/html/
```

6. 验证测试

```
[root@zhou~]#ftp 192.168.1.3
Connected to 192.168.1.3.
220 (vsFTPd 2.0.5)
530 Please login with USER and PASS.
530 Please login with USER and PASS.
KERBEROS_V4 rejected as an authentication type
Name (192.168.1.3:root): computerstul
```

```
331 Please specify the password.
Password:
230 Login successful.
Remote system type is UNIX.
Using binary mode to transfer files.
ftp>pwd
257 "/"
ftp>ls
227 Entering Passive Mode (192.168.1.3.148.57)
150 Here comes the directory listing.
drwxr-xrwx    2 511      511         4096 Oct 04 18:58 zq
226 Directory send OK.
ftp>mkdir test
257 "/test" created
ftp>ls
227 Entering passive Mode (192.168.1.3.177.104)
150 Here comes the directory listing.
drwxr-xr-x    2 511      511         4096 Oct 16 06:40 test
drwxr-xrwx    2 511      511         4096 Oct 04 18:58 zq
226 Directory send OK.
ftp>
```

说明：

Name(192.168.1.3:root):computerstu1：使用本地账号 computerstu1 登录。

230 Login successful：成功登录。

ftp>pwd：查看当前路径。

ftp>ls：查看当前目录内容。

ftp>mkdir test：建立 test 目录。

ftp>ls：使用 ls 命令查看是否建立成功。

5.4 FTP 客户端配置

配置好 FTP 服务器后，就可以在客户端对它进行访问了。在不同系统的客户端访问 FTP 服务器的方法大同小异，通常有三种方法可以访问 FTP 服务器：命令行、浏览器、专用的 FTP 客户端软件。下面将在 Windows 系统和 Linux 系统下分别使用这三种方法对 FTP 服务器进行访问。

5.4.1 Windows 下访问 FTP 服务器的方法

在 Windows 下访问 FTP 服务器，一般使用 DOS 命令方式和浏览器(IE、遨游)；或者使用 CuteFTP 工具软件，这种方法比较直观。

1. 使用 DOS 命令访问

在 DOS 模式下访问 FTP 服务器，其登录的格式为：

```
>ftp 主机名/IP
```

其中常用的命令有：

ls：列出远程主机的当前目录文件。

cd：在远程主机切换工作目录。

ascii：设置文件传输模式为 ASCII。

binary：设置文件传输模式为二进制。

close：结束当前的 FTP 会话。

hash：当数据缓冲区的数据传送完成后显示一个＃。

get(mget)：从远程主机下载文件到本地主机。

put(mput)：从本地主机传送文件到远程主机。

open：连接到远程主机的 FTP 站点。

quit：断开 FTP 连接并且退出 FTP。

?：显示本地帮助信息。

!：切换到 shell 中。

在 Windows XP 下，单击【开始】|【运行】命令，弹出“运行”对话框，输入“cmd”命令，系统将打开“MS-DOS”窗口，如图 5.8 所示。在该窗口就可以执行对 FTP 服务器访问的操作了。

图 5.8 DOS 环境下登录 FTP 服务器

2. 使用浏览器访问

在 Windows XP 下，打开 IE 浏览器，在 IE 浏览器的地址栏中输入 FTP 服务器的 IP 地址。如果是真实的 FTP 服务器，则要求输入账号的用户名和密码，如图 5.9 所示。

接下来的操作和 Windows 系统一样，这里不再叙述。

3. 用 FTP 客户端软件访问

在 Windows 下，可以使用的 FTP 客户端软件很多，在这里只介绍最常用的 CuteFTP。它的操作非常简单，所有操作都是图形界面的。安装该软件后，运行它就可以对 FTP 服务器执行访问操作了。运行后的界面如图 5.10 所示。

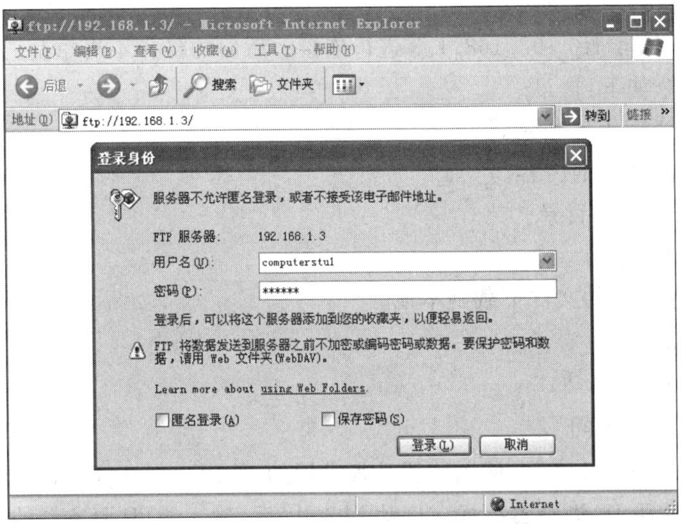

图 5.9　IE 浏览器登录 FTP 服务器

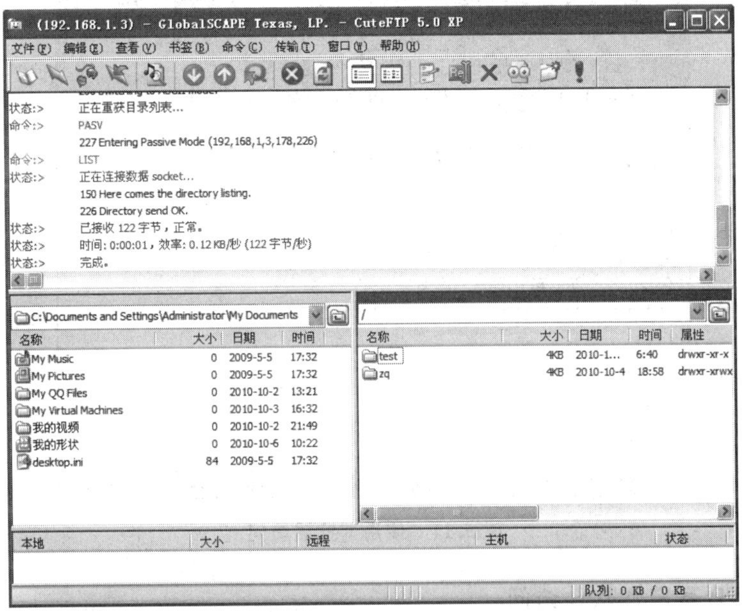

图 5.10　使用 CuteFTP 登录 FTP 服务器

5.4.2　Linux 下访问 FTP 服务器的方法

在 Linux 下也有与 Windows 下相类似的方法访问 FTP 服务器。可以使用终端下的命令行和浏览器(如 Mozilla)，当然，也可以使用图形界面的 FTP 客户端软件，如 gFTP。

1. 在终端模式下访问

在 Linux 终端登录 FTP 服务器的格式与在 DOS 中一样，可用的 FTP 命令非常多。

可以使用"?"号进行查看，如：

[root@zq ~]# ftp 192.168.1.3 进行连接。后面的操作不再重复。

ftp 常用命令如下：

pwd：显示当前工作目录。

ls：显示当前目录的内容。

cd：更改当前工作目录。

put：上传本地文件。

get：将服务器上的文件下载到本地。

mkdir：创建目录。

quit：退出 FTP 会话。

2. 使用浏览器访问

在 Linux 下，Mozilla 万维网浏览器是很常用的，使用它来访问 FTP 服务器的方法与在 Windows 下使用 IE 浏览器一样。启动 Mozilla 后，输入 FTP 服务器的 IP 地址或主机名进行连接。先输入用户名和密码，确定后出现如图 5.11 所示的界面。

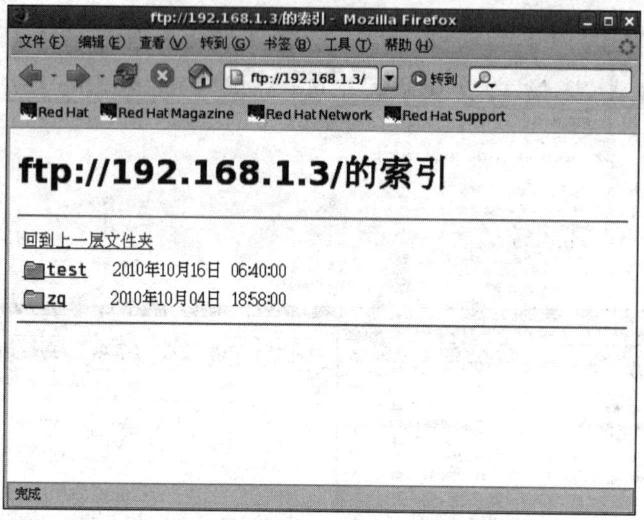

图 5.11 使用浏览器访问

3. 用 FTP 客户端软件访问

在 Linux 下有一个功能强大的 FTP 客户端软件 gFTP。如果没有在安装系统时安装它，则可以上网下载再进行安装。gFTP 的操作与一般图形化界面的软件差不多，非常直观，因此就不再介绍了。

5.5 FTP 服务器故障排错

相比其他服务而言，VSFTP 配置操作并不复杂，但因为管理员的疏忽，也会使客户端无法正常访问 FTP 服务器。本节将通过几个常见错误，讲解 VSFTP 的排错方法。

5.5.1 拒绝账户登录

拒绝账户登录的错误提示为 OOPS 无法改变目录，当客户端使用 ftp 账号登录服务器时，提示“500 OOPS”错误，如图 5.12 所示。

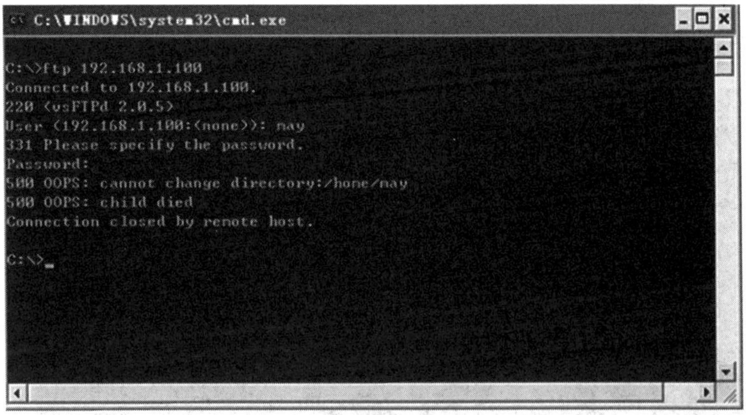

图 5.12 拒绝 ftp 账号登录

接收到上述错误信息时，其实并不是 vsftpd.conf 配置文件的设置有问题，重点在于“cannot change directory”，无法更改目录。出现这个错误主要有以下两个原因。

1. 目录权限设置错误

该错误一般在本地账户登录时发生。如果管理员在设置该账户主目录权限时，忘记添加执行权限(X)，那么，就会收到该错误信息。FTP 中的本地账号需要拥有目录的执行权限，要使用 chmod 命令添加“X”权限，保证用户能够浏览目录信息，否则拒绝登录。对于 FTP 的虚拟账号，即使不具备目录的执行权限，也可以登录 FTP 服务器，但会有其他错误提示。为了保证 FTP 用户的正常访问，应该开启目录的执行权限。

2. SELinux

FTP 服务器开启了 SELinux 针对 FTP 数据传输的策略，也会出现“无法切换目录”的错误提示。如果目录权限设置正确，那么需要检查 SELinux 的配置。用户可以通过 setsebool 命令，禁用 SELinux 的 FTP 传输审核功能。

```
[root@zhou~]#setsebool -p ftpd_disable_trans 1
```

重新启动 VSFTP 服务，就可成功登录 FTP 服务器。

5.5.2 客户端连接 FTP 服务器超时

客户端访问服务器超时的原因，主要有以下几种情况。

1. 线路不通

使用 ping 命令测试网络连通性，如果出现“Request Timed Out”，则说明客户端与服务器的网络连接存在问题，可检查线路的故障。

2. 防火墙设置

如果防火墙屏蔽了FTP服务器控制端口21以及其他数据端口,则会使客户端无法连接服务器,出现"Request Timed Out"的错误提示。只需设置防火墙开放21端口,并且开启主动模式的20端口以及被动模式使用的端口范围,就可避免数据连接的错误。

3. 账户登录失败

客户端登录FTP服务器时,可能会收到"登录失败"的提示,如图5.13所示。

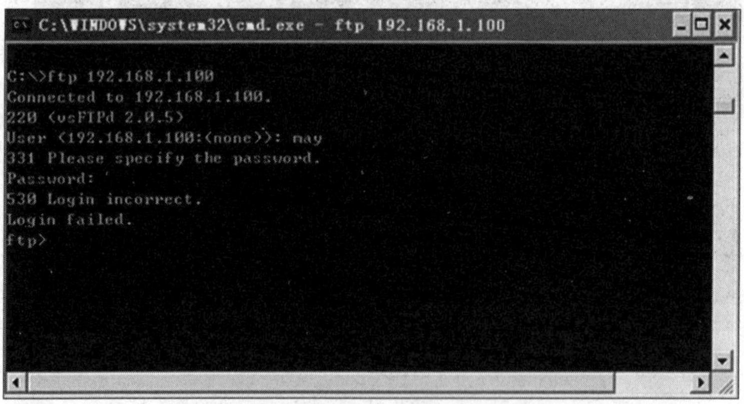

图5.13 登录失败

登录失败实际上可能会涉及身份验证以及其他一些登录的设置。

(1) 密码错误

请保证登录密码的正确性。如果FTP服务器更新了密码设置,则使用密码重新登录。

(2) PAM验证模块

若输入密码无误,但还是无法登录FTP服务器,则很有可能是PAM模块中vsftpd的配置文件设置错误造成的。PAM的配置比较复杂,其中auth字段主要是接受用户名和密码,从而进行对用户密码的认证。account字段主要检查账户是否被允许登录系统,账号是否已过期,账号的登录是否有时间段的限制等。要保证这两个字段配置的正确性,否则FTP账号无法登录服务器。就实际情况而言,大部分账号登录失败都是由这个错误造成的。

(3) 用户目录权限

FTP账号对于主目录没有任何权限时,也会收到"登录失败"的错误提示。此时可根据此账号的用户身份,重新设置其主目录权限,重启VSFTP服务,使配置生效。

5.6 本章小结

本章介绍了FTP服务器的广泛应用,它是Internet上最早提供的服务之一。FTP协议的主要功能是将文件从一台计算机传送到另一台计算机,是一个用于简化IP网络上系统之间文件传送的协议。FTP的工作原理是基于客户端/服务器(C/S)模式的。客户端可以使用一个支持FTP协议的程序连接到主机上的FTP服务器。它有两种工作模式，即主动传输(PORT)模式和被动传输(PASV)模式。在数据的传输过程中也有两种传输模式：ASCII传输模式和二进制数据传输模式。

本章还详细介绍了FTP服务器的安装与配置。在配置方面主要是对vsftpd.conf进行设置。本章重点介绍了怎样配置匿名的FTP服务器和真实账号的FTP服务器。最后分别说明了在Windows下和Linux下访问FTP服务器的方法，一般使用命令行、浏览器和专用的FTP客户端软件对FTP服务器进行访问。

5.7 本章习题

1. 判断题

(1) FTP服务器传输数据的端口是TCP 21。 (　　)

(2) 用ASCII传输模式可以很好地传输可执行文件、压缩文件和图片文件等。(　　)

(3) FTP是面向无连接的。 (　　)

(4) 在主动传输模式下，FTP的客户端发送PASV命令到FTP服务器。 (　　)

(5) 通常有三种方法可以访问FTP服务器：命令行、浏览器、专用的FTP客户端软件。 (　　)

2. 选择题

(1) ________协议使用了两个端口。

A. HTTP　　B. telnet　　C. FTP　　D. STMP

(2) 在TCP/IP模型中，应用层包含了所有的高层协议。________协议能够实现本地与远程主机之间的文件传输工作。

A. FTP　　B. telnet　　C. SNMP　　D. NFS

(3) FTP的数据传送模式有________种。

A. 1　　B. 2　　C. 3　　D. 4

(4) 用FTP一次下载多个文件，可用命令________实现。

A. get　　B. mget　　C. mput　　D. put

(5) 要将FTP默认的21号端口修改为8800，可修改________配置文件。

A. /etc/resolv.conf

B. /etc/hosts

C. /etc/sysconfig/network-scripts/ifcfg-eth0

D. /etc/services

3. 填空题

(1) FTP的连接方式主要支持两种模式，一种是________，另一种是________。

(2) 如果FTP服务器允许匿名访问，则匿名账号可以是________或________。

(3) 匿名用户的下载目录是________。

(4) 使用________命令能启动VSFTP服务。

(5) 配置文件________用于记录那些不允许登录到 FTP 服务器的用户。

4. 操作题

(1) 配置 FTP 服务器

要求：

① 允许匿名用户访问。

② 禁止匿名用户上传文件。

③ 限制匿名用户的最大传输率为 20KB/s。

(2) 步骤

① 打开配置文件：vi /etc/vsftpd/vsftpd.conf。

② 修改配置文件：/etc/vsftpd/vsftpd.conf。

修改内容如下：

```
anonymous_enable=YES
anon_upload_enable=NO
anon_max_rate=20000
```

③ 保存退出。

④ 启动服务器：/etc/rc.d/init.d/vsftpd start。

5.8 本章实训

1. 实训概要

FTP 服务器是学院校园网的重要功能之一，学院准备搭建 FTP 服务器。要求对于所有学生均以真实账号登录，允许下载相关信息及学习资料，禁止上传，但操作目录只限于/students 下。所有老师也以真实账号登录。操作目录也只限于/teachers 下，允许老师上传、下载文件，并可创建目录以及删除文件等。

2. 实训内容

在 Red Hat Enterprise Linux 5 操作系统上搭建 FTP 服务器。

3. 实训过程

(1) 实训分析

为了实现以真实账号登录 FTP 服务器，首先要禁止匿名用户登录。其次，使用 chroot 功能将所有学号(如 20080901、20080902 等)锁定在/students 目录下。将所有教工号(如 2001、2002 等)锁定在/teachers 目录下。如果需要删除文件，则还需注意本地权限。

(2) 实训步骤

① 在根目录(/)下分别创建目录 students 和 teachers。

② 建立学号和教工号账号。

③ 编辑 vsftpd.conf 文件，并作相应修改。

④ 建立/etc/vsftpd/chroot_list 文件，将学号和教工号账号添加在文件中。

⑤ 重启服务。

⑥ 修改本地权限。

⑦ 验证测试(要求用 Windows 进行各项功能的测试)。

说明：此实训可以参考例 5.11 进行配置，所以上面没有给出具体的配置代码。本实训与例 5.11 的不同之处是：此例中可能有上千个学生账号和教工账号，这就给管理员增加了困难，而例 5.11 中只有两个用户。

如果要比较简单地实现以上功能，就可以用虚拟账号的方式来实现。请参考相关书籍。

4. 实训总结

通过此次上机实训，可使读者掌握在 Red Hat Enterprise Linux 5 上安装与配置 FTP 服务器的方法。

第6章 Web服务器搭建与应用

chapter 6

教学目标与要求

WWW(World Wide Web,万维网)服务是 Internet 上最热门的服务之一,已经成为很多人在网上查找、浏览信息的主要手段。WWW 具有交互式图形界面和强大的信息连接功能,可以通过它进行网上购物、买卖股票和金融转账等。Apache 服务器是 Linux 系统中应用最为广泛的 Web 服务器。

本章将详细介绍 Apache 服务器的基本概念、所使用的协议以及安装和配置等。通过本章的学习,读者应该做到:

- 了解 Apache 服务器的基本概念。
- 掌握 Apache 服务器的配置方法。
- 能够使用 Apache 配置工具建立自己的 Web 服务器,搭建 Web 网站。

教学重点与难点

建立自己的 Web 服务器,掌握 Apache 服务器配置方法。

6.1 Apache 服务器简介

6.1.1 Web 服务器简介

Web 服务器是在网络中为实现信息发布、资料查询、数据处理、视频欣赏等多项应用而搭建的服务平台,它使得成千上万的用户通过简单的图形界面就可以访问各个大学、组织、公司等的最新信息和各种服务。

Web 服务是因特网上最主要的服务之一,即人们平常说的 WWW 服务。Web 服务的核心技术是超文本标记语言 HTML 和超文本传输协议 HTTP。Web 浏览器和服务器通过 HTTP 协议来建立链接、传输信息和终止链接。Web 浏览器将请求发送到 Web 服务器,服务器响应这种请求,将其所请求的页面或文档传送给 Web 浏览器,浏览器获得 Web 页面并显示出来。

在最初的因特网上，网页是静止的，所谓静止就是指 Web 服务器只是简单地把存储的 HTML 文本文件及其引用的图形文件发送给浏览器。只有在网页编辑人员使用文字处理器和图形编辑器对文件进行修改后，它们才会发生改变。直到出现了 CGI、ISAPI 和 ASP 等动态网站技术，Web 服务器才可向浏览器传送动态变化的内容。常见的 Web 数据库查询、用户登记等都要用到动态网站技术。

6.1.2 Apache 简介

Apache 是目前世界上最流行的，也是最好的 Web 服务器之一。Apache 源于 NCSAhttpd 服务器，本来它只用于小型或试验的因特网，后来逐步扩充到各种 UNIX 系统中，尤其对 Linux 的支持相当完美。

目前，Web 服务器软件非常多，如 Apache、CERN httpd、Microsoft Internet Information System、NCSA httpd、Plexus httpd、WebSite 等。在 UNIX/Linux 系统中常用的有：CERN、NCSA、Apache。但根据著名的 WWW 服务器调查公司的调查结果，目前世界上使用 Apache 的 WWW 服务器占 50%以上，在 Web 服务器中排名第一。

在所有的 Web 服务器中，Apache 占据了绝对优势，远远领先 Microsoft 的 IIS。Apache 以其强大的功能、优秀的性能一直成为建设网站首选的 Web 服务器。目前，绝大多数的高科技实验室、大学以及众多的公司都采用了 Apache 服务器。

Apache 的特点是简单、速度快、性能稳定，并可作为代理服务器来使用。它可以支持 SSL 技术，并支持多个虚拟主机。经过多次修改，它已成为世界上最流行的 Web 服务器软件之一。

Apache 的主要特征如下：

(1) 跨平台运行。

(2) 支持最新的 HTTP 1.1 协议。

(3) 基于强有力的文件的配置。

(4) 支持通用网关接口 CGI、FastCGI、Java Servlets 和 PHP。

(5) 支持虚拟主机。

(6) 集成 Perl 脚本编程语言。

(7) 支持 HTTP 认证。

(8) 集成的代理服务器。

(9) 具有可定制的服务器日志。

(10) 支持服务器端包含命令(SSI)。

(11) 支持安全 Socket 层(SSL)。

(12) 具有用户会话过程的跟踪能力。

(13) 具有动态共享对象，允许在运行时动态装载功能模块。

6.1.3 HTTP 协议

超文本传输协议(Hypertext Transfer Protocol，HTTP)是 Internet 上最常使用的协

议。它用于传输超文本标记语言（Hypertext Markup Language，HTML）编写的文件，即网页。通过使用该协议，可以在浏览器上浏览网上各种丰富多彩的文字与图片信息。

HTTP协议是基于客户机/服务器（C/S）模式的。当一个客户端与服务器建立连接后，客户端向服务器发送一个请求，其一般格式为：统一资源标识符（URL）、协议版本号以及MIME信息（包括请求修饰符、客户端信息）等内容。服务器接收到客户端请求信息后，会给客户端发一个相应的响应信息，其格式为一个状态行（包括信息的协议版本号、一个成功或错误的代码）和MIME信息（包括服务器信息、实体信息等内容）。在Internet上，HTTP通信发生在TCP/IP连接之上。使用TCP协议，其默认端口为80，当然也可以使用其他可用的端口。

6.1.4 LAMP模型

在互联网中，动态网站是最流行的Web服务器类型。在Linux平台下，组建动态网站时，采用最为广泛的是LAMP（由Linux、Apache、MySQL以及PHP 4个开源软件的第一个英文字母组成）。

Linux是基于GPL协议的操作系统，具有稳定、免费、多用户和多进程的特点，其应用非常广泛，是服务器操作系统的理想选择。

Apache为Web服务器软件。与微软公司的IIS相比，Apache具有快速、廉价、好维护、安全可靠等优势，并且开放源代码。目前在全球的Web服务器中，Apache占有60%的市场份额。

MySQL是关系数据库系统软件。由于它功能强大，灵活、良好的兼容性以及精巧的系统结构，作为Web服务器的后台数据库，应用极为广泛。

PHP是基于服务端创建动态网站的脚本语言。PHP开放源码，支持多个操作平台，可以运行在Windows和多种版本的UNIX上。它不需要任何预处理而快速反馈结果，并且消耗的资源较少。当PHP作为Apache服务器的一部分时，运行代码不需要调用外部程序，服务器也不需要承担任何额外的负担。

6.2 安装Apache服务器

6.2.1 Apache所需软件

1. httpd-2.2.3-11.el5.i386

该包为Apache服务器的主程序包，服务器必须安装该包。

2. httpd-devel-2.2.3-11.el5.i386

该包为Apache开发程序包。

6.2.2 Apache 的安装步骤

一般情况下，在所有 Linux 的发行版本中都包含 Apache 软件包。如果在安装 Linux 系统时已经安装了该包，那么在浏览器输入本机的 IP 地址后即可以看到“Test Page”测试页面（必须先启动 Apache 服务器）。可以使用 rpm 命令来查看系统是否安装或安装了哪个版本，输入如下命令：

```
[root@zhou~]#rpm -qa | grep httpd
httpd-2.2.3-11.el5
httpd-manual-2.2.3-11.el5
system-config-httpd-1.3.3.1-1.el5
```

表明本机已经安装该包。

如果没有安装，可以通过 Red Hat Enterprise Linux 5 的安装盘（DVD 版第一张）进行安装。加载光驱后在光盘的 Server 目录下找到 httpd-2.2.3-11.el5.i386.rpm 安装包文件进行安装，如图 6.1 所示。

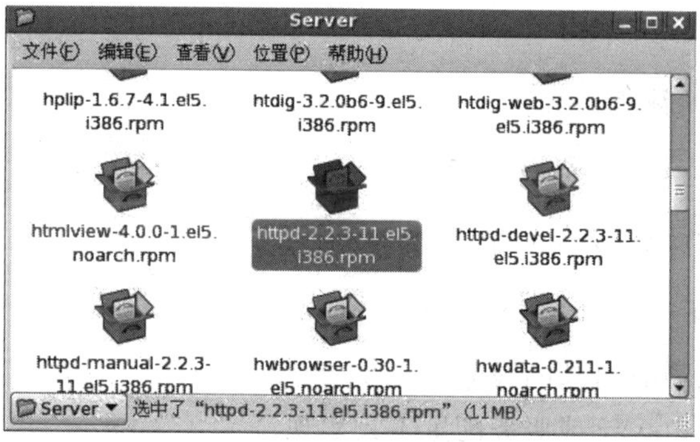

图 6.1 安装包文件

6.2.3 Apache 的启动与停止

Apache 服务器的启动、停止和重启常用两种方式，一种是图形化界面的方式，另一种是在 shell 环境下使用命令行的方式。下面分别进行介绍。

1. 图形化界面方式

选择【系统】|【管理】|【服务器设置】|【服务】命令，弹出“服务配置”窗口，如图 6.2 所示。选中 httpd 复选框，然后通过该窗口工具栏的【开始】、【停止】或【重启】按钮来操作 httpd 服务器。这样也可以设置为系统启动时自动启动 httpd 服务器。

2. 命令行方式

在 shell 环境下，分别使用以下命令来启动、停止和重启 Apache 服务器。

(1) 启动 Apache 服务

```
#/etc/init.d/httpd start  或  #service httpd start
```

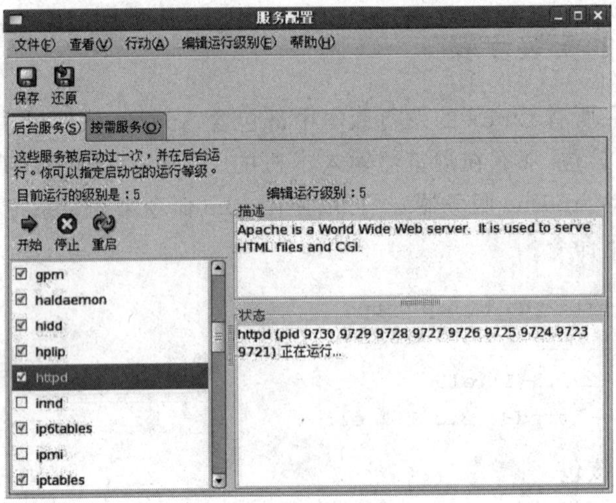

图 6.2　图形化界面方式

(2) 停止 Apache 服务

```
#/etc/init/httpd stop　或　#service httpd stop
```

(3) 重启 Apache 服务

```
#/etc/init.d/httpd restart　或　#service httpd restart
```

(4) 在系统引导时启动 Apache 服务器

```
sbin/chkconfig --level 345 httpd on
```

(5) 配置要在引导时启动的服务

使用 chkconfig、ntsysv 或服务配置工具实现。

6.3 配置 Apache 服务器

6.3.1 主配置文件 httpd.conf

由于 Apache 在安装时就采用了一系列默认值，所以不对它进行配置也可以让 WWW 服务器运行起来。只需将装上 Apache 服务器的主机接入 Internet，然后将主页存放到/var/www/html/目录下即可，但是这样可能导致 Apache 服务器不能很好地发挥其性能。为了使其能够更好地运行，还必须根据具体的运行环境，对它进行配置。

httpd.conf 是最核心的配置文件，位于/etc/httpd/conf/httpd.conf，几乎绝大部分设置都需要通过修改该配置文件来完成。httpd.conf 文件的内容非常多，但大部分是注释内容。整个配置文件分为三部分。

1. 第一部分：全局环境配置

```
###Section 1: Global Environment
```

```
#
#The directives in this section affect the overall operation of Apache
#such as the number of concurrent requests it can handle or where it
#can find its configuration files
#本部分的指令将影响整个 Apache 服务器。例如它所能处理的并发请求数或者在哪里能找到
#其配置文件
```

2. 第二部分：主服务配置

```
###Section 2: 'Main' server configuration
#
#The directives in this section set up the values used by the 'main'
#server, which responds to any requests that aren't bandled by a
#<virtualHost>definition. These values also provide defaults for
#any <virtualHost>containers you may define later in the file
#本节中指令的设置,将被主服务所使用。主服务响应那些没有被<VirtualHost>所处
#理的请求,这些值也为<VirtualHost>容器提供了默认值,可以在后面的文件中定义
#All of these directives may appear inside <VirtualHost>containers
#in which case these default settings will be overridden for the
#virtual host being defined
#所有这些指令将出现在<VirtualHost>容器中。这些设定值将在定义 virtual host 时
#被覆写
```

3. 第三部分：虚拟主机配置

```
###Section 3: Virtual Hosts
#
#VirtualHost: If you want to maintain multiple domains/hostnames on your
#machine you can setup VirtualHost containers for them. Most configurations
#use only name-based virtual hosts so the server doesn't need to worry about
#IP addresses. This is indicated by the asterisks in the directives below
#虚拟主机：如果希望在三台服务器上实现多个域名和主机名的服务,可以设置<VirtualHost>来
#实现。大部分的设置使用基于名称的虚拟主机,这样服务器就不必为 IP 地址操心了。这些用
#星号在下面的标识中标出
```

从大体上看,该文件分为整体设置和局部设置,不同的是 Apache 多了一个功能叫虚拟主机。这是一个很有用的功能,在后面的章节中将对常用的全局环境及主服务配置进行详细介绍,而虚拟主机放在最后介绍。

6.3.2 根目录设置 ServerRoot

配置文件中的 ServerRoot 字段用来设置 Apache 的配置文件、错误文件和日志文件的存放目录。该目录是整个目录树的根节点,如果下面的字段设置中出现相对路径,那么就是相对这个路径。默认情况下根路径为/etc/httpd,可以根据需要进行修改。

【例 6.1】 设置根目录为/usr/local/httpd。

```
ServerRoot "/usr/local/httpd"
```

说明：ServerRoot 后面设置的路径不能以反斜杠结尾。

6.3.3 超时设置

Timeout 字段用于设置接受和发送数据时的超时设置。默认时间单位是 s(秒)。如果超过限定的时间，客户端仍然无法连接上服务器，则以断线处理。默认时间为 120s，可以修改设置。

【例 6.2】 设置超时时间为 400s(秒)。

```
Timeout 400
```

6.3.4 客户端连接数限制

在某一个时刻内，WWW 服务器允许客户同时进行访问的最大数值就是客户端连接数限制。

作为服务器的硬件资源总是有限的，如果遇到大规模的分布式拒绝服务攻击(DDOS)，则可能导致服务器过载而瘫痪。作为企业单位内部的网络管理者应该尽量避免类似情况发生，所以限制客户连接数是非常有必要的。

在配置文件中，MaxClients 字段用于设置同一时刻内最大的客户端访问数量，默认为 256。对于小型的网站来说已经够用了。如果是大型网站，可以根据实际情况进行修改。

【例 6.3】 设置客户端连接数为 700。

```
<IfModule prefork.c>
StartServers          8
MinSpareServers       5
MaxSpareServers       20
ServerLimit           256
MaxClients            700
MaxRequestsPerChild   4000
</IfModule>
```

说明：MaxClients 字段有可能还在其他地方出现。请注意这里的 MaxClients 字段包含在＜IfModule prefork.c＞＜IfModule＞容器中。

6.3.5 设置管理员邮件地址

ServerAdmin 设置 WWW 服务器管理员的电子邮件地址。客户端在访问服务器出现错误时，就把错误信息返回给客户端的浏览器。为了让 Web 使用者和管理员取得联系，在这个网页中通常包含管理员的 E-mail 地址。

【例 6.4】 设置管理员 E-mail 地址为 root@computer.org。

```
ServerAdmin  root@ computer.org
```

6.3.6 设置主机名称

ServerName 设置服务器的主机名称，默认情况下是不需要指定这个参数的。为了方便 Apache 服务器识别自身的信息，就需要设置此参数了。服务器自动通过名字的解析过程来获得自己的名字。如果服务器的名字解析有问题，或者没有正式的 DNS 名字，也可以在这里指定 IP 地址。必须注意的是，如果 ServerName 设置不正确，服务器则不能正常启动。

【例 6.5】 设置主机名称。

```
ServerName www.computer.org: 80  或者  ServerName 192.168.1.2: 80
```

6.3.7 设置文件目录

DocumentRoot 设置服务器对外发布的超文本文件存放的路径。默认情况下，所有请求由该目录的文件进行应答。虽然客户程序请求的 URL 被映射为这个目录下的网页文件，但是也可以使用符号链接和别名来指向到其他位置。

【例 6.6】 设置文件目录为/usr/local/html。

```
DocumentRoot "/usr/local/html"
```

6.3.8 设置首页

打开网站时所显示的页面即该网站的首页或者叫主机。DirectoryIndex 设置默认文件类型。用户使用浏览器访问服务器时，一般在 URL 中只给出了一个目录名，却没有指定文件的名字，所以需要设置 Apache 服务器自动返回的文件类型。可以设置多个文件类型，它是按顺序进行搜索的。当然也可以指定多个文件名字，同样是在这个目录下顺序搜索。当所有指定的文件都找不到时，Apache 默认的首页名称为 index. html。

【例 6.7】 设置首页名称为 index. php。

```
DirectoryIndex index.php
```

如果要设置多个首页，就按上面讲的去做。如果第一个首页不存在，则按先后顺序进行查找。

```
DirectoryIndex index.html index.asp
```

6.3.9 网页编码设置

由于所处地域不同，网页编码可能不相同。比如说亚洲和欧美地区所采用的网页编码就不相同。如果服务器端的网页和客户机端的网页编码不一样，就会导致我们看到的是乱码，因此必须设置正确的编码。

在 http. conf 中，使用 AddDefaultCharset 字段来设置服务器的默认编码。默认情况下服务器编码采用 UTF-8。汉字编码一般采用 GB—2312，国家强制标准是 GB—18030。具体使用哪种编码要根据网页的编码类型确定，只要保持和这些文件所采用的编码一致就可以正常显示。

【例 6.8】 设置服务器默认编码为 GB—2312。

```
AddDefaultCharset GB2312
```

说明：如果把 AddDefaultCharset 字段注释掉，则表示不使用任何编码，让浏览器自动检测当前网页采用的编码是什么，然后自动进行调整。对于多语言的网站的组建，最好采用注释掉 AddDefaultCharset 字段的方法。

6.3.10 Web应用案例

【例 6.9】 学院内校园网要组建一台 Web 服务器，采用的 IP 地址和端口为 192. 168. 1. 2：80，首页采用 index. html 文件。管理员 E-mail 地址为 root@gztzy. net，网页的编码类型采用 GB—2312。所有的网站资源都放在/var/www/html 目录下。将 Apache 的根目录设置为/etc/httpd 目录。

说明：此时运用的 DNS 的 IP 地址为 192. 168. 1. 3，对应的域为 gztzy. net。确定 DNS 是否正常工作。可以直接运行第 4 章 DNS 配置好的 gztzy. net，这里不再重复。

分析：因为在单位内部使用，所以不用考虑太多的安全因素，只需修改编辑主配置文件，之后将编制好的网站内容放在文档目录中即可。具体操作如下所示。

1. 修改主配置文件 httpd. conf

```
[root@ zhou ~]#vi /etc/httpd/conf/httpd.conf
ServerRoot  "/etc/httpd"
Timeout 200
Listen 80
ServerAdmin root@ gztzy.net
ServerName 192.168.1.3: 80
DocumentRoot  "/var/www/html"
DirectoryIndex index.html
AddDefaultCharset GB2312
```

说明：ServerRoot "/etc/httpd"：设置 Apache 的根目录为/etc/httpd。

Timeout 200：设置客户访问的超时时间为 200s。

Listen 80：设置 httpd 监听 80 端口。

ServerAdmin root@gztzy. net：设置管理员 E-mail 地址为 root@gztzy. net。

ServerName 192. 168. 1. 3：80：设置服务器的主机名和监听端口为 192. 168. 1. 3：80。

DocumentRoot "/var/www/html"：设置 Apache 的文档目录为/var/www/html。

DirectoryIndex index. html：设置主页文件为 index. html。

AddDefaultCharset GB 2312：服务器的默认编码为 GB 2312。

2. 重新启动服务器

```
[root@zhou~]#service httpd restart
停止 httpd:                                                        [确定]
启动 httpd:                                                        [确定]
```

3. 将制作好的网页以及相关资料放在文档目录/var/www. html 中

已放好。

4. 测试

打开浏览器，这里以 IE 浏览器为例。在地址栏中输入 http：//192. 168. 1. 3 即可找到首页，如图 6. 3 所示。

图 6. 3 Windows 客户端访问 Web 服务器

说明：主页的文件名称一定要是 index. html。

6.3.11 Apache 日志文件

对于 WWW 等大型的服务，建立日志文件是一项必不可少的工作。通过分析日志文件不仅可以监控 Apache 的运行情况，而且还能分析出错原因和找出安全隐患。

1. 错误日志

错误日志记录 Apache 在运行过程中及在启动时发生的错误。错误日志通过 ErrorLog 字段进行设置。默认的设置如下：

```
ErrorLog log/error.log
```

这里的路径是相对路径,相对于 ServerRoot 字段设置的/etc/httpd 目录。可以查看错误日志的内容,进行简单的分析如下：

```
[root@zhou~]#vi /etc/httpd/logs/error_log
[Sat Oct 16 17: 06: 17 2010][error][client 192.168.1.3] File does not exist:
/var/www/html/doxygen.css. referer: http: //192.168.1.3/
```

以上的错误日志由 4 部分组成,第一部分表示错误发生的时间。第二部分表示错误的级别或严重性。第三部分表示导致错误的 IP 地址。最后一部分是信息本身。在此例中,服务器拒绝了这个客户的访问,因为访问时主页文件还不存在。

2. 访问日志

CustomLog 参数可以设置日志存储的位置,通过分析访问日志可以知道哪些客户端什么时候访问了网站的哪些文件。默认的设置如下：

```
CustomLog logs/access_log combined
```

combined 参数是一种格式,Apache 最常用的就是 combined 和 common。common 是一种通用日志格式,可以被很多日志分析软件所识别。combined 是一种组合类型的日志。这种格式与通用日志格式类似,但是多了“引用页”和“浏览器识别”两项内容。

访问日志的格式是高度灵活的,很像 C 风格的 printf()函数的格式字符串。LogFormat 字段可以指定日志的格式和类型,如下所示。

```
LogFormat "%h %l %u %t\"%r\" %>s %b\"%{Referer}i\"\"%{User-Agent}i\" "
combined
LogFormat "%h %l %u %t \"%r\" %>s %b" common
```

在默认情况下,日志格式采用的是 combined。下面来看一个 combined 类型的日志。

```
[root@zhou ~]#vi/etc/httpd/logs/access_log combined
192.168.1.6--[16/Oct/2010: 17: 12: 17 +0800] "GET/HTTP/1.1" 200 5354 "-" Moz
illa/4.0 (compatible: MSIE 6.0: Windows  NT 5.1; SV1)"
192.168.1.6--[16/Oct/2010: 17: 12: 17 +0800] "GET/doxygen.css HTTP/1.1" 404 286 "
http: //192.168.1.3/" "Mozilla/4.0 (compatible: MSIE 6.0: Windows NT 5.1: SV1)"
```

说明：192.168.1.6(%h)：发送请求到服务器客户的 IP 地址。

-(l%)：由客户端 identd 进程判断的 RFC1413 身份(identity),输出的符号“-”表示此处的信息无效。

-(%u)：HTTP 认证系统得到访问该网页的客户标识(userid),环境变量 REMOTE_USER 会被设为该值并提供给 CGI 脚本。如果状态码是 401,则表示客户未通过认证。如果网页没有设置密码保护,则此项是“-”

[16/Oct/2010：17：12：17 +0800](%t)：服务器完成请求处理时的时间。

“GET /HTTP/1.1”(\"r%"\)：引号中是客户端发出的包含许多有用信息的请求行。可以看出,该客户的动作是 GET,使用的协议是 HTTP/1.1。

200(%>s)：服务器返回给客户端的状态码。这个信息非常有价值，因为它表示了请求的结果，是被成功响应了(以 2 开头)，还是被重定向了(以 3 开头)，或者出错了(以 4 开头)，或者产生了服务器端错误(以 5 开头)。这里以 2 开头，表示成功响应了。

5354(%b\)：返回给客户端的不包括响应头的字节数。如果没有信息返回，则此项应该是"-"。

"-"(\"%{Referer}i\")：指明该请求是从哪个网页被提交过来的。

"Mozilla/5.0……(略)"：客户端提供的浏览器识别信息。

6.3.12 目录设置

目录设置就是为服务器上的某个目录设置权限。通常在访问某个网站的时候，真正所访问的仅是那台 Web 服务器里某个目录下的某个网页文件，而整个网站由这些网页目录和网页文件组成。作为网站管理人员，可能经常需要只对某个目录进行设置，而不是对整个网站进行设置。如，拒绝 192.168.1.6 的客户访问某个目录内的文件。这时，可以使用<Directory></Directory>容器来设置。方法如下：

```
<Directory 目录>
控制语句
</Directory>
```

下面以配置文件中对根目录和文档目录的默认设置为例进行介绍。

1. 根目录默认设置

```
<Directory />
Options FollowSymLinks
AllowOverride None
</Directory>
```

说明：Options 定义目录使用的特性，后面的 FollowSymLinks 表示可以在该目录中使用符号链接。Options 可以设置很多功能，常用设置如表 6.1 所示。

表 6.1 Options 常用设置

指　令	说　明
FollowSymLinks	允许在目录中使用符号链接
Indexes	允许目录浏览，如果客户端没有指定访问目录下的具体哪个文件，而且该目录下也没有首页文件时，则显示该目录的结构，包括该目录下的子目录和文件
MultiViews	允许内容协商的多重视图
ExecCGI	允许在该目录下执行 CGI 脚本
Includes	允许服务器端包含功能
IncludesNoexec	允许服务器端包含功能，但不能执行 CGI 脚本
ALL	包含除 MultiViews 之外的所有特性(如果没有 Options 字段，则默认为 ALL)

AllowOverride None：设置.htaccess文件中的指令类型。None表示禁止使用.htaccess。

2. 文档目录默认设置

```
<Directory "/var/www/html">
Options Indexes FollowSymLinks
AllowOverride None
Order allow,deny
Allow from all
</Directory>
```

说明：Order allow,deny设置默认的访问权限与Allow和Deny字段处理顺序。allow设置哪些客户端可以访问服务器。与之对应的deny用来限制哪些客户端不能访问服务器。

常用的访问控制有两种形式。

(1) Order allow，deny

表示默认情况下禁止所有客户端访问，且allow字段在deny字段之前被匹配。如果既匹配allow字段又匹配deny字段，则deny字段最终生效。也就是说deny会覆盖allow。

(2) Ordey deny，allow

表示默认情况下允许所有客户端访问，且字段deny在allow字段之前被匹配。如果既匹配allow字段又匹配deny字段，则allow字段最终生效。也就是说allow会覆盖deny。

下面举例说明具体用法。

【例6.10】 允许所有客户端访问。

```
Order allow,deny
Allow from all
```

【例6.11】 拒绝IP地址为10.10.10.10和来自.zhou.net域的客户端访问，其他客户端都可以正常访问。

```
Order deny,allow
Deny from 10.10.10.10
Deny from .zhou.net
```

【例6.12】 仅允许192.168.1.0/24网段的客户端访问，但其中192.168.1.200不能访问。

```
Order allow, deny
Allow from 192.168.1.0/24
Deny from 192.168.1.200
```

说明：对某个文件设置权限，可以使用“<File 文件名></File>”来实现，方法和<Directory></Directory>一样。如：

```
<File "/var/www/html/test.txt">
Order allow,deny
Allow from all
</File>
```

6.3.13 虚拟目录

1. 虚拟目录的作用

在通常情况下，网站资源需要放在 Apache 的文档目录中才可以发布在网页中，默认的路径是"/var/www/html"。如果想要发布文档目录以外的其他目录，就需要用到虚拟目录这个功能。

虚拟目录实际上是给实际目录起一个别名。尽管这个目录中的内容不在 Apache 的文档目录中，但是用户通过浏览器访问此别名依旧可以访问到该目录中的资源。此外，虚拟目录还有以下优点。

(1) 方便快捷。虚拟目录的名称和路径不受真实目录名称和路径的限制，因此在使用虚拟目录的时候可以让设置更加方便快捷，而且在客户看来，完全感觉不到在访问虚拟目录。

(2) 灵活性强。虚拟目录可以提供的磁盘空间几乎是无限大的，这对于做视频点播的网站和需要大磁盘空间的网站而言，是一项非常实用而灵活的功能。

(3) 便于移动。如果文档目录中的目录移动了，那么相应的 URL 路径也会发生改变；而只要虚拟目录的名称不变，则实际路径不论发生何种改变都不会影响用户访问。

(4) 良好的安全性。

2. 虚拟目录的设置

方法与前面讲的虚拟账号一样，格式如下：

```
Alias 虚拟目录  实际路径
```

【例 6.13】 建立名为/zhou/的虚拟目录，实际目录为/home/。

```
Alias /zhou/ "/home/"
```

6.3.14 Apache 的用户和组

为了提高安全性，可以为 Apache 建立专用的用户和组，以供运行 Apache 的子进程使用。如果以 root 身份运行 Apache，那么非法者利用 Apache 漏洞是可以得到 root 权限的。如果降低运行 Apache 用户的权限，以非 root 用户或组的身份来运行 Apache，则可以大大增强安全性，因为即使黑客获取了这些账号和密码，也不能对服务器做出过大的破坏。

配置文件中的 User 和 Group 字段分别可以设置对请求提供服务的 Apache 子进程

运行时的用户和组。

【例 6.14】 设置运行 Apache 子进程的用户和组为 nopart。

```
User nopart
Group nopart
```

6.4 配置 Apache 虚拟主机

网站的飞速发展,使得传统的一台服务器对应一个网站的方式已经不能适应其需求了,从而出现了虚拟机技术。虚拟机技术是指将一台物理主机虚拟成多个主机,实现多个用户可以共享硬件资源、网络资源,从而降低用户建站的成本。虚拟主机在一台 Web 服务器上,可以为多个单独域名提供 Web 服务,并且每个域名都完全独立,包括具有完全独立的文档目录结构及设置。不但通过每个域名访问的内容完全独立,并且使用另一个域名无法访问其他域名提供的网页内容。

在 Apache 服务器配置虚拟主机有两种方式:一种是基于 IP 地址的虚拟主机,另一种是基于域名的虚拟主机。

1. 基于 IP 地址的虚拟主机

基于 IP 地址的虚拟主机要求一个服务器具备多个 IP 地址,也就是通过 IP 地址识别虚拟主机,这里必须为服务器网卡绑定多个 IP 地址。

【例 6.15】 学院 Web 服务器域名为 www. gztzy. net,IP 地址为 192. 168. 1. 3,现在准备为学院添加一个站点 bbs. gztzy. net,通过虚拟主机实现该功能。

说明:此例是在第 4 章的 4. 3. 9 节中的 DNS 配置上进行的。请读者确认您的 DNS 能否正常运行。

(1) 设置 IP 地址

```
[root@zhou~]#ifconfig eth0: 1 192.168.1.15 netmask 255.255.255.0
```

(2) 修改配置文件 httpd. conf

添加虚拟主机相关字段,如下所示。

```
[root@zq ~]#vi /etc/httpd/conf/httpd.conf
#</VirtualHost>
<Virtual Host 192.168.1.15: 80>
        Server Admin root@gztzy.net
        DocumentRoot /var/www/html/bbs
        ServerName www.gztzy.net
        Directory Index index.html
</Virtual Host>
```

说明:读者应该先在 var/www/html 下创建 bbs 目录,这是用来放相应虚拟主机主页的目录。可以使用 mkdir /var/www/html/bbs 方法创建，或者用其他方法。

在程序运行之前，应该先创建相应主页。在此，把创建好的测试主页已放到相应的 bbs 目录下。主页的名称为：index. html。

(3) 测试

① 测试虚拟主机 192. 168. 1. 15

使用浏览器访问，进行测试，如图 6.4 所示。

图 6.4 虚拟主机 192. 168. 1. 15 测试结果

② 测试主机 192. 168. 1. 3

使用浏览器访问，进行测试，如图 6.5 所示。

通过测试，建立的虚拟主机 192. 168. 1. 15 能正常访问页面，同时不会影响主机 192. 168. 1. 3 正常运行。假如虚拟主机的数据不断增加，采用 IP 地址的方式会造成 IP 地址的极大浪费，这时可以考虑采用其他的方法。

2. 基于域名的虚拟主机

基于域名的虚拟主机服务器只需要一个 IP 地址就可以创建多台虚拟主机。也就是说，所有的虚拟主机共同使用一个 IP 地址，通过域名进行区分。访问网站时，HTTP 协议访问请求包含了 DNS 域名信息。当 Apache 服务器收到该信息后，会根据不同的域名访问不同的网站。这种方式不需要额外的 IP 地址，只需要新版本的浏览器支持，因此它已经成为建立虚拟主机的标准方式。

配置基于域名的虚拟主机时，先用 NameVirtualHost 参数指定一个 IP 地址来负责响应对应虚拟主机的请求，然后使用<VirtualHost 虚拟主机的域>设置哪台虚拟主机对应哪个域名。如果没有特殊要求，则不必对每个虚拟主机都进行所有的配置。因为它会使用服务器主配置文件中的配置。下面对配置基于域名的虚拟主机举例

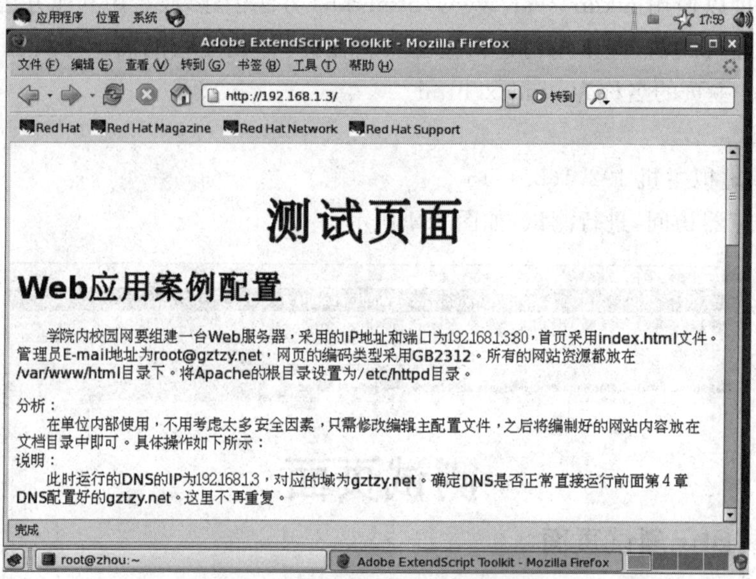

图 6.5 主机 192.168.1.3 测试结果

说明。

修改配置文件 httpd.conf，添加虚拟主机相关字段。如下所示。

```
[root@ zhou ~]#vi /etc/httpd/conf/httpd.conf
NameVirtualHost *: 80
<VirtualHost  *: 80>
ServerName www.gztzy.net
DocumentRoot /var/www/html
</VirtualHost>

<VirtualHost  *: 80>
ServerName bbs.gztzy.net
DocumentRoot /var/www/html/bbs
</VirtualHost>
```

其中：NameVirtualHost *：80：在本机任何网络接口的 80 端口，开启基于域名的虚拟主机功能。

说明：修改主配置文件时，重点是添加 NameVirtualHost 字段。添加多个虚拟主机时，只需要配置一次，就可以开启基于域名的虚拟主机功能。

然后建立相应的站点目录，设置网页文件。将 DNS 服务器中 www. bbs. gztzy. net 等多个域名，指向服务器的 IP 地址 192.168.1.3，便可以完成虚拟主机的配置，即重新配置修改 DNS。配置成功后测试，如图 6.6 所示。请读者自行调试配置并测试。

说明：如果确认相关配置都没问题，但是域名访问不成功，则说明前面的 DNS 配置有问题，修改或重新配置 DNS 即可。

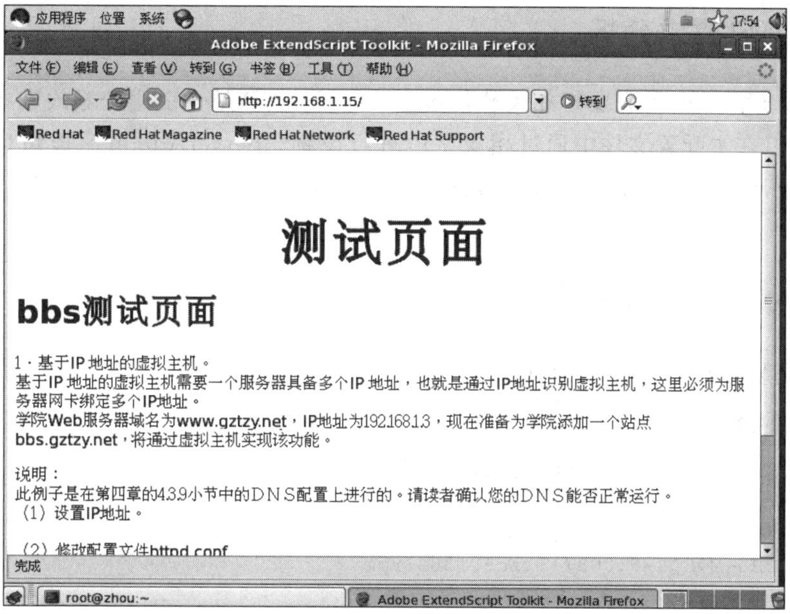

图 6.6 基于域名的虚拟主机

6.5 LAMP 网站的实现

6.5.1 LAMP 实现环境

学院要为自己的网站搭建一个论坛来实现学生的在线交流，内网采用的 IP 地址为 192.168.1.3。要求服务器满足 2000 人同时在线访问，并且服务器上有个非常重要的目录/security，里面的内容仅允许来自.gztzy.net 域的成员访问，其他全部拒绝。管理员邮箱为 root@gztzy.net，首页为 index.php。Apache 根目录和文档保持默认设置/etc/httpd，如图 6.7 所示。

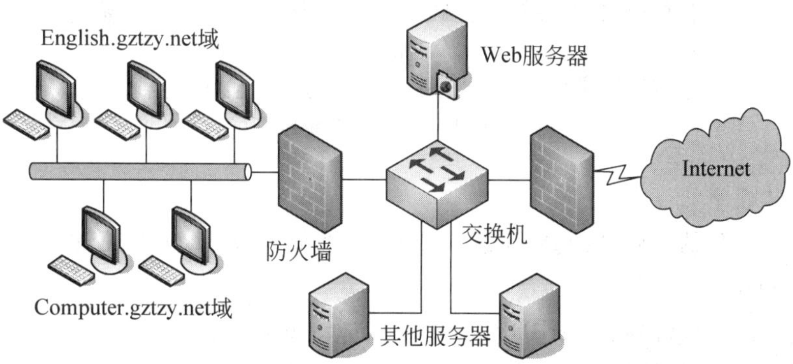

图 6.7 拓扑结构

6.5.2 LAMP 需求分析

搭建动态网站时首先要把相关软件包安装好，LAMP 是一个比较好的选择。对于特殊要求，可以在主配置文件中通过相应字段进行设置。ServerAdmin 字段可以设置管理员邮箱地址，DirectoryIndex 字段可以设置首页文件，MaxClients 字段可以设置客户端连接数等。

6.5.3 LAMP 解决方案

下面安装 LAMP 所需软件包。

1. MySQL 安装

(1) 安装 MySQL 数据库需要的软件包

```
perl-DBI-1.52-1.fc6.i386.rpm
perl- DBD-MySQL-3.0007-1.fc6.i386.rpm
mysql-5.0.22-2.1.0.1.i386.rpm
mysql-server-5.0.22-2.1.0.1.i386.rpm
mysql-devel-5.0.22- 2.1.0.1.i386.rpm
```

可以通过 Red Hat Enterprise Linux 5 的安装盘(DVD 版第一张)进行安装，加载光驱后在光盘的 Server 目录下找到相应的 rpm 安装包文件，如图 6.8 所示。

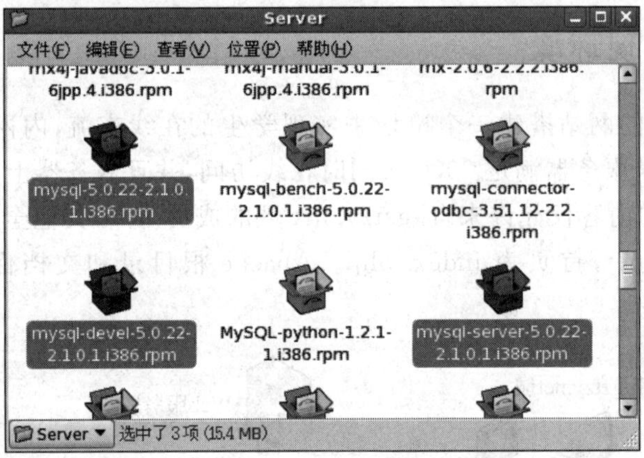

图 6.8 MySQL 安装包

(2) 安装顺序

安装 MySQL 的时候，特别要注意安装顺序，否则 MySQL 无法正常安装成功。可参考以下安装顺序。

① 安装第一个软件包：perl-DBI-1.52-1.fc6.i386.rpm。

② 安装第二个软件包：mysql-5.0.22-2.1.0.1.i386.rpm。

③ 安装第三个软件包：perl-DBD-MySQL-3.0007-1.fc6.i386.rpm。

④ 安装第四个软件包：mysql-server-5.0.22-2.1.0.1.i386.rpm。

(3) 启动服务

MySQL 安装完毕后，重启 mysqld 服务，检查服务器状态。

```
[root@zhou~]#service mysqld restart
停止 MySQL:                                             [确定]
启动 MySQL:                                             [确定]
```

(4) 设置管理员账号密码并测试

使用 mysqladmin 命令建立管理员账号和密码，并使用 mysql -u root -p 进行登录。

```
[root@zhou~]#mysqladmin -u root password 123456
```

使用 mysql -u root -p 进行登录，如下所示。

```
[root@zhou~]#mysqladmin -u root password 123456
[root@zhou~]#
[root@zhou~]#mysql -u root -p
Enter password:
Welcome to the MySQL monitor. Commands end with: or \g.
Your MySQL. connection id is 3 to server version: 5.0.22

Type 'help: ' or '\h' for help. Type '\c' to clear the buffer.

mysql>
```

2. PHP 安装

PHP 所需软件包如下：

```
php-5.1.6-15.el5.i386.rpm
php-cli- 5.1.6-15.el5.i386.rpm
php-common-5.1.6-15.el5.i386.rpm
php-mysql-5.1.6-15.el5.i386.rpm
php-pdo-5.1.6-15.el5.i386.rpm
```

安装之前要确认一下，服务器已安装了哪些包。

```
[root@zhou~]#rpm -qa | grep php
php-common-5.1.6-15.el5
php-cli-5.1.6-15.el5
php-5.1.6-15.el5
php-ldap-5.1.6-15.el5
```

未安装的包文件可以通过 Red Hat Enterprise Linux 5 的安装盘(DVD 版第一张)进行安装，加载光驱后在光盘的 Server 目录下找到相应的 rpm 安装包文件进行安装。安装完成后再测试一次，如下所示，则表示已全部完成安装。

```
[root@zhou~]#rpm -qa | grep php
php-common-5.1.6-15.el5
php-cli-5.1.6-15.el5
php-pdo-5.1.6-15.el5
php-5.1.6-15.el5
php-mysql-5.1.6-15.el5
php-ldap-5.1.6-15.el5
```

3. 编辑 Apache 配置文件 httpd.conf

```
[root@zhou ~]#vi /etc/httpd/conf/httpd.conf
```

(1) 设置 Apache 根目录为/etc/httpd

```
#
ServerRoot "/etc/httpd"
#
```

(2) 设置客户端最大连接数为 2000

```
ServerLimit        2000
MaxClients         2000
```

(3) 设置管理员邮箱为 root@gztzy.net

```
#
ServerAdmin root@gztzy.net
#
```

(4) 设置服务器的主机名和端口

```
#
ServerName 192.168.1.3: 80
#
```

(5) 设置文档目录为/var/www/html/bbs

```
#
DocumentRoot "/var/www/html/bbs"
#
```

(6) 允许所有人访问/var/www/html/bbs 目录

```
#Controls who can get stuff from this server.
#
    Order allow.deny
    Allow from all
    </Directory>
```

(7) 设置首页文件为 index. php

```
#
DirectoryIndex index.php
#
```

4. 修改/security 目录设置权限

修改为仅允许. gztzy. net 域的客户端访问。

```
<Directory/security>
    Options FollowSymLinks
    AllowOverride None
    Order allow.deny
    Allow from .gztzy.net
</Directory>
```

保存退出。

5. 重新启动 httpd 服务

```
[root@zhou~]#service httpd restart
停止 httpd:                                          [确定]
启动 httpd:                                          [确定]
```

说明：重新启动之前一定要创建/var/www/html/bbs 目录，否则 httpd 服务不能正常启动。

6. 下载动网论坛源码

动网官方地址：http://p. dvbbs. net

创新时代 PHP2. 0++推出：http://p. dvbbs. net/dispbbs. php? boardid=11&id=32635&page=1

下载完成后，复制 uploads 目录里所有文件到/var/www/html/bbs 目录下。

7. 更改目录权限

```
chmod -R 777 /var/www/html/bbs/
[root@zhou~]#chmod -R 777 /var/www/html/bbs/
```

如果没有执行这一步，则在后面安装时会出错。也可以选中该文件夹，用界面的方式修改属性。

8. 安装动网论坛

(1) 在浏览器地址栏里输入 http：//192.168.8.3/install/index. php，根据向导提示安装，如图 6.9 所示。

(2) 单击 Next 按钮，对数据库进行初始安装，如图 6.10 所示。

(3) 单击 Next 按钮，所有检查已通过，数据库创建成功后如图 6.11 所示。

(4) 在图 6.11 中单击【确定】按钮，如图 6.12 所示。

(5) 单击 Next 按钮，下一步配置后台账户，再单击【确定】按钮，如图 6.13 所示。

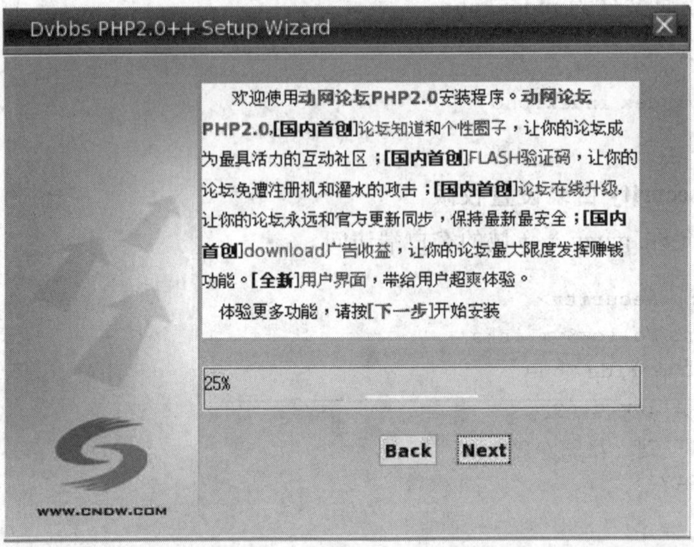

图 6.9　安装动网论坛 1

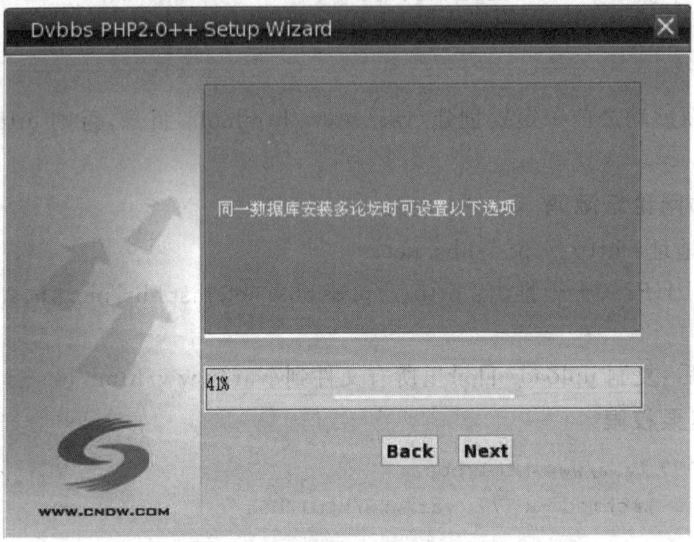

图 6.10　数据库初始安装

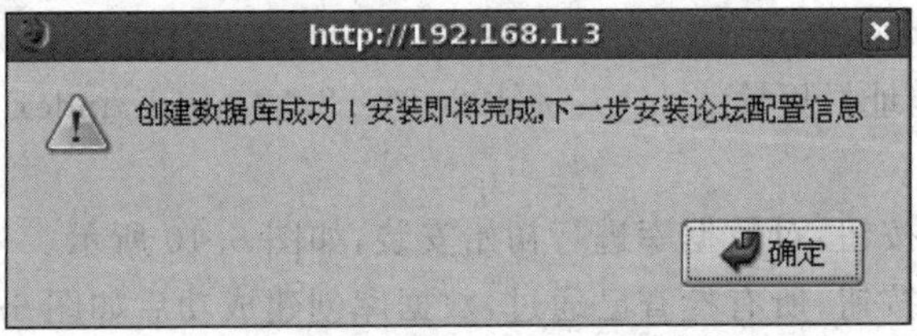

图 6.11　数据库创建成功

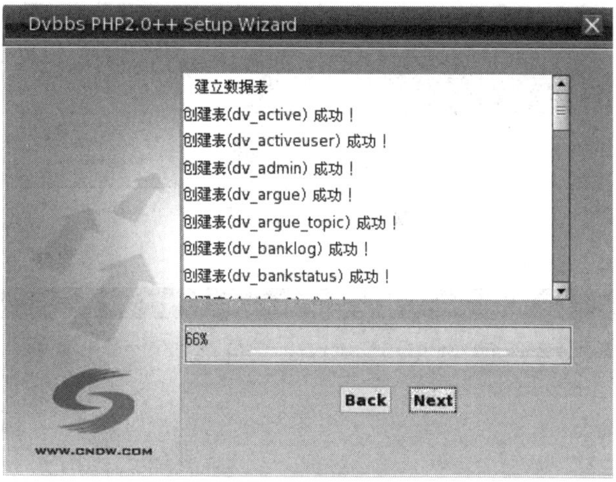

图 6.12　创建数据表

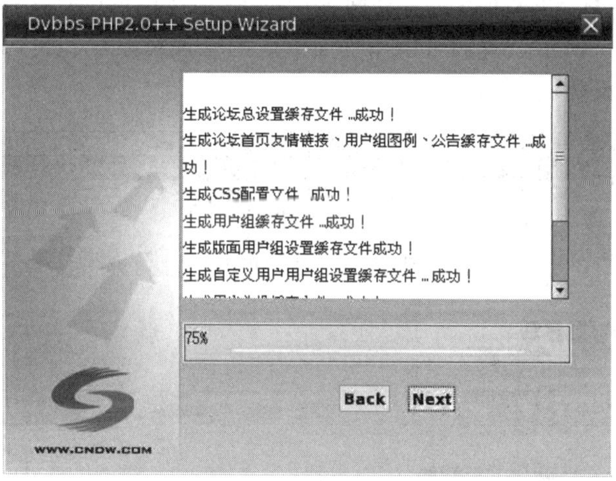

图 6.13　生成后台论坛

(6) 单击 Next 按钮，系统会给出后台管理员账号和相应的密码，如图 6.14 所示。

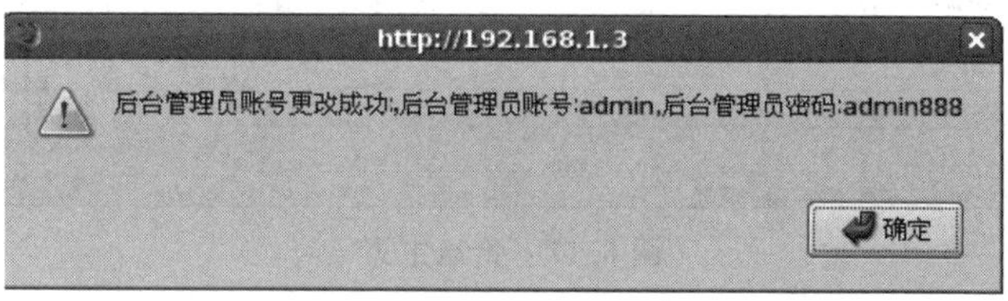

图 6.14　管理员账号和密码

(7) 单击【确定】按钮，进行 FTP 配置。这里不配置 FTP，直接单击【确定】按钮完成即可，如图 6.15 所示。

(8) 单击【确定】按钮，完成动网的所有安装，如图 6.16 所示。

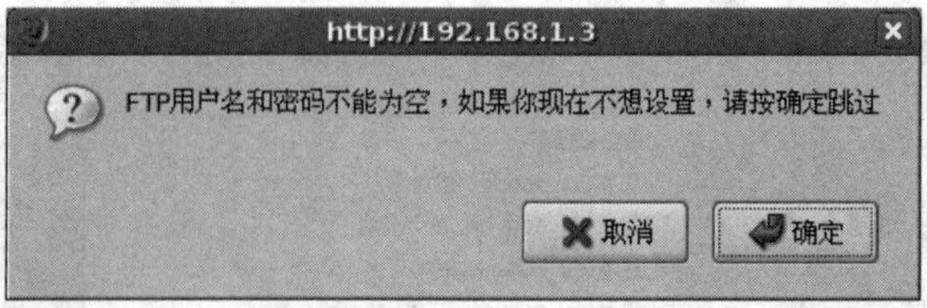

图 6.15　FTP 配置

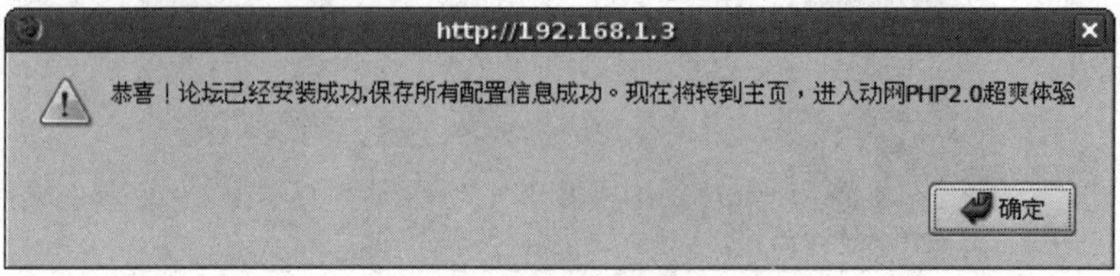

图 6.16　完成动网安装

(9) 单击【确定】按钮就可以进入动网论坛主页，当然也可以直接输入服务器 IP 地址或者域名，如图 6.17 所示。我们可以用上面生成的管理员账号和密码进行后台管理，用户注册后可以进行交流、发布等。

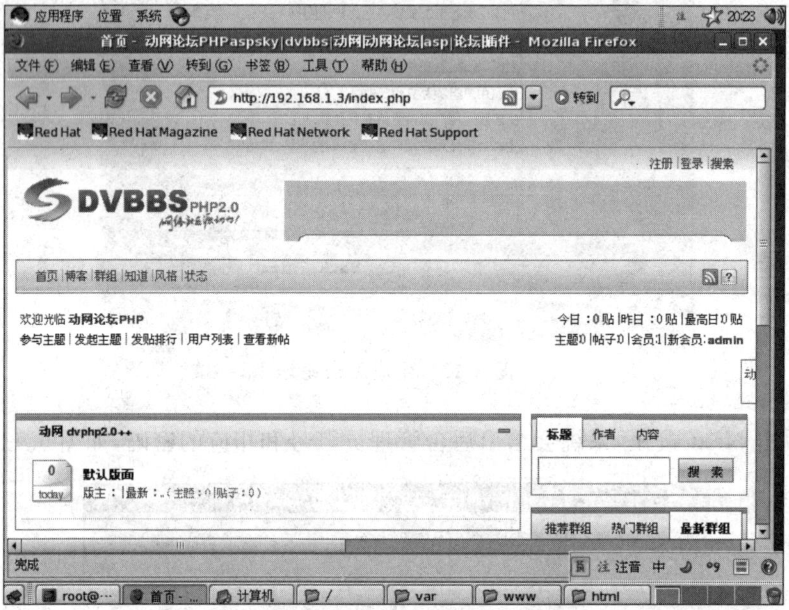

图 6.17　论坛主页

说明：作者所测试的环境是在 Linux 的浏览器中进行的，也可以在 IE 环境中进行安装测试。特别要注意的是，如果要在 IE 环境中安装测试，必须能在 Windows 客户下访问服务器。读者可以参考邮件服务器的相关配置说明。

要实现通过域名打开动网主页，首先要配置 DNS，并确保能正常解析。下面是 DNS 配置例子，供读者参考。

(10) 配置 xinan. school 域的主文件。

```
[root@zq ~]#vi /etc/named.conf
options { directory "/var/named":
}:
zone "xinan.school" {
        type master:
        file "xinan.school":
}:
zone "1.168.192.in-addr.arpa" {
        type master:
        file "1.168.192":
}:
```

(11) 配置 xinan. school 正向文件。

```
[root@zq ~]#vi /var/named/xinan.school
$TTL 86400
@         IN    SOA    dns.xinan.school.   root {
                                   20090304
                                   1H
                                   15M
                                   1W
                                   1D)
@         IN    NS     dns.xinan.school.
dns       IN    A      192.168.1.2
www       IN    A      192.168.1.2
```

(12) 配置 xinan. school 反向文件。

```
[root@zq ~]#vi /var/named/1.168.192
$TTL 86400
@         IN    SOA    1.168.192.in-addr.arpa.root {
                                   20090304
                                   1H
                                   15M
                                   2W
                                   1D )
@         IN    NS     dns.xinan.school.
2         IN    PTR    dns.xinan.school.
2         IN    PTR    www.xinan.school.
```

(13) 测试正反向解析。

```
[root@zq~]#host 192.168.1.2
2.1.168.192.in-addr.arpa domain name pointer www.xinan.school.
2.1.168.192.in-addr.arpa domain name pointer dns.xinan.school.
[root@zq~]#host www.xinan.school
```

```
www.xinan.school has address 192.168.1.2
```

6.6 本章小结

本章介绍了Apache服务器的由来，它是开源的、自由的Web服务器软件，并且市场占有率位居第一。它的最主要特征是可以在不同的计算机平台上运行，支持通用网关接口CGI、FastCGI、Java Servlets和PHP，具有动态共享对象，允许在运行时动态装载功能模块等。本章重点介绍了Apache服务器的安装和配置，详细说明了Apache服务器的基本配置，主要介绍了httpd.conf配置文件，分为配置全局环境、设置主服务和虚拟主机的配置，并且通过配置实例来加深读者对Apache配置的理解。最后重点详细介绍了LAMP动网的安装配置和测试，以便使读者能运用前面章节的相关知识进行实际操作的测试。

6.7 本章习题

1. 判断题

(1) Apache是实现Internet上文件共享应用服务器的应用程序。（　）

(2) 设置Apache实现服务，一定不用配置DNS。（　）

(3) Apache只能在Linux平台上运行。（　）

(4) 在Apache服务器中，Web站点的Web文件必须存放在/var/www/html目录下。（　）

(5) 基于IP地址的虚拟主机要求一个服务器具备多个IP地址。（　）

2. 选择题

(1) WWW服务器是在Internet上使用最广泛的，它采用的结构是________。

A. 分布式　B. 集中式　C. B/C　D. C/S

(2) 用户Apache配置服务器默认使用的端口是________。

A. 8080　B. 82　C. 80　D. 88

(3) 用户Apache配置服务器的虚拟主机，有________种不同的虚拟技术可以完成。

A. 1　B. 2　C. 3　D. 4

(4) Apache服务器主配置文件是________。

A. mime.types　B. /etc/httpd/conf/access.conf

C. /etc/httpd/conf/httpd.conf　D. /etc/httpd/conf/srm.conf

(5) httpd.conf命令的正确说法是________。

A. 检查Apache的配置文件　B. 对Apache日志进行轮转

C. 是Apache的主配置文件　D. 停止Web服务

3. 填空题

(1) Apache ________是实现WWW服务器功能的应用程序，即通常所说的“浏览Web服务器”，为用户提供浏览________功能的就是Apache应用程序。

(2) Web 服务使用________协议。

(3) 在 Apache 服务器配置虚拟主机有两种方式，分别为________和________。

(4) 使用________命令能启动 Apache 服务。

(5) 使用________工具可以对 Apache 服务器的性能进行测试。

4. 操作题

(1) 配置一个 WWW 服务器

要求：

① 监听端口为 8080。

② 默认的网页存放路径为/home/www。

(2) 步骤

① 打开配置文件：vi /etc/httpd/conf/httpd.conf。

② 修改配置文件：

```
Listen 8080
DocumentRoot "/home/www"
<Directory "/home/www">
……
```

③ 保存退出。

④ 启动服务器：service httpd start。

6.8 本章实训

1. 实训概要

学院为了方便学生和教师的交流，准备搭建一个 BBS。BBS 采用动网论坛，内网采用的 IP 地址为 192.168.1.2。要求服务器可满足 3000 人同时在线访问，只有本学院的成员才可以访问目录/security，其他全部拒绝。本学院的域为 xinan.school。管理员邮箱设置为 root@xinan.school，首页设置为 index.php。Apache 根目录和文档保持默认设置。

2. 实训内容

在 Red Hat Enterprise Linux 5 操作系统上搭建 LMAP 服务器。

3. 实训过程

(1) 实训分析

详细分析请读者参考本章 6.5 节。

(2) 实训步骤

操作步骤请读者参考本章 6.5 节。

4. 实训总结

通过此次上机实训，使用户掌握在 Red Hat Enterprise Linux 5 上安装与配置 Apache 服务器的方法，从而实现 Web 服务器的配置和应用。

第 7 章 chapter 7

Samba 服务器搭建与应用

教学目标与要求

在同一个网络中有时既有 Windows 主机又有 Linux 主机，那么如何在两个不同的主机系统之间实现资源共享呢？除了常用的 telnet 和 FTP 外，通常的方法就是搭建 Samba 服务器。

SMB(Server Message Block)通信协议能使网络上的各台主机共享文件、打印机等资源。Samba 是使 Linux 系统能够应用 Microsoft 网络通信协议的软件。它使 Linux 系统的计算机能与 Windows 系统的计算机共享驱动器与打印机。

本章将详细介绍 Samba 服务器协议以及服务器的安装、配置和使用，并对 Samba 服务器允许自身的文件和打印机被网络上的其他主机共享等问题进行了详细讲解。通过本章的学习，读者应该做到：

- 了解 SMB 协议；
- 熟悉 Samba 配置文件中参数的设置；
- 掌握 Samba 的配置过程；
- 熟练掌握 Samba 的应用配置。

教学重点与难点

Samba 的配置过程，Samba 配置文件中配置参数的设置。

7.1 SMB 协议和 Samba 简介

随着计算机网络的发展，网络资源共享越来越得到重视，实现不同操作系统的文件和打印机共享已成为必然的趋势。使用 Windows 的用户都知道，网上邻居是一个可以方便地访问其他 Windows 系统资源的共享方式。为了使 Windows 用户以及 Linux 用户能够互相访问彼此的资源，Linux 提供了资源共享的软件——Samba。

7.1.1 SMB 协议

SMB(Server Messages Block，服务信息块)是在局域网上共享文件和打印机的协议。

它是由 Intel 和 Microsoft 公司开发的，可以运行在多种协议上，如 TCP/IP 或 IPX 等。它的主要功能是为同一个网络的 Windows 系统主机和 Linux 系统主机提供文件系统、打印服务。SMB 协议是客户/服务器(C/S)模式的，它除了能够在同一个局域网上共享资源外，还可以使用 NetBIOS over TCP/IP 与全世界的计算机共享资源。

7.1.2 Samba 简介

Samba 包含一组软件包，它能够让 Linux 支持 SMB 协议，这也是 Windows 能够使 Linux 文件和打印机共享的基础。它主要负责处理和使用远程文件和资源。Samba 基于 GPL 发行，由 Samba 小组维护。Samba 的核心是两个守护进程 smbd 和 nmbd。它们分别监听 139 TCP 端口并处理到来的 SMB 数据包和监听 137 和 138 UDP 端口，并使其他主机能够浏览 Linux 服务器。

Samba 主要具有以下功能：

(1) 使用 Windows 能够共享的文件和打印机。

(2) 共享安装在 Samba 服务器上的打印机。

(3) 共享 Linux 的文件系统。

(4) 支持 Windows 客户使用网上邻居浏览网络。

(5) 支持 Windows 域控制器和 Windows 成员服务器对使用 Samba 资源的用户进行认证。

(6) 支持 WINS 名字服务器解析及浏览。

(7) 支持 SSL 安全套接层协议。

7.1.3 Samba 应用环境

(1) 文件和打印机共享。这是 Samba 的主要功能。SMB 进程实现资源共享，将文件和打印机发布到网络中，供用户访问。

(2) 身份验证和权限设置。Sambd 服务支持 user mode 和 domain mode 等身份验证和权限设置模式，通过加密方式可以保护共享文件和打印机。

(3) 名称解析。Samba 通过 nmbd 服务器可以搭建 NBNS(NetBIOS Name Service)服务器，提供名称解析，将计算机的 NetBIOS 名解析为 IP 地址。

(4) 浏览服务。在局域网中，Samba 服务器可以成为本地主浏览服务器(LMB)，保存可用资源列表。当使用客户端访问 Windows 网上邻居时，会提供浏览列表，显示共享目录、打印机等资源。

7.1.4 Samba 工作原理

Samba 主要使用两种协议，一种是 NETBIOS(Windows“网络邻居”的通信协议)协议，另一种是 SMB(Server Message Block)协议。这两个协议在 TCP/IP 通信协议之上运行，并且使用 Windows 的 NETBEUI 协议让 Linux 可以在“网络邻居”上被 Windows 查看到。

SMB协议非常重要，它在Windows系列操作系统中应用得非常广泛，是一个在不同计算机之间共享打印机、串行口和通信抽象的协议。Samba是使用SMB协议在类UNIX系统上运行的服务器，目前Samba可以在几乎所有UNIX的变种上运行，当然也包括Linux了。

1. 工作流程

客户端访问服务器时，信息通过SMB协议进行传输。其工作过程可以分为4大部分。

(1) 协议协商

客户端在访问Samba服务器时，发送negprot指令数据句，告知目标计算机其支持的SMB类型。Samba服务器根据客户端的情况，选择最优的SMB类型，并做出回应，如图7.1所示。

(2) 建立连接

当SMB类型确认后，客户端会发送session setup指令数据句，提交账号和密码，请求与Samba服务器建立连接。如果客户端通过身份验证，Samba服务器会对session setup报文做出回应，并为用户分配唯一的UID，在客户端与其通信时使用，如图7.2所示。

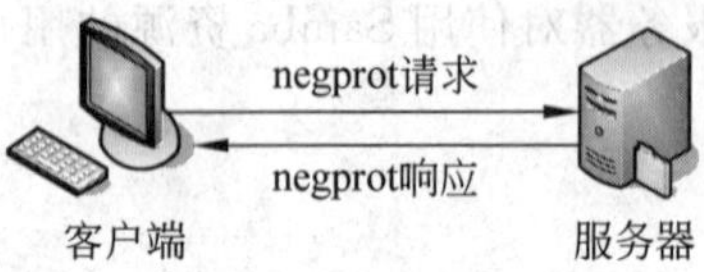

图7.1 协议协商

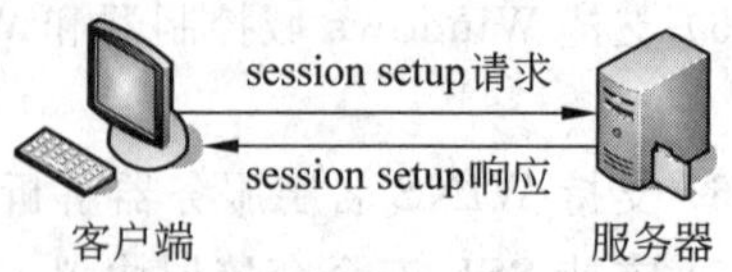

图7.2 建立连接

(3) 访问共享资源

客户端访问Samba共享资源时，发送tree connect指令数据包，通知服务器需要访问的共享资源名。如果设置允许的话，Samba服务器会为每个客户端与共享资源的连接分配TID，客户端就可以访问所需的共享资源，如图7.3所示。

(4) 断开连接

使用完共享资源后，客户端向服务器发送tree disconnect报文关闭共享，与服务器断开连接，如图7.4所示。

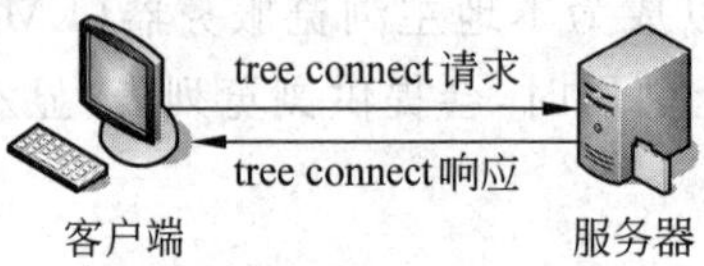

图7.3 访问共享资源

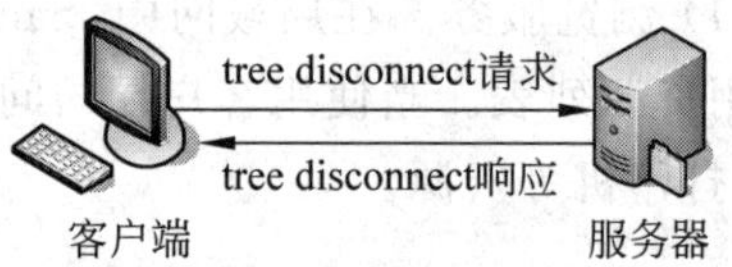

图7.4 断开连接

2. Samba相关进程

Samba服务由两个进程组成，分别是nmbd和smbd。它们的作用如下。

(1) nmbd：进行NetBIOS名解析，并提供浏览服务显示网络上的共享资源列表。

(2) smbd：管理Samba服务器上的共享目录、打印机等。主要是针对网络上的共享资源进行管理、服务。访问服务器查找共享文件时，就要靠 smbd 这个进程来管理数据传输。

7.2 Samba服务器安装

7.2.1 Samba所需软件

在安装 Samba 服务之前，先了解所需软件包以及它们的用途。

(1) samba-3.0.25b-0.el5.4.i386：Samba 服务的主程序包。服务器端必须安装此软件包，后面的数字为版本号。此包位于光盘 server 目录下。

(2) samba-client-3.0.25b-0.el5.4.i386：为 Samba 的客户端工具，是连接服务器和网上邻居的客户端工具，并包含其测试工具。此包位于光盘 server 目录下。

(3) samba-common-3.0.25b-0.el5.4.i386：存放通用工具和库文件，无论是服务器端还是客户端都要安装此包。此包位于光盘 server 目录下。

(4) samba-swat-3.0.25b-0.el5.4.i386：用浏览器(如 IE 浏览器)对 Samba 服务器进行图形化管理。此包位于光盘 server 目录下。

7.2.2 安装Samba服务的操作步骤

在安装 Red Hat Enterprise Linux 5 系统的过程中，如果选择了 Samba，那么就已经安装了 Samba。如果没有选择的话，在系统安装完成后也可以再安装 Samba。

Samba 的 RPM 安装包可以在安装光盘上找到，然后使用 RPM 安装它就行了。使用以下命令可检查系统是否已经安装了 Samba，或查看已经安装了何种版本。

```
[root@zhou~]#rpm -aq | grep samba
system-config-samba-1.2.39-1.el5
samba-3.0.25b- 0.el5.4
samba-common-3.0.25b-0.el5.4
samba-client-3.0.25b-0.el5.4
```

分析和测试结果表明 Samba 服务程序还未完全安装，现还差 samba-swat-3.0.25b-0.el5.4.i386 包，因此只需安装此包即可。

将 Red Hat Enterprise Linux 5 的安装盘(DVD 版第一张)放入光驱，加载光驱后在光盘的 Server 目录下找到 samba-swat-3.0.25b-0.el5.4.i386 的安装包文件。

安装 samba 服务有两种方式：一是命令方式 rpm -ivh samba-swat-3.0.25b-0.el5.4.i386，二是图形界面方式。

说明：为了简化操作，本书所有安装都选择第二种方式进行，即图形界面方式，读者也可以用命令方式进行安装。

具体操作如下：

1. 加载光驱

将第一张光盘放入光驱，执行下面的加载光驱指令。

```
[root@zhou~]#mount -t iso9660 /dev/cdrom/mnt
mount: block device/dev/cdrom is write-protected.mounting read-only
```

说明：

- 以上是手动加载光驱，如果系统已自动加载光驱了，则无须以上操作。可以直接打开光驱进行下面第 2 步操作。
- 光驱加载成功后，存放在/mnt 下。
- 操作完成后，必须手动卸载光驱，可以用 eject 弹出光驱，否则光盘不能正常从光驱中取出。

2. 安装软件包

如果是自动加载光驱，则打开驱动器，找到 server 目录下的 samba-swat-3.0.25b-0.el5.4.i386 包，直接双击执行。单击"应用"完成安装，如图 7.2 所示。如果是手动加载光驱，则打开刚才加载的/mnt 目录，找到 server 目录下的 samba-swat-3.0.25b-0.el5.4.i386 包，直接双击执行。单击"应用"最后也可以完成安装，如图 7.5 所示。

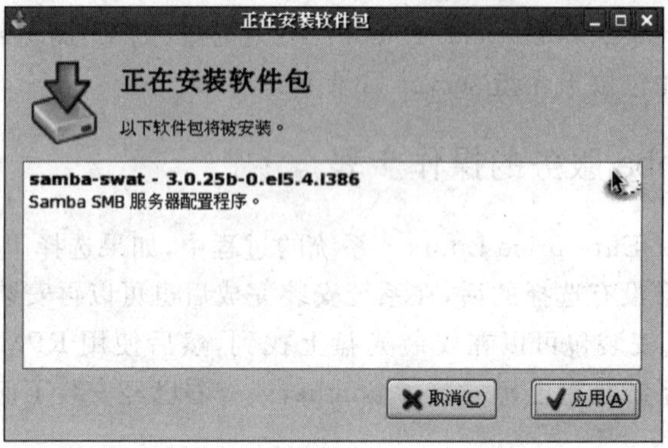

图 7.5 安装 samba-swat-3.0.25b-0.el5.4.i386 包

3. 安装测试

安装完毕后，可以使用 rpm 命令查询安装结果，如下所示。

```
[root@zhou~]#rpm -qa|grep samba
system-config-samba-1.2.39-1.el5
samba-3.0.25b-0.el5.4
samba-common-3.0.25b-0.el5.4
samba-client-3.0.25b-0.el5.4
samba-swat-3.0.25b-0.el5.4
```

能过以上测试，表示 samba 服务所需的软件包已全部安装成功。

7.2.3 启动与停止 Samba 服务器

Samba 服务器的启动、停止和重启有常用的两种方式：一种是图形界面的方式，另一种是在 shell 环境下使用命令行方式。下面分别进行介绍。

1. 图形界面方式

用图形界面来启动、停止和重启 Samba 服务器，首先选择【系统】|【管理】|【服务器设置】|【服务】命令，系统弹出服务器配置窗口，如图 7.6 所示。选择【smb】复选框，然后通过该窗口工具栏的【开始】、【停止】或【重启】按钮来操作 Samba 服务器。这样也可以设置为当系统启动时自动启动 Samba 服务器。

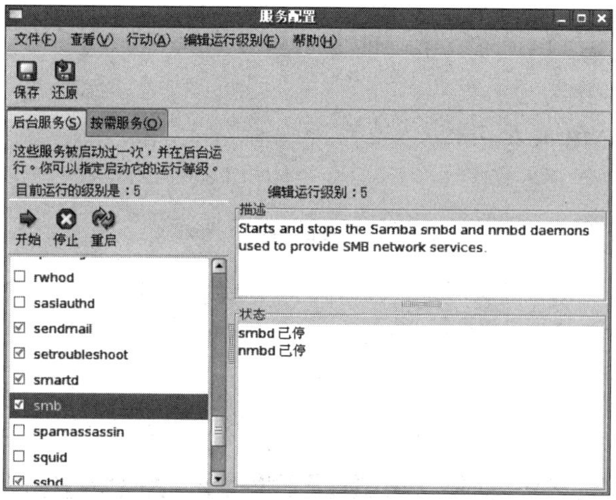

图 7.6 图形化启动 Samba 服务器

2. 命令行方式

在 shell 环境下，分别使用以下命令来启动、停止和重启 Samba 服务器。在通过 Samba 共享目录的服务器上必须运行 SMB 服务。

(1) 使用以下命令启动 SMB 服务

```
[root@zhou~]#/etc/rc.d/init.d/smb start
启动 SMB 服务:                                          [确定]
启动 NMB 服务:                                          [确定]
[root@zhou~]#service smb start
启动 SMB 服务:                                          [确定]
启动 NMB 服务:                                          [确定]
```

(2) 使用以下命令停止 SMB 服务

```
[root@zhou~]#/etc/rc.d/init.d/smb stop
关闭 SMB 服务:                                          [确定]
关闭 NMB 服务:                                          [确定]
[root@zhou~]#service smb stop
关闭 SMB 服务:                                          [确定]
关闭 NMB 服务:                                          [确定]
```

(3) 使用以下命令重启 SMB 服务

```
[root@zhou~]#/etc/rc.d/init.d/smb restart
```

```
关闭 SMB 服务:                                                    [确定]
关闭 NMB 服务:                                                    [确定]
启动 SMB 服务:                                                    [确定]
启动 NMB 服务:                                                    [确定]
[root@zhou~]#service smb restart
关闭 SMB 服务:                                                    [确定]
关闭 NMB 服务:                                                    [确定]
启动 SMB 服务:                                                    [确定]
启动 NMB 服务:                                                    [确定]
```

3. 自动加载 SMB 服务

(1) chkconfig

使用 chkconfig 命令自动加载 SMB 服务，如下所示。

```
chkconfig-level 3 smb on                  #运行级别 3 自动加载
chkconfig-level 3 smb off                 #运行级别 3 不自动加载
```

(2) ntsysv

使用 ntsysv 命令，利用图形界面对 SMB 自动加载，如图 7.7 所示。

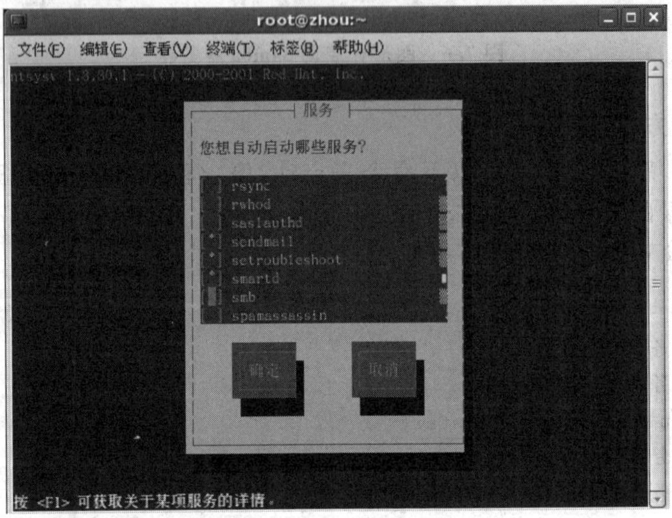

图 7.7 自动加载 SMB

7.3 Samba 服务器常规配置

Samba 服务器安装完成之后，还不能直接使用 Windows 或 Linux 的客户端访问 Samba 服务器，必须对服务器进行配置。

1. 配置步骤

(1) 编辑主配置文件 smb.conf，指定需要共享的目录，并为共享目录设置共享权限。

(2) 在 smb. con 文件中指定日志文件名称和存放路径。

(3) 设置共享目录的本地系统权限。

(4) 重新加载配置文件或重新启动 SMB 服务,使配置生效。

2. 实例

下面通过实例进行讲解,如图 7.8 所示。

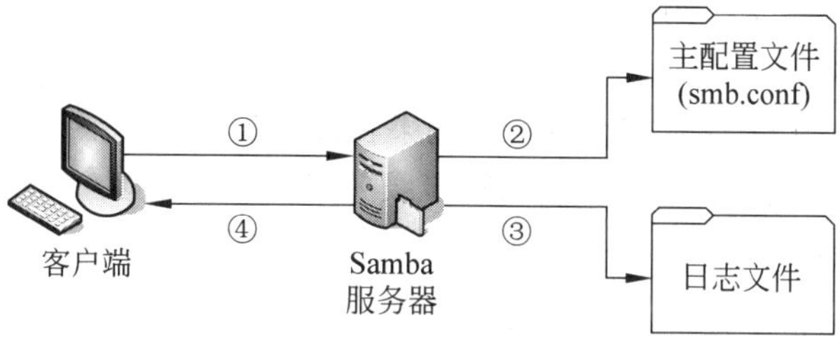

图 7.8 Samba 工作流程

(1) 客户端请求访问 Samba 服务器上的 share 共享目录。

(2) 服务器接收到请求后,会查询主配置文件 smb. conf,看是否共享了 share 目录,如果共享了这个目录,则查看客户端是否有权限访问。

(3) 服务器会将本次访问信息记录在日志文件中。日志文件的名称和路径都是需要我们设置的。

(4) 如果客户端满足访问权限设置,则允许客户端进行访问。

对于 Samba 服务器,其主配置文件 smb. conf 记录了共享的目录列表。例如 share 目录、temp 目录等。对于每个共享目录,都需要配置相应权限。服务器会根据 smb. conf 文件中的设置,判断客户端是否有访问权限。只有拥有权限才可以访问服务器的资源。Samba 服务器同样会对用户的行为进行记录。每一次访问的信息都会记录在日志文件中,以使管理员查询哪些客户访问过 Samba 服务器。

7.3.1 Samba 主配置文件

Samba 服务器安装完成后,系统会自动在/etc/samba/目录下生成一个 smb. conf 文件,该文件是 Samba 默认的主配置文件。除了 smb. conf 文件外,还有 Samba 服务的密码文件和日志文件都较为常用。

Samba 的主配置文件中的选项用来设置哪些资源可被共享以及用户对这些资源的操作权限等。如果把 Samba 服务器比成公共的图书馆,那么/etc/samba/smb. conf 文件就相当于这个图书馆的图书总目录,其中记录着大量的共享信息和规则。因此,该文件是 Samba 服务非常重要的核心配置文件。

smb. conf 差不多有 300 行左右的内容,配置也相对复杂。不过不用担心,smb. conf 文件的格式非常容易理解。Samba 开发组按功能的不同,对 smb. conf 文件进行了分段划分,条理非常清楚。

smb. conf 大致分为三部分,对于其中经常用到的字段,将通过后面的实例进行讲解。

1. Samba 配置简介

smb. con 文件的开头部分为 Samba 配置简介，说明 smb. conf 文件的作用及相关信息。

smb. conf 中以“#”开头的为注释，提供相关的解释信息，方便用户参考，不必修改。有的内容以“;”开头，这些是 Samba 配置的格式范例，默认是不生效的，可以通过去掉前面的“;”加以修改，设置想使用的功能。

2. Global Settings

Global Settings 设置全局变量区域。如果在此进行了设置，那么该设置就可针对所有的共享资源生效。这与以后要学习的很多服务配置文件类似。

该部分以[global]字段开始。

```
#======== Global Settings========

[global]

#-------- Netwrok Related Options --------
#
#workgroup=NT-Domain-Name or Workgroup-Name. eg: MIDEARTH
#
#server string is the equivalent of the NT Description field
```

其通用格式为：字段＝设定值

下面对[global]常用字段及设置方法进行介绍。

(1) 设置工作组或域名名称

【例 7.1】 设置 Samba 服务的工作组为 University。

```
workgroup=University
```

工作组是网络中地位平等的一组计算机，在此设置服务器所要加入的工作组的名称。在 Windows 的“网上邻居”中可看到 University 工作组。可以在此设置所需要的工作组的名称。

(2) 服务器描述

在一个工作组中，可能存在多台服务器。为使文件用户可进行浏览，需在 server string 配置中相应描述，这样用户就可以通过描述信息知道自己要登录哪台服务器了。

【例 7.2】 设置 Samba 服务器简要说明“University Linux Server”。

```
Server string=University Linux Server
```

(3) 设置 Samba 服务器安全模式

Samba 服务器的安全模式：Share、User、Server、Domain 和 Ads 5 种安全模式，用来适应不同的企业服务器的需求。默认情况下，使用 User 等级。

(1) Share：不需要账号及密码就可以登录 Samba 服务器。该模式适用于公共的共享资源，安全性差，需要配合其他权限设置，以保证 Samba 服务器的安全性。

(2) User：需要由提供服务的 Samba 服务器检查用户账号及密码，经过服务器验证，才可以访问共享资源。

(3) Server：检查账号及密码的工作可指定另一台 Samba 服务器负责，如果验证出现错误，客户端会用 User 级别访问。

(4) Domain：需要指定一台 Windows NT/2000/XP 服务器(通常为域控制器)。以验证用户输入的账号及密码。

(5) Ads 包括 Domain 模式中的所有功能，并具备域控制器的功能。

3. Share Definitions 共享服务的定义

Share Definitions 设置对象为共享目录和打印机。如果要发布共享资源，就需要对 Share Definitions 字段部分进行配置。Share Definitions 字段非常丰富，设置灵活，在讲解实例之前，先学习几个最常用的字段。

(1) 设置共享名

共享资源发布后，必须为每个共享目录或打印机设置不同的共享名，共享名可以与原目录名不同。设置共享名非常简单，格式如下。

```
[共享名]
```

【例 7.3】 Samba 服务器有一个目录为/share，需要设置该目录为共享目录，定义共享名为 public，如下所示。

```
[public]
    comment=share
    path=/share
    public=yes
```

(2) 共享资源描述

网络中存在各种共享资源，为了方便用户识别，可以为其添加备注信息，以方便用户查找，格式如下。

```
Comment=注释信息
```

【例 7.4】 Samba 服务器的/Personnel 目录中存放了人事处的数据信息，添加注释信息如下所示。

```
[Personnel]
    comment=share directory of Personnel
    path=/Personnel
    valid users=@Personnel
```

(3) 共享路径

可以使用 path 字段设置共享资源的原始完整路径，要求务必正确。格式如下。

```
Path=完整路径
```

【例 7.5】 Samba 服务器/share/tools 目录存放常用工具软件，需要发布该目录共享，如下所示。

```
[tools]
    comment=tools
    path=/share/tools
    public=yes
```

(4) 设置匿名访问

共享资源如果要对匿名访问进行设置，可以更改 public 字段。格式如下所示。

```
public=yes                                  #允许匿名访问
```

或

```
public=no                                   #不允许匿名访问
```

【例 7.6】 Samba 服务器共享目录允许匿名用户访问，如下所示。

```
[share]
    Comment=share
    Path=/public
    Public=yes                              #允许匿名访问
```

(5) 设置用户访问

如果共享资源存在重要数据，则需要对访问用户进行审核，使用 valid users 字段进行设置。格式如下所示。

```
valid users=用户名
```

或

```
valid user=@组名
```

【例 7.7】 Samba 服务器/share/Registry 目录存储教务处的大量数据，只允许教师和教务处长访问。教师组为 teacherz，教务处长的账号为 jwcz。如下所示。

```
[jwc]
    comment=Registry
    path=/share/Registry
    valid users=jwcz, @teacherz
```

(6) 设置目录只读

共享目录如果限制用户的读写操作，可以通过 readonly 实现。格式如下所示。

```
readonly=yes                                #只读
```

或

```
readonly=no                                 #读写
```

【例 7.8】 Samba 服务器公共目录/public 存放大量共享数据，为保证目录安全只允许读取。格式如下所示。

```
[public]
    comment=public
    path=/public
    public=yes
    readonly=yes
```

(7) 设置目录可写

如果共享目录允许用户写操作,则可以使用以下两个字段来完成设置,格式如下。

```
writable=yes
```

或

```
writable=no
write list=用户名
```

或

```
write list=@组名
```

后面还有[homes]为特殊共享目录,表示用户主目录。[printers]表示共享打印机。

7.3.2 Samba服务日志文件

Samba服务的日志文件默认存放在/var/log/samba中,Samba服务为所有连接到Samba服务器的计算机建立个别日志文件,同时也将NMB服务和SMB服务的运行日志分别写入nmbd.log和smbd.log日志文件中。管理员可以通过这些日志文件查看用户的访问情况和服务的运行状态。

在/etc/samba/smb.conf文件中,log file为设置Samba日志的字段,如下所示。

```
Log file=/var/log/samba/%m.log
```

日志文件默认放在/var/log/samba/中,其中Samba会为每个连接到Samba服务器的计算机分别建立日志文件。使用ls -a命令查看日志目录的所有文件,如下所示。

```
[root@zhou~]#is -a /var/log/samba
……cores nmbd.log  smbd.log
```

其中:Samba服务器刚建立时只有两个日志文件,分别是nmbd.log和smbd.log。它们分别记录nmdb和smbd进程的运行日志。Nmbd.log记录nmbd进程的解析信息。Smbd.log记录用户访问Samba服务器的问题,以及服务器本身的错误信息。可以通过该文件获取大部分Samba的维护信息。

当客户端通过网络访问Samba服务器后,会自动添加客户端的相关日志。管理员可以根据这些文件来查看用户的访问情况和服务器的运行情况。另外,当Samba服务器工作异常时,也可以通过/var/log/samba下的日志进行分析。

7.3.3 Samba服务器的密码文件

客户端访问Samba服务器时，需要提交用户名和密码进行身份验证，验证合格才可以登录。Samba服务器将用户名和密码的信息存放在/etc/samba/smbpasswd中。在客户端访问时，将用户提交的资料与smbpasswd存放的信息进行比对。如果二者相同，并且Samba服务器其他安全设置允许，客户端与Samba服务器的连接才能成功。

不能直接建立Samba账号，需要先在Linux中建立同名的系统账号。例如：如果要建立一个名为user的Samba账号，那么Linux系统中必须提前存在一个同名的user系统账号。

Samba中添加账号的命令为smbpasswd，格式如下。

```
smbpasswd -a 用户名
```

【例7.9】 Samba服务器添加Samba账号test。

（1）建立Linux系统账号test

要建立Samba账户，必须先添加对应的系统账号。使用useradd命令建立账号test，然后执行passwd命令为test设置密码，如下所示。

```
[root@zhou~]#useradd test
[root@zhou~]#passwd test
Changing password for user test.
New UNIX password:
BAD PASSWORD: it is too simplistic/systematic
Retype new UNIX password:
passwd: all authentication tokens updated successfully.
```

（2）添加test用户的Samba账号

```
[root@zhou~]#smbpasswd -a test
New SMB password:
Retype new SMB password:
Added user test.
```

经过如上设置，再次访问Samba共享文件的时候就可以使用test用户访问了。所有的Samba用户和密码都保存在smbpasswd文件里。

7.3.4 share服务器配置实例

前面已讲过，Samba一共有5种等级的服务器，本节先对share级的配置进行讲解。

【例7.10】 某单位现有一个工作组gztzy，需要建立一个Samba服务器作为文件服务器，并发布共享目录/share，共享名为public。共享目录允许所有员工访问。

分析：若允许所有员工访问，则需要为每个用户建立一个Samba账号。如果企业拥有大量用户，操作就会非常复杂。可以通过配置security=share，让所有用户登录时采用匿名账户 nobody 访问,实现起来非常简单。

(1) 修改 samba 主配置文件

用 vi 编辑器,打开 smb.conf 文件,如下所示。

```
[root@zhou ~]#vi /etc/samba/smb.conf
```

根据上节的内容,修改字段并保存结果。

```
[global]
    Workgroup=gztzy                         #设置服务器的工作组为 gztzy
    Server string=file server               #Samba 服务器注释内容为 file server
    Security=share                          #设置安全级别为 share,允许用户匿名访问
    Log file=/var/log/samba/%m.log
    Max log size=50
[public]                                    #设置共享目录共享名为 public
    comment=share
    path=/share                             #设置共享目录的原始目录为/share
    public=yes                              #设置允许匿名访问
```

(2) 重新加载配置

为使配置生效,要重新加载配置。可以使用 restart 重新服务,或者用 reload 重新加载配置。

```
[root@zhou~]#service smb restart
关闭 SMB 服务:                                              [确定]
关闭 NMB 服务:                                              [确定]
启动 SMB 服务:                                              [确定]
启动 NMB 服务:                                              [确定]
[root@zhou~]#service smb reload
重新载入 smb.conf 文件                                      [确定]
```

(3) 在 Linux 端测试

使用 smbclient 命令进行测试。

配置完服务器,可以在 Linux 下进行测试,执行 smbclient 命令进一步测试服务器端的配置。如果 Samba 服务器正常,并且输入了正确的账号和密码,那么执行 smbclient 命令就可以获得共享列表。

```
[root@ zhou~]#smbclient -L 192.168.1.3 -U
Password:
Domain=[GZTZY] OS=[Unix] Server=[Samba 3.0.25b-0.e15.4]

        Sharename       Type      Comment
        public          Disk      Share
        IPC$            IPC       IPC Service (file server)
Domain=[GZTZY] OS= [Unix] Server= [Samba 3.0.25b-0.e15.4]
```

```
Server          Comment
ZHOU            file server

Workgroup       Master
GZTZY
```

通过以上测试，可以看到刚才的配置情况，说明服务器正常访问。

(4) 在 Windows 端访问服务器

通过以上对 Samba 服务器的简单操作，用户不需要输入用户名和密码，就可以直接登录 Samba 服务器，并访问 public 共享目录了，如图 7.9 和图 7.10 所示。

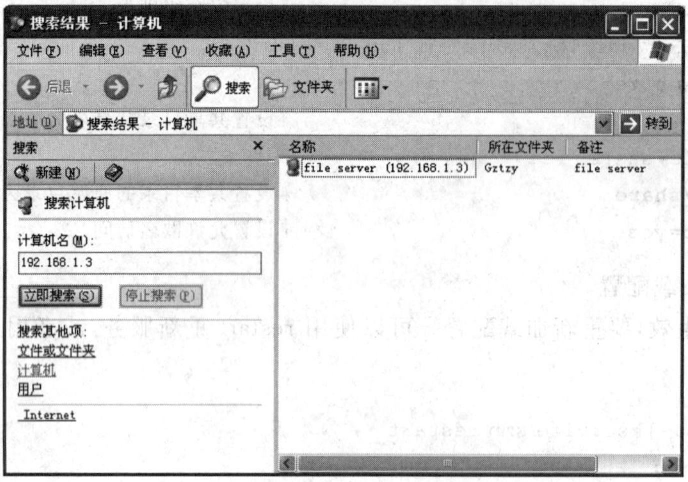

图 7.9 找到 file server 服务器

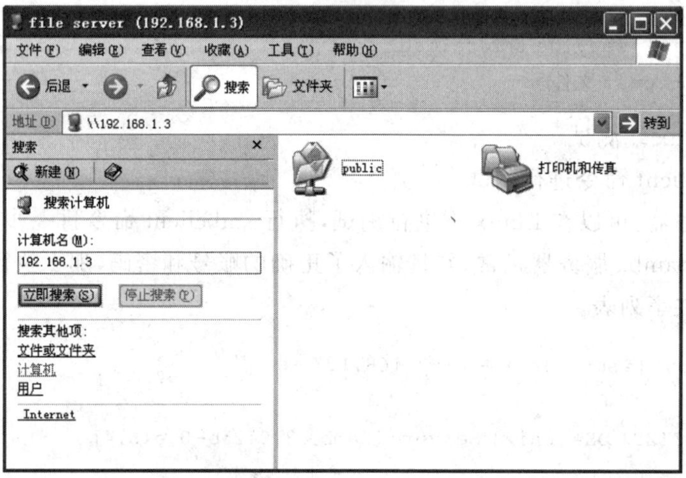

图 7.10 访问 public 共享目录

说明：重启 Samba 服务，虽然可以让配置生效，但是 restart 是先关闭 Samba 服务，再开启服务，这样会对客户端的访问产生影响。建议使用 reload，这样不需要中断服务，就可以重新加载配置。

7.3.5 user 服务器配置实例

如果 Samba 服务器存在重要目录，为了保证系统安全，就必须对用户进行筛选，允许或禁止用户访问指定目录。这时若安全级别为 share，则无法满足需求。实现用户身份验证的方法很多，可以用 user、server、domain 和 ads，但最常用的还是 user。

【例 7.11】 学校有多个部门，因工作需要，将招生办的资料存放在 Samba 服务器的/zof 目录中，集中管理，以便招生老师浏览，并且该目录只允许招生办的老师访问。

分析：/zof 存放学校招生信息的重要数据，为了保证其他部门无法查看内容，需要在全局配置中，将 security 设置为 user，这样就启动了 Samba 服务器的身份验证机制；然后在共享目录/zof 下设置 valid users 字段，只允许招生办的老师访问这个共享目录。

(1) 添加招生办用户和组

使用 groupadd 命令添加 zsb 组，然后执行 useradd 命令添加招生办的账号。

```
[root@zhou~]#groupadd zof
[root@zhou~]#useradd -g zof zofli
[root@zhou~]#useradd -g zof zofzhou
[root@zhou~]#passwd zofli
Changing password for user zofli.
New UNIX password:
BAD PASSWORD: it is too simplistic/systematic
Retype new UNIX password:
passwd: all authentication tokens updated successfully.
[root@zhou~]#passwd zofzhou
Changing password for user zofzhou.
New UNIX password:
BAD PASSWORD: it is too simplistic/systematic
Retype new UNIX password:
passwd: all authentication tokens updated successfully.
```

说明：

- 第 1 行：建立招生办组 zof。
- 第 2 行：建立账号 zofli，并加入到组 zof。
- 第 3 行：建立账号 zofzhou，并加入到组 zof。
- 第 4 行：设置用户 zofli 密码。

(2) 修改主配置文件 smb. conf

用 vi 编辑器打开 smb. conf，修改相应的字段，如下所示。

```
[root@zhou ~]#vi /etc/samba/smb.conf
[global]
    Workgroup=school
    Server string=file server
```

```
    Security=user                        #设置安全级别为 user
    Log file=/var/log/samba/%m.log
    Max log size=50
[zof]                                    #设置招生办共享目录,共享名为 zof
    comment=zof
    path=/zof                            #指定共享目录的真实路径为/zof
    valid users=@zof                     #设置可以访问的用户为 zof 组
```

(3) 重新加载配置

要使配置生效,需重新加载配置。可以使用 restart 重新服务,或者用 reload 重新加载配置。

```
[root@zhou~]#service smb restart
关闭 SMB 服务:                                              [确定]
关闭 NMB 服务:                                              [确定]
启动 SMB 服务:                                              [确定]
启动 NMB 服务:                                              [确定]
[root@zhou~]#service smb reload
重新载入 smb.conf 文件:                                      [确定]
```

(4) 在 Windows 端访问服务器

① 通过以上对 Samba 服务器的简单操作,这时用户还需要输入用户名和密码,如图 7.11 所示。

图 7.11 输入用户名和密码

② 如果要输入用户名 zofli 或者 zofzhou 进入 zof 目录,还要创建相应的 Samba 账号才可以进入 Samba 服务器,如图 7.12 所示。

```
[root@zhou~]#smbpasswd -a zofli
New SMB password:
```

```
Retype new SMB password:
Added user zofli.
[root@zhou~]#smbpasswd -a zofzhou
New SMB password:
Retype new SMB password:
Added user zofzhou.
```

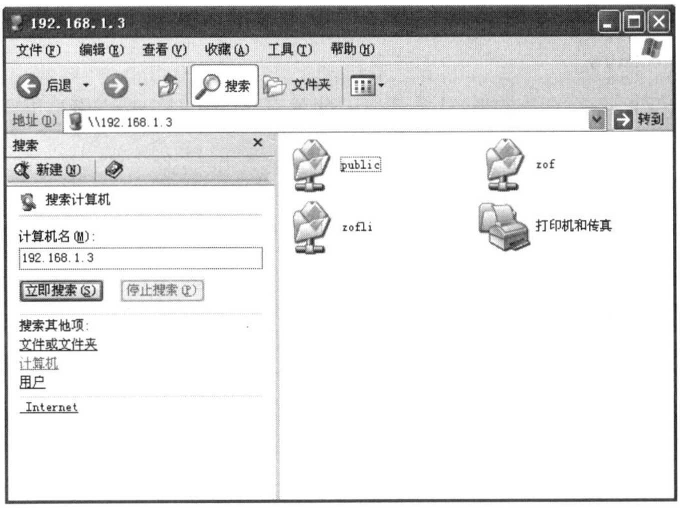

图 7.12 登录 Samba 服务器

7.4 Samba 服务配置的高级功能

前面所介绍的配置已可以使企业内部的资源通过网络得以共享，并分配适当的共享权限来管理共享目录。对很多企业来说，这远远不能达到要求。下面介绍常用的 Samba 高级功能。

7.4.1 用户账号映射

通过前面的学习我们知道，Samba 用户账号保存于 smbpasswd 文件中，而且用于访问 Samba 服务器的账号必须对应一个同名的系统账号。因此只要知道 Samba 服务器的 Samba 账号，就等于知道了服务器的系统账号，只要破解其密码，就可加以利用。这一点就增加了服务器的安全隐患，可以采用用户账号映射的功能来解决这个问题。

其实用户账号的映射很简单。如果我们告诉用户的 Samba 账号不是本地系统的账号，而又可以访问 Samba 服务器，那么问题就解决了。

因此，要建立一个账号映射关系表，里面记录着 Samba 账号和虚拟账号的对应关系。客户端访问 Samba 服务器时使用虚拟账号登录。

具体操作分为以下 3 个步骤。

1. 用 vi 编辑器修改主配置文件/etc/samba/smb.conf

在 global 下面添加一行字段。

```
[root@zhou ~]#vi /etc/samba/smb.conf
[global]
username map=/etc/samba/smbusers
```

添加的这行字段是为了开启用户账号的映射功能。

2. 编辑 smbusers

smbusers 文件保存账号的映射关系,其设置有固定的格式。格式如下所示。

```
samba 账号=虚拟账号(映射账号)
```

使用 vi 编辑器打开/etc/samba/smbusers 文件,如下所示。

```
[root@zhou ~]#vi /etc/samba/smbusers
#Unix_name=SMB_name1 SMB_name2 ...
root=administrator admin
nobody=guest pcguest smbguest
test=zhouda zhouke
```

test 是前面创建的 Samba 账号(也是本地系统账号),zhouda 和 zhouke 为映射账号名(虚拟账号)。test 账号访问共享目录时,只要输入账号名 zhouda 或 zhouke 就可以成功访问。但是,实际上访问 Samba 服务器所使用的账号还是 test 账号。这样就可以很好地避免上述安全问题了。

3. 重新启动 Samba 服务

```
[root@zhou~]#service smb restart
关闭 SMB 服务:                                        [确定]
关闭 NMB 服务:                                        [确定]
启动 SMB 服务:                                        [确定]
启动 NMB 服务:                                        [确定]
```

4. 测试验证

使用 Windows 客户端进行访问测试。打开【网上邻居】;或者利用【搜索计算机】的功能,然后访问 Samba 服务器(file server),如图 7.6 所示。

显示登录窗口,提示输入用户名及密码信息。这时可以用 test 用户进行登录,这里为了验证虚拟账号,所以选用 zhouda 账号进行登录。由于 zhouda 和 test 是映射关系,因此其密码也是一样的。确定后即可看到共享目录,如图 7.13 和图 7.14 所示。

当然,也可以使用 zhouke 账号进行登录。无论使用 zhouda 还是 zhouke 访问服务器,实际上都是使用 test 账号。只有管理员才知道 test 账号在登录 Samba 服务器,而其他的普通用户根本就不知道。想用 zhouda 或 zhouke 来直接攻击 Samba 服务器,几乎是不可能的。因为 Samba 根本就没有这两个账号,它们只是映射出来的假象,所以这样处

图 7.13 访问 Samba 服务器

图 7.14 用虚拟账号登录 Samba 服务器

理可以减少安全隐患。

7.4.2 客户端访问控制

通过前面的学习我们知道,可以用 valid users 字段来控制用户访问。如果大型企业存在大量用户,这种方法就显得有些笨拙了。例如,要进入某个 IP 子网或某个域的客户端访问该资源时,使用 valid users 字段将无法实现客户端的访问控制。下面使用 hosts allow 和 hosts deny 两个字段来实现此功能。

1. hosts allow 和 hosts deny 的使用方法

(1) hosts allow 和 hosts deny 字段的作用

hosts allow 字段定义可以访问的客户端。hosts deny 字段定义禁止访问的客户端。

(2) 使用 IP 地址进行限制

【例 7.12】 学校内部 Samba 服务器上有一个目录 zob,该目录为招生办的共享目录。学校规定 10.0.0.0/8 网段的 IP 地址不能访问该共享目录,但是 10.0.0.3 可以访问该共享目录。

编辑 smb.conf 文件:

```
[root@zhou ~]#vi /etc/samba/smb.conf
```

将 security=user 改为 security=share:

```
security=share
```

添加 hosts deny 和 hosts allow 字段:

```
#================== Share Definitions=================
[zof]
        path=/zof
        writable=yes
        hosts deny=10.
        hosts allow=10.0.0.3
```

其中,hosts deny=10. 表示拒绝所有来自 10.0.0.0/8 网段的 IP 地址访问。hosts allow=10.0.0.3 表示允许 10.0.0.3 这个 IP 地址访问。

注意,两条信息定义的内容是冲突的。host allow=10.0.0.3 表示允许 10.0.0.3 这个 IP 地址访问,而 hosts deny=10. 则表示禁止 10.0.0.0 这个网段的设备访问服务器。那么,10.0.0.3 的客户端能否访问 zob 目录?

因为当这两个字段同时出现并且发生矛盾的时候,hosts allow 优先,所以 IP10.0.0.3 是可以访问服务器的。

如果要同时拒绝多个网段的 IP 地址(网段 IP 地址之间要用空行隔开)访问这个服务器,则指令如下所示。

```
#================== Share Definitions==================
[zof]
        path=/zof
        writable=yes
        hosts deny=172.21. 192.168.2.
        hosts allow=10.
```

其中 hosts deny=172.21. 192.168.2. 表示拒绝所有 172.21.0.0 和 192.168.2.0 网段的 IP 地址访问共享目录 sales。

hosts allow=10.表示允许 10.0.0.0 网段的 IP 地址访问 zof 这个共享目录。

(3) 使用域名进行限制

【例 7.13】 单位的 Samba 服务器上共享了一个目录 public，学校规定.computer.org 域和.net 域的客户端不能访问该目录，同时，主机名为 pack 的客户端也不能访问该目录。

如果使用 IP 地址进行设置，则显得较为烦琐。利用域各和主机名可以事半功倍地完成要求，如下所示。

```
#================== Share Definitions==================
[public]
        path=/public
        public=yes
        writable=yes
        hosts deny=.computer.org .net pack
```

其中 host deny =. computer. org . net pack 表示拒绝所有来自.computer.org 域和.net 域以及主机名为 pack 的客户端访问。

(4) 使用通配符进行访问控制

【例 7.14】 Samba 服务器共享了一个目录 security，规定所有人不能访问该目录，只有主机名为 zofzhou 的客户端才可访问该目录。

可以使用通配符的方式来简化配置，如下所示。

```
#================== Share Definitions==================
[security]
        path=/security
        writable=yes
        hosts deny=all
        hosts allow=zofzhou
```

其中 hosts deny=all 表示所有的客户端。而不是表示允许主机名为 all 的客户端访问。常用的通配符还有“*”、“?”、“LOCAL”等。

还有一种较为有意思的配置是，规定所有人不能访问 security 目录，只允许 197.168.1.0 网段的 IP 地址访问，但 197.168.1.222 除外。

可以使用 hosts deny 禁止所有用户访问，再设置 hosts allow 允许 197.168.1.0 网段的主机访问。但当 hosts deny 和 hosts allow 同时出现而且发生冲突的时候，hosts allow 生效。这样，允许 197.168.1.0 网段访问的时候，拒绝 197.168.1.222 就无法生效了。可以使用 EXCEPT 进行设置。如下所示。

```
#================== Share Definitions==================
[security]
        path=/security
        writable=yes
```

```
hosts deny=all
hosts allow=197.168.1 EXCEPT 197.167.1.222
```

其中：hosts allow＝197.168.1 EXCEPT 197.168.1.222 表示允许 197.168.1.0 网段的 IP 地址访问，但不允许 197.168.1.222 访问。

2. hosts deny 和 hosts allow 的作用范围

把这两个字段放在不同的位置上，它们的作用范围是不一样的。设置在[global]里，表示对 Samba 服务器生效。如果设置在目录下，则表示只对单一目录生效。

```
#=================== Global Settings==================
[global]
hosts deny=ALL
hosts allow=197.168.1.100
```

表示只有 197.168.1.100 可以访问 Samba 服务器。

```
#================== Share Definitions==================
[public]
        path=/public
        public=yes
        writable=yes
        hosts deny=ALL
        hosts allow=197.168.1.100
```

表示只有 197.168.1.100 能访问 public 共享目录。

7.4.3 设置 Samba 的权限

通过上节的学习，我们已经可以对用户的访问行为进行有效的控制了。本节介绍对于允许访问的用户如何设置权限，比如：只读、读写等。

例如：账户 test 对某个共享目录有完全的控制权限，其他账号只有只读权限。对于这种情况，可以使用 write list 字段实现。

【例 7.15】 学校 Samba 服务器上有一个共享目录 zof，规定只有 test 用户和 zof 组可以完全控制，其他人只有只读权限。

分析：如果只用 writable 字段则无法满足要求。因为当 writable＝yes 时，表示所有人都可以写入。当 writable＝no 时，表示所有人都不可以写入。这时就需要用到 write list 字段，如下所示。

```
[zof]
        comment=zof
        path=/zof
        write list=@zof.test
        browseable=yes
```

writable 和 write list 之间的差别如表 7.1 所示。

表 7.1 writable 和 write list 字段的对比

字　段	值	说　明
writable	yes	允许所有账号写入
writable	no	拒绝所有账号写入
write list	账号列表	允许列表中的账号写入

7.4.4 隐藏 Samba 的共享目录

出于安全考虑，有时会让客户端无法看到某个共享目录，这样只有管理员或者一些重要人士知道 Samba 服务器上有这样一个目录，而其他人员并不知这个目录。

通过 browseable 字段可以实现该功能。

【例 7.16】 要把 Samba 服务器上的 zsb 共享目录设置为隐藏，如下所示。

```
[zof]
   path=/zof
   write list=@zof,test
   browseable=no
```

其中：browseable＝no 表示隐藏该目录。

在有些特殊情况下，browseable 无法满足设置要求。下面的实例可说明这种情况。

【例 7.17】 对于 Samba 服务器上的 security 共享目录，要求只有 test 用户可以浏览并访问该目录，其他人都不可以浏览和访问该目录。

分析：因为 Samba 的主配置文件只有一个，因此所有账号访问要遵守一个规则，那就是：如果隐藏了该目录，那么所有人就都看不到该目录了。

```
[security]
     path=/security
     writable=yes
     browseable=no
```

下面来验证一下，从 Windows 客户端打开，查找 Samba 服务器，并使用 test 账号访问，如图 7.15 所示。现在看不到 security 这个目录，原因就是被隐藏了。如果修改 browseable＝yes，则所有人都可以看到 security 这个目录。这样就达不到题目的要求了。由于 smb.conf 不提供字段允许部分人浏览目录的功能，所以如果要实现上面的要求，就要通过其他方法进行操作。

可以根据不同需求的用户或组，分别建立配置文件并单独配置，实现隐藏目录的功能，这里，为 test 账户建立一个配置文件，并且让其访问时能够读取这个单独的配置文件。

1. 建立独立配置文件

用 cp 命令复制主配置文件，为 test 用户建立独立的配置文件。

图 7.15 隐藏 security 目录

```
[root@zhou~]#cp /etc/samba/smb.conf /etc/samba/smb.conf.test
[root@zhou~]# ls /etc/samba/
lmhosts passdb.tbd secrets.tdb smb.conf smb.conf.test smbusers
```

2. 编辑 smb.conf 主配置文件

```
[root@zhou ~]#vi / etc/samba/smb.conf
#================== Global Settings==================
[global]
config file=/etc/samba/smb.conf.%U
```

其中：/etc/samba/smb.conf.%U 文件中的%U 代表当前登录用户，命名规范与独立配置文件匹配。

3. 配置独立配置文件

```
[root@zhou~]#vi /etc/samba/smb.conf.test
#================== Share Definitions==================
[security]
     path=/security
     writable=yes
     browseable=yes
```

4. 重新启动

```
[root@zhou ~]#service smb restart
```

5. 验证测试

再次用 test 从 Windows 客户端登录，则可以浏览到 security 目录，如图 7.16 所示。注意，此时其他用户是不能见到 security 目录的。

图 7.16　显示 security 目录

说明：目录隐藏了并不代表不共享，只要知道共享名并且具有相应的权限，还是可以访问的。

7.5　Samba 客户端的配置

7.5.1　Linux 客户端访问 Samba 服务器

使用 smbclient 命令，先要确保客户端已经安装了 samba-client 这个 rpm 包。当系统确认安装后，就可以使用此命令来连接服务器了。

列出目标主机共享目录列表语法格式如下：

```
smbclient-L 目标 IP 地址或主机名-U 登录用户名%密码
```

当查看 192.168.1.3 的共享目录列表时，提示输入密码。若不输入密码直接按回车键，则表示匿名登录。然后，就可以显示出共享目录列表。

```
[root@zhou~]#smbclient -L 192.168.1.3
Password:
Anonymous login successful
Domain=[SCHOOL] OS= [Unix] Server=[Samba 3.0.25b-0.el5.4]

      Sharename      Type      Comment
      public         Disk      share
      zof            Disk      zof
      IPCS           IPC       IPC Service (file server)
```

```
Anonymous login successful
Domain=[SCHOOL] OS=[Unix] Server=[Samba 3.0.25b-0.el5.4]

        Server               Comment
        ZHOU                 file server

        Workgroup            Master
        SCHOOL
```

如果想使用 Samba 账号去查看服务器共享了什么目录，可以加-U 参数，后面跟用户名%密码。

```
[root@zhou~]#smbclient -L 192.168.1.3 -U test%123456
Domain=[ZHOU] OS= [Unix] Server=[Samba 3.0.25b-0.el5.4]

        Sharename      Type      Comment
        IPCS           IPC       IPC Service (file server)
        zof            Disk      zof
        public         Disk      share
        security       Disk
        test           Disk      Home Directories
Domain=[ZHOU] OS=[Unix] Server=[Samba 3.0.25b-0.el5.4]

        Server               Comment

        Workgroup            Master
        SCHOOL
```

说明：不同用户使用 smbclient 浏览的结果可能不同，根据服务器的设置而定。

7.5.2 Windows 客户端访问 Samba 服务器共享目录

从 Windows 客户端访问服务器共享目录，不需要安装其他软件。在“网上邻居”或者“搜索计算机”即可访问 Samba 服务器共享目录。或者，在【开始】菜单中选择【运行】命令，在弹出的【运行】对话框中使用 UNC 路径直接访问，如图 7.17 所示。

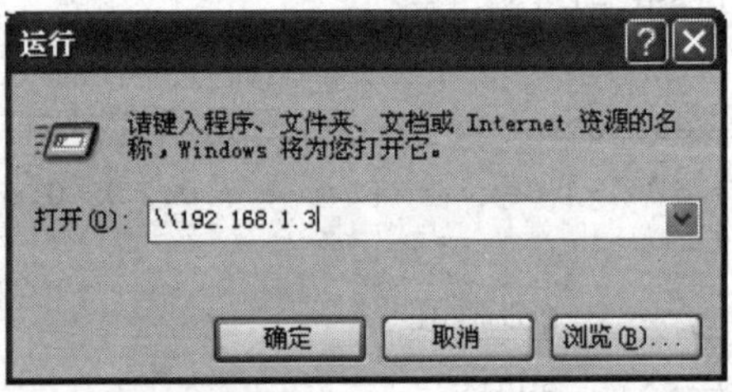

图 7.17 Windows 客户端访问

7.6 Samba打印机共享

在现实中，无论任何机构或企业都不可能为每台计算机都配置一台打印机。如果这样不仅成本浪费太大，而且难以管理。企业往往会使用一台或多台计算机去做打印机服务器，这样不但节约成本，而且对于管理员来说也便于管理和维护。

Samba服务器提供强大的打印机共享功能，再加上Linux出色的性能，完全可以提供良好的打印服务。在默认情况下，Samba的打印服务是开放的，所以只要管理员把打印机安装好，客户端的用户就可以使用打印机了。

1. 设置global配置项

修改smb.conf的全局配置，开启打印机共享功能，如下所示。

```
#--------- Printing Options---------
#
#Load Printers let you load automatically the list of printers rather
#than setting them up individually
#
#Cups Options let you pass the cups libs custom options. setting it to raw
#for example will let you use drivers on your Windows clients
#
#Printcap Name let you specify an alternative printcap file
#
#You can choose a non default printing system using the Printing option

        load printers=yes
        cups options=raw

        printcap name=/etc/printcap
        #obtain list of printers automatically on SystemV
:       printcap name=lpstat
        printing=cups
```

2. 设置printers配置项

```
[printers]
        comment=All Printers
        path=/var/spool/samba
        browseable=no
        guest ok=no
        writable=no
        printable=yes
```

使用默认设置就可以让客户正常使用打印机。需要注意的是，printable一定要设置成 yes。path 字段定义打印机队列。可以根据需要自行设置。安装打印机之后,必须重新启动 Samba 服务,否则客户端可能无法看到该打印机。

如果只允许内部员工使用打印机,可以使用 valid users、hosts allow 或 hosts deny 字段来实现。

7.7 实践与应用

7.7.1 环境及需求

1. Samba 服务器目录

- 公共目录/share;
- 结算中心/counter;
- 技术部/tech。

2. 公司员工情况

- 主管:总经理 lizhang;
- 结算中心:结算中心主任 lisan、员工 lishi、员工 liwu;
- 技术部:技术部经理 zhangsan、员工 zhangshi、员工 zhangwu。

公司使用 Samba 搭建文件服务器,设置公共目录,所有人可以访问,权限为只读。为结算中心和技术部分别建立单独的目录,只允许总经理和对应部门员工访问,并且公司员工无法在"网络邻居"中查看到非本部门的共享目录。公司网络拓扑结构如图 7.18 所示。

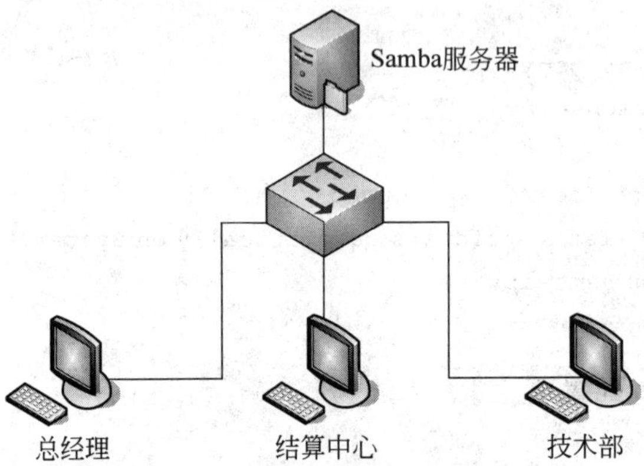

图 7.18 公司网络拓扑结构

7.7.2 需求分析

公共共享目录的建立,我们前面已介绍过,使用 public 字段就可以实现匿名访问。但是,注意公司的需求,只允许本部门访问自己的目录,其他部门的目录不可见。这就要设置目录共享字段 browsable=no,以实现隐藏功能。但这样处理后,所有用户都无法查看到该共享目录了。因为对同一共享目录有多种需求,一个配置文件无法完成这项工作,可以用到前面讲过的方法,建立独立配置文件。但是不要为每个用户建立一个配置文件,这样操作太麻烦。可以为每个部门建立一个组,并为每个组建立配置文件,实现隔离用户的目的。

7.7.3 解决方案

1. 建立各部门的专用目录

使用 mkdir 分别建立各部门的目录。

```
[root@zhou~]#mkdir/share
[root@zhou~]#mkdir/counter
[root@zhou~]#mkdir/tech
```

2. 添加用户和组

建立结算中心组 counter、技术组 tech,然后使用 useradd 命令添加经理账号 lizhang,并将员工账号加入到不同的用户组中。

```
[root@zhou~]#groupadd counter
[root@zhou~]#groupadd tech
[root@zhou~]#useradd lizhang
[root@zhou~]#useradd -g counter lisan
[root@zhou~]#useradd -g counter lishi
[root@zhou~]#useradd -g counter liwu
[root@zhou~]#useradd -g tech zhangsan
[root@zhou~]#useradd -g tech zhangshi
[root@zhou~]#useradd -g tech zhangwu
```

3. 使用 smbpasswd 命令添加 Samba 用户

```
[root@zhou~]#smbpasswd -a lizhang
New SMB password:
Retype new SMB password:
Added user lizhang.
[root@zhou~]#smbpasswd -a lisan
New SMB password:
Retype new SMB password:
Added user lisan.
[root@zhou~]#smbpasswd -a lishi
New SMB password:
Retype new SMB password:
Added user lishi.
[root@zhou~]#smbpasswd -a liwu
```

```
New SMB password:
Retype new SMB password:
Added user liwu.
[root@zhou~]#smbpasswd -a zhangsan
New SMB password:
Retype new SMB password:
Added user zhangsan.
[root@zhou~]#smbpasswd -a zhangshi
New SMB password:
Retype new SMB password:
Added user zhangshi.
[root@zhou~]#smbpasswd -a zhangwu
New SMB password:
Retype new SMB password:
Added user zhangwu.
```

4. 配置 smb.conf 文件

(1) 建立配置文件

用户配置文件使用用户命名，组配置文件使用组命名。

```
[root@zhou~]#cp /etc/samba/smb.conf /etc/samba/lizhang.smb.conf
[root@zhou~]#cp /etc/samba/smb.conf /etc/samba/counter.smb.conf
[root@zhou~]#cp /etc/samba/smb.conf /etc/samba/tech.smb.conf
```

(2) 设置主配置文件 smb.conf

```
[root@zhou ~]#vi /etc/samba/smb.conf
[global]
    workgroup=WORKGROUP
    server string=file server
    security=user
    include=/etc/samba/%U.smb.conf
    include=/etc/samba/%G.smb.conf
[public]
    comment=public
    path=/share
    public=yes
```

其中：使用 Samba 服务器加载/etc/samba 目录下，格式为“用户名. smb. conf”的配置文件。使用 Samba 服务器加载格式为“组名. smb. conf”的配置文件。

(3) 设置总经理 lizhang 配置文件

```
[root@zhou ~]#vi /etc/samba/lizhang.smb.conf
[global]
    workgroup=WORKGROUP
```

```
    server string=file server
    security=user
[public]
    comment=public
    path=/share
    public=yes
[counter]
    comment=counter
    path=/counter
    valid users=lizhang
[tech]
    comment=tech
    path=/tech
    valid users=lizhang
```

其中：添加共享目录counter，指定Samba服务器存放路径，并添加valid users字段，设置访问用户为lizhang。为了使lizhang账号访问技术部的目录tech，还要添加tech共享目录，并设置valid users字段，允许lizhang访问。

(4) 设置结算中心组counter配置文件

配置counter.smb.conf，注意全局配置global以及共享目录public的设置，保持和lizhang.smb.conf一样。结算中心组仅允许访问counter目录，所以只添加共享目录counter设置即可，如下所示。

```
[root@zhou~]#vi /etc/samba/counter.smb.conf
[counter]
      comment=counter
      path=/counter
      valid users=@counter,lizhang
```

(5) 设置技术组tech配置文件

配置tech.smb.conf文件，global配置和public配置与counter对应字段相同，添加tech共享设置，如下所示。

```
[root@zhou ~]#vi/etc/samba/tech.smb.conf
[tech]
      comment=tech
      path=/tech
      valid users=@tech,lizhang
```

5. 重新启动域加载服务器

```
[root@zhou~]#service smb restart
关闭 SMB 服务:                                              [确定]
关闭 NMB 服务:                                              [确定]
启动 SMB 服务:                                              [确定]
```

启动 NMB 服务： [确定]

6. 验证测试

(1) lizhang 账号测试

用 lizhang 用户进行登录，希望能够查看两个系的目录，登录窗口如图 7.19 所示，输入用户名和密码。系统反复出现这样的提示登录框，其原因是在使用 smbpasswd 命令添加 samba 用户名的时候，没有把 lizhang 用户名添加进去，所以登录不成功。

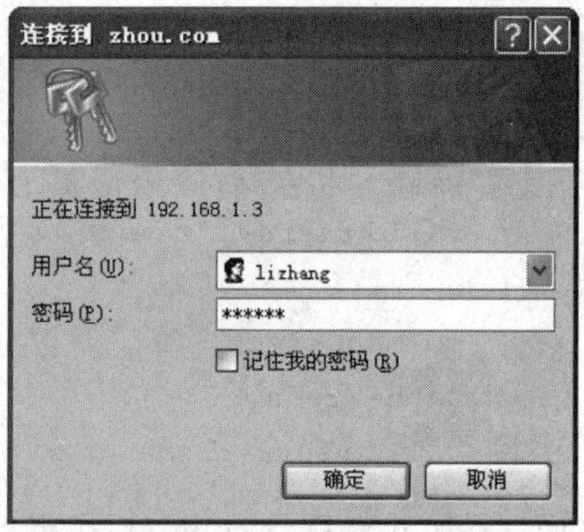

图 7.19 lizhang 登录

输入用户名 lizhang 和对应的密码，登录成功如图 7.20 所示。

从图 7.20 可以看出，lizhang 登录成功后，可以看到 counter、public 和 tech，并且可以操作打开，达到了预期的要求。

(2) 组 counter 中的用户测试

用 counter 组的 lisan 用户端登录，登录成功后，如图 7.21 所示。

图 7.20 lizhang 登录成功

从图 7.18 中可以看出，lisan 是组 counter 的成员。登录成功后，只可以看到本系 counter 共享目录和 public 共享目录，此时看不到技术部 tech 共享目录，也达到了预期的要求。

(3) 组 tech 中的用户测试

用 tech 组的 zhangsan 用户端登录，登录成功后，如图 7.22 所示。

从图 7.22 中可以看出，zhangsan 是组 tech 的成员。登录成功后，只可以看到本系 tech 共享目录和 public 共享目录，此时看不到结算中心 count 共享目录，也达到了预期

图 7.21 lisan 用户登录

图 7.22 zhangsan 用户登录

的要求。

说明：在同一台计算机及同一个用户终端访问服务器时，如果要使不同用户能登录访问，则在每次登录成功后，再用另外一个用户登录时，必须要注销此用户，不然每次登录的都是第一个用户。

7.8 Samba 服务器故障排错

Samba 服务器的功能很强大，当然配置也相当复杂，所以在 Samba 出现问题后，可以通过以下步骤进行故障排错。

1. 使用 testparm 命令检查

使用 testparm 命令检测 smb. conf 文件的语法。如果报错，则说明 smb. conf 文件设置有错误，可以根据提示信息来修改主配置文件和独立配置文件。

```
[root@zhou~]#testparm /etc/samba/smb.conf
[root@zhou~]#testparm /etc/samba/gm.smb.conf
```

2. 使用 ping 命令测试

Samba 服务器主配置文件排除错误后重启 smb 服务。如果客户端仍然无法连接 Samba 服务器，在客户端可以使用 ping 命令进行测试，根据出现的不同情况进行分析。

(1) 如果没有收到任何提示，则说明客户端 TCP/IP 协议安装有问题，需要重新安装客户端 TCP/IP 协议，然后重新测试。

(2) 如果提示“host not found”，则检查客户端 DNS 或者/etc/hosts 文件是否正确设置，确保客户端能够访问 Samba 服务器。

(3) 无法 ping 通还可能是防火墙设置的问题，需要重新设置防火墙的规则，开启 Samba 与外界联系的端口。

(4) 当然还有一种低级的情况，那就是由于主机名输入错误导致不能 ping 通，请更正后重试。

3. 使用 smbclient 命令进行测试

如果客户端与 Samba 服务器可以 ping 通，则说明客户端与服务器间的连接没有问题。如果还是不能访问 Samba 共享资源，可以执行 smbclient 命令进一步测试服务器端的配置。

如果测试 Samba 服务器正常，并且输入了正确的账号和密码，那么执行 smbclient 命令就可以获得共享列表。

```
[root@zhou~]#smbclient -L 192.168.1.3 -U test%123
Domain=[RHEL5] OS=[Unix] Server=[Samba 3.0.23c-2]
        Sharename  Type  Comment
        ---------- ----  --------
        public     Disk  public
        IPC$       IPC   IPC Service (file server)
        Test       Disk  Home Directories
Domain=[RHEL5] OS=[Unix] Server=[Samba 3.0.23c-2]
        Server     Comment
        ---------- ---------
        Workgroup  Master
        ---------- ---------
        Workgroup
```

(1) 如果看到了错误提示“tree connect failed”，则说明可以在 smb. conf 文件中设置 host deny 字段拒绝客户端的 IP 地址或域名。修改 smb. conf 配置文件允许客户端访问就可以了。

```
[root@zhou~]#smbclient //192.168.1.3/public -U test%123
Tree connect failed:call returned zero bytes (EOF)
```

(2) 如果返回信息是"Connection refused(连接拒绝)"提示拒绝连接,则说明是 Samba 服务器的 smbd 进程没有被开启。必须确保 smbd 和 nmbd 进程处于开启状态,并使用 netstat -a 检查 netbios 使用的 139 端口是否处于监听状态。

```
[root@zhou~]#smbclient // -L 192.168.1.3
Error connecting to 192.168.1.3 (Connection refused)
Connection to 192.168.1.3 failed
```

(3) 如果提示"session setup failed(连接建立失败)"连接建立失败,则说明服务器拒绝了连接请求。这是由于输入的用户名和密码错误引起的,输入正确的账号和密码就可以了。

```
[root@zhou~]#smbclient // -L 192.168.1.3 -U test%123
Sessin setup failed: NT_STATUE_LOGON_FATLURE
```

(4) 有时也会收到"Your server software is being unfriendly(你的服务器软件存在问题)"错误信息,一般是因为配置 smbd 时使用了错误的参数或者启用 smbd 时遇到类似的严重破坏错误,可以使用 testparm 检查相应的配置文件并同时检查相关日志文件。

7.9 本章小结

本章介绍了 Samba 服务器出现的原因,它的主要目的是实现在两个不同的主机系统之间的资源共享,方便 Linux 主机与 Windows 主机的互访。SMB(Server Messages Block,服务信息块)是在局域网上的共享文件或打印机的协议。SMB 协议是客户/服务器(C/S)模式的,它除了能够在同一个局域网上共享资源外,还可以使用 NetBIOS over TCP/IP 与全世界的计算机共享资源。Samba 服务器主要使用两种协议,一种是 NetBIOS(Windows"网络邻居"的通信协议);另一种为 SMB。本章重点介绍了 Samba 服务器的安装和配置,最后介绍了怎样创建 Samba 服务网络及提供文件共享,并分别介绍了在 Windows 和 Linux 下如何访问 Samba 服务器的共享资源。

7.10 本章习题

1. 判断题

(1) 使用默认设置可以让客户正常使用打印机,需要注意的是,printable 一定要设置成 yes。 ( )

(2) Samba 服务器是 Internet 的应用服务器之一,它可以使用户在异构网络操作系统之间进行文件共享。 ( )

(3) Samba 服务器为 share 安全模式时,客户端连接到该服务器后,不需要输入账号

和密码就可以访问。（ ）

(4) Samba 服务器只支持文件共享，而不支持打印机共享。（ ）

(5) SMB 只能运行在 TCP/IP 协议上。（ ）

2. 选择题

(1) Samba 服务器的进程由________两部分组成。

A. httpd 和 squid　　B. bootp 和 dhcpd

C. smbd 和 nmbd　　D. named 和 sendmail

(2) Samba 服务器的配置文件是________。

A. rc. samba　　B. smb. conf

C. inetd. conf　　D. httpd. conf

(3) 在 Samba 服务器的共享安全模式中，________模式的身份验证是由 Samba 服务器自己完成的。

A. user　　B. share　　C. server　　D. domain

(4) 对于 Samba 服务器，________模式安全等级最高。

A. share　　B. user　　C. server　　D. domain

(5) 要在系统引导时启动 Samba 服务器，可使用以下命令________。

A. chkconfig　　B. ntsysv　　C. 服务配置工具　　D. 以上都是

3. 填空题

(1) 除了"service smb start"命令外，还有________也可以启动 Samba 服务器。

(2) user 模式比 share 模式的安全级别________。

(3) smbusers 文件是用于________。

(4) 使用________命令和________命令可以对 Samba 服务器进行测试。

(5) 在 smb. conf 配置文件中，________段配置服务器在整个过程中用到的参数，而且为其他段提供缺省值。

4. 操作题

(1) 配置 Samba 服务器的要求

① 共享目录/data，共享名为 shares。

② 只有 share 组的用户可以读写此目录。

(2) 步骤

① 打开配置文件：vi /etc/samba/smb. conf。

② 修改配置文件：把光标移到文件的最后，添加如下一段：

```
[shares]
comment=shares
path=/data
write list=@share
```

③ 保存退出。

④ 启动服务器：service smb start。

7.11 本章实训

1. 实训概要

学校现有三个系,要搭建一台 Samba 服务器,其目录如下:

- 公共目录/share;
- 计算机系/computer;
- 英语系/English;
- 会计系/account。

员工信息情况如下:

- 主管:院长 master;
- 计算机系:系主任 zhoudake、教师 zhangbin、教师 lihua;
- 英语系:系主任 liyouling、教师 zhanglili、教师 wangli;
- 会计系:系主任 dongwulun、教师 zhangshang、教师 lili。

建立公共共享目录,允许所有教师访问,权限为只读。为三个系分别建立单独目录,只允许院长和相应系的教师访问,并且学校教师无法在"网络邻居"中查看到非本系共享目录。

2. 实训内容

在 Red Hat Enterprise Linux 5 操作系统上搭建 Samba 服务器。

3. 实训过程

1) 实训分析

建立公共目录后,使用 public 字段很容易实现匿名访问。但是,本实训后面还要求:只允许本部门教师访问自己的目录,其他系的目录是不可见的。设置共享字段"browsable=no",可以实现隐藏功能。但这样设置后,所有用户都无法查看共享目录。因为对同一共享目录,有多种需求,一个配置文件无法完成这项工作。这里需要用到前面学习的方法,建立独立配置文件。若为每个用户建立一个配置文件,显然操作太烦琐了。可以为每个系建立一个组,并为每个组建立配置文件,实现隔离用户的目的。

2) 实训步骤

(1) 建立各部门专用目录(这里只实现前两个系,最后一个系由读者完成)

使用 mkdir 命令,分别建立公共目录、计算机系和英语系存储资料的目录。

```
[root@zq~]#mkdir/share
[root@zq~]#mkdir/computer
[root@zq~]#mkdir/english
```

(2) 添加用户和组

先建立计算机系组、英语系组,然后使用 useradd 命令添加院长账号 master 和不同系教师的账号到不同的用户组中。

```
[root@zq ~]#groupadd computer
```

```
[root@zq ~]#groupadd english
[root@zq ~]#useradd master
[root@zq ~]#useradd -g computer zhoudake
[root@zq ~]#useradd -g computer zhangbin
[root@zq ~]#useradd -g computer lihua
[root@zq ~]#useradd -g english liyouling
[root@zq ~]#useradd -g english zhanglili
[root@zq ~]#useradd -g english wangli
```

(3) 使用 smbpasswd 命令添加 Samba 用户

```
[root@zq~]#smbpasswd -a zhoudake
New SMB password:
Retype new SMB password:
Added user zhoudake.
[root@zq~]#smbpasswd -a zhangbin
New SMB password:
Retype new SMB password:
Added user zhangbin.
[root@zq~]#smbpasswd -a lihua
New SMB password:
Retype new SMB password:
Added user lihua.
[root@zq~]#smbpasswd -a liyouling
New SMB password:
Retype new SMB password:
Added user liyouling.
[root@zq~]#smbpasswd -a zhanglili
New SMB password:
Retype new SMB password:
Added user zhanglili.
[root@zq~]#smbpasswd -a wangli
New SMB password:
Retype new SMB password:
Added user wangli.
```

(4) 配置 smb. conf 文件

① 建立配置文件

用户配置文件使用用户名命令，组配置文件使用组名命名。

```
[root@zq~]#vi/etc/samba/smb/.conf
[root@zq~]#cp/etc/samba/smb/.conf /etc/samba/master.smb.conf
[root@zq~]#cp/etc/samba/smb/.conf /etc/samba/computer.smb.conf
[root@zq~]#cp/etc/samba/smb/.conf /etc/samba/english.smb.conf
```

② 设置主配置文件 smb. conf

先打开 vi 编辑器，打开 smb. conf。

```
[root@zq ~]#vi /etc/samba/smb.conf
```

然后编辑主配置文件，添加相应的字段，确保 Samba 服务器会调用独立的用户配置文件以及组配置文件。

```
[global]
    workgroup=workgroup
    server string=file server
    security=user
    include=/etc/samba/%U.smb.conf
    include=/etc/samba/%G.smb.conf
[public]
    comment=public
    path=/share
    public=yes
```

其中：include=/etc/samba/%U. smb. conf 表示为 Samba 服务器加载/etc/samba 目录下，格式为“用户名. smb. conf”的配置文件。

include=/etc/samba/%G. smb. conf，表示为 Samba 服务器加载格式为“组名. smb. conf”的配置文件。

(5) 设置院长 master 配置文件

用 vi 编辑器修改 master 账号配置文件 master. smb. conf，如下所示。

```
[root@zq ~]#vi/etc/samba/master.smb.conf
[global]
    workgroup=workgroup
    server string=file server
    security=user
[public]
    comment=public
    path=/share
    public=yes
[computer]
    comment=computer
    path=/computer
    valid users=master
[english]
    comment=english
    path=/english
    valid users=master
```

其中，[computer]部分：为使 master 账号能够访问计算机系的目录 computer，指定 Samba 服务器存放路径，并添加 valid users 字段，设置访问用户为 master。

[english]部分：为使 master 账号能够访问英语系的目录 english，还需要添加 english 目录共享，并设置 valid users 字段，允许 master 访问。

(6) 设置计算机系组 computer 的配置文件

编辑文件 computer. smb. conf，注意 global 全局配置以及共享目录 public 的设置，要保持和 master 一样。因为计算机系组仅允许访问 computer 目录，所以只添加 computer 共享目录设置即可，如下所示。

```
[root@zq ~]#vi/etc/samba/computer.smb.conf
[computer]
    comment=computer
    path=/computer
    valid users=@computer,master
```

(7) 设置英语系组 english 的配置文件

编辑 english. smb. conf，全局配置和 public 与 computer 对应字段相同，添加 english 共享设置，如下所示。

```
[root@zq ~]#vi/etc/samba/english.smb.conf
[english]
    comment=english
    path=/english
    valid users=@english,master
```

(8) 重新启动域加载服务器

```
[root@zq~]#service smb restart
关闭 SMB 服务:                                          [确定]
关闭 NMB 服务:                                          [确定]
启动 SMB 服务:                                          [确定]
启动 NMB 服务:                                          [确定]
```

(9) 验证测试

用 master 用户进行登录，希望能够查看访问的两个系的目录，登录窗口如图 7.23 所示。输入用户名和密码后，系统反复出现提示登录框，其原因是在使用 smbpasswd 命令添加 Samba 用户名的时候，没有把 master 用户名添加进去，所以登录不成功。

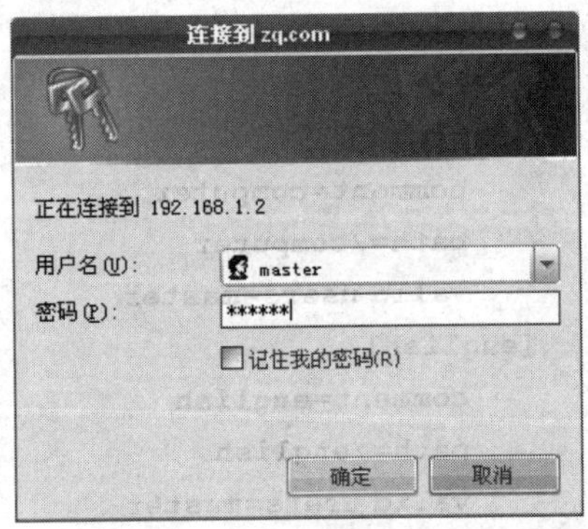

图 7.23 用 master 账号登录

如果要登录成功，就必须执行下列语句。

```
[root@zq~]#smbpasswd -a master
New SMB password:
Retype new SMB password:
Added user master.
```

重新输入用户名 master 和相对应的密码，登录成功如图 7.24 所示。

从图 7.24 可以看出，master 登录成功后，可以看到 computer、public 和 english，并且可以操作打开。达到了预期的要求。用英语系的客户端登录，登录成功后，如图 7.25 所示。

图 7.24 用 master 登录成功

图 7.25 用 liyouling 用户登录成功

从图 7.25 可以看出，liyouling 是英语系的老师，登录成功后，只可以看到本系 english 共享目录和 public 共享目录，此时看不到计算机 computer 共享目录。也达到了预期的要求。

读者可以用其他账号进行测试。

4. 实训总结

通过此次上机实训，可掌握在 Red Hat Enterprise Linux 5 上安装与配置 Samba 服务器的方法，从而实现不同操作系统之间的资源共享。

注意：/etc/samba 目录下没有 smbpasswd 文件。原因是 Samba 启用了 tdbsam 验证。

方法：在 smb. conf 文件中注释掉 passdb backend = tdbsam，加上 smb passwd file=/etc/samba/smbpasswd，然后保存退出。这样再建立用户时就产生/etc/samba/smbpasswd 文件了。使用 cat 命令查看 smbpasswd 文件内容：

```
cat /etc/samba/smbpasswd
touch /share/test_sharemode_samba.tar
```

第8章 chapter 8

流媒体服务器搭建与应用

教学目标与要求

随着信息技术的飞速发展,流媒体技术应用越来越广泛。流媒体技术应用为网络上信息交流带来了革命性的变化,对人们的工作和生活产生了深远的影响。流媒体技术广泛用于新闻出版、证券、娱乐、电子商务、远程培训、视频会议、远程教育、远程医疗等互联网信息服务,流媒体技术改变了传统互联网的形象,丰富了互联网的功能。本章将介绍流媒体的基本概念、Helix的服务器的安装、Helix服务器的基本配置及管理。

通过本章的学习,读者应该做到:

- 了解流媒体的基本概念。
- 掌握Helix服务器的安装、启动等基本方法。
- 掌握Helix的服务器的基本配置及管理。

教学重点与难点

Helix服务器的安装、配置和管理。

8.1 流媒体简介

流媒体是指在Internet上以数据流的方式实时向客户端发布音频、视频等多媒体内容的媒体。流媒体技术与传统播放技术有所不同,后者由客户端从服务器下载完整的文件后才能进行播放,而前者则是采用了流式传输方式,将整个多媒体文件分成多个压缩包,然后实时顺序传送,这使得用户可以同时解压播放前面传送过来的压缩包和下载后续的压缩包。

目前有三种主流的流媒体系统,分别是Real Networks公司的Real Media、Microsoft公司的Windows Media和Apple公司的Quick Time。Real Networks公司发布了在Windows、UNIX和Linux平台上都能够通过Web发送数字媒体的Helix Universal Server软件的源代码。Helix产品技术先进,用户数量多,支持单播、多播和多平台(包括Linux、Windows 2000/NT、AIX、Solaris和Mac OS)。

8.1.1 流式传输协议

流式传输使用专门的实时传输协议，其中包括 Internet 本身的多媒体传输协议，以及一些实时流式传输协议等，只有选择合适的协议才能更好地发挥流媒体的作用，从而保证传输质量。IETF 定义了几种支持流媒体传输的协议，下面分别进行介绍。

1. 实时传输协议

实时传输协议（Real-time Transport Protocol，RTP）是一种在 Internet 上传输多媒体数据流的协议。RTP 被定义为工作在一对一或一对多的传输情况下，其主要功能是提供时间信息以及实现流同步。一般情况下，RTP 是使用 UDP 来传送数据的，但是它也可以工作在 TCP 或 ATM 等其他网络协议之上。

应用程序在建立 RTP 会话时，要使用两个端口：一个给 RTP 使用，另一个给 RTCP 使用。RTCP 主要是为按顺序传送的数据包提供可靠的传送机制，提供流量控制或拥塞控制，因为 RTP 不具备这些功能。RTP 算法不作为一个独立的网络层来实现，而是作为应用程序代码的一部分。

2. 实时传输控制协议

实时传输控制协议（Real-time Transport Control Protocol，RTCP）是为 RTP 提供流量控制和拥塞控制服务的一种协议。在 RTP 会话过程中，每个参与者会周期性地传送 RTCP 包。在 RTCP 包中包含已经发送的数据包的数量、丢失的数据包的数量及其接收的数据包等信息。服务器可以根据这些信息动态地改变传输速率，或者改变有效载荷类型等。RTP 和 RTCP 结合使用，可以使服务器的系统开销最小且传输效率最佳，因此，它们非常适合传送网上的实时数据。

3. 实时流协议

实时流协议（Real Time Streaming Protocol，RTSP）是由 Real Networks 和 Netscape 一起提出的，该协议定义了一对多应用程序通过 IP 网络有效地传送多媒体数据。RTSP 工作在应用层，即在 RTP 和 RTCP 之上，它通过使用 TCP 或 RTP 进行数据的传输。RTSP 与 HTTP 相类似，不同的是，HTTP 传输 HTML，而 RTSP 传输多媒体数据。还有它们的工作方式也有区别，HTTP 请求是由客户机向服务器发出的，即单向的；而 RTSP 请求客户机和服务器都可以发出，即双向的。

4. 资源预订协议

资源预订协议（Resource Reserve Protocol，RSVP）工作在传输层，是一种网络控制协议。它的主要任务是为流媒体的传输预留一部分网络资源，提高服务质量（QoS），从而使得音视频流在网络上传输的时延较小，减小失真。

8.1.2 流式传输方式

1. 顺序流式传输

顺序流式传输是按顺序下载的，用户在下载文件的同时也可以观看在线媒体，在某一时刻，用户只能观看已下载的部分，而不能观看还未下载的部分，顺序流式传输在传输期间不能根据用户连接的速度做相应的调整。

通常使用HTTP协议，不需要其他特殊协议，也常被称为HTTP流式传输。由于顺序流式传输对多媒体文件是无损下载的，所以它对播放的最终质量有保证，比较适合高质量的短片段，如片头、片尾和广告。显然，在下载文件时肯定产生时延，对于带宽较小的网络更为明显。由于顺序流式传输允许用比调制解调器更高的数据速率创建视频片段，所以通过调制解调器发布短片段有很大好处，虽然有延迟，但保证了发布视频片段的较高质量。

顺序流式传输既有优点，又有缺点。其优点是顺序流式文件放在标准HTTP或FTP服务器上，易于管理，基本上与防火墙无关。其缺点是它不适合长片段和有随机访问要求的视频，如：现场直播、演说与讲座等，因为它是一种点播技术。

2. 实时流式传输

实时流式传输可以真正实现边下载多媒体文件边观看，它保证媒体信号带宽与网络连接相匹配，使媒体可被实时观看到。实时流式传输需要专用的流媒体服务器（如QuickTime Streaming Server、Real Server与Windows Media Server）与传输协议（如RTSP或MMS）的支持。

由于实时流式传输是实时传送的，所以比较适合现场事件，如现场直播等；同时它也支持随机访问，即用户可以快进或后退以观看前面或后面的内容。实时流式传输必须匹配连接带宽，它对网络带宽的要求较高，也就是说，如果连接的网络速度较慢，就可能产生图像质量和视频质量较差，不能保证最终的播放质量。

实时流式传输也有优点和缺点，其优点是支持实时传输，可以随机访问，并且可以实现对每个分流带宽分配和带宽补偿等；其缺点是需要特定服务器，管理比标准HTTP服务器更复杂，需要特殊网络协议，有可能无法穿过防火墙，对网络带宽要求较高。

8.1.3 流媒体播放方式

1. 单播

单播是指客户端与媒体服务器之间的点到点连接，即建立一个单独的数据通道，从一台服务器送出的每个数据包只能传送给一个客户机。每个用户必须分别对媒体服务器发送单独的查询，只有当客户端发出请求时，才发送单播流。单播可以用在点播和广播上。

（1）点播

点播是指客户端主动连接服务器。在点播连接中，用户通过选择内容项目来初始化客户端连接，并且这个连接是独占的，即只有该客户端才能从服务器接收媒体流。如果文件已被编入索引，则用户可以对媒体进行开始、停止、后退、快进或暂停等操作，点播对流的控制由客户端掌握。这种方式由于每个客户端独占一个连接，所以对服务器资源和网络带宽的需求都比较大。

（2）广播

广播是指由服务器发送广播流，客户端被动地接收。在广播过程中，服务器拥有流的控制，所以用户不能执行暂停、快进或后退等操作。广播的数据发送方式有单播与广播两种。单播方式发送数据是指服务器需要将数据包复制多个拷贝，然后再以多个点对点的方式分别发送给需要的客户端。广播方式发送数据是指服务将数据包的单独一个拷贝发送给网络上的所有客户端，不管客户端是否需要。由此可见这两种传输方式都会占用大量带宽，也非常浪费服务器的资源。

2. 组播

组播也称为多播，它是对单播的改进，吸收了它们的优点，克服了它们的弱点。使用这种方式的过程中，是一对多连接，多个客户端从一个服务器接收相同的数据流。即服务器将数据包的单独一个拷贝发送给需要的客户端，组播不会复制数据包的多个拷贝传输到网络上，也不会将数据包发送给不需要的客户端，因此大大减少了网络上传输的信息量，从而提高了服务器和网络线路的利用率。它的不足之处主要是：它不仅需要服务器端支持，还需要路由器乃至整个网络结构对多播的支持。

8.1.4 流媒体文件格式

目前，流媒体文件的格式有很多种，下面只对 RA、RM、ASF 和 H.263 格式进行说明。

1. RA 和 RM 格式

RA 格式是 Real Networks 公司所开发的一种新型流式音频 Real Audio 文件格式。RM 格式则是流式视频 Real Video 文件格式，适合于在低速率的网络上实时传输。它可以采用不同的压缩比以适应不同的网络数据传输速率，在数据传输过程中边下载边播放，从而实现数据的实时传送和播放。

2. ASF 格式

ASF 是由 Microsoft 开发的，也是一种流行的网上流媒体格式。它主要使用在 Windows 操作系统上，客户端使用播放器 Microsoft Media Player 进行播放，它通常与 Windows 捆绑在一起。这种方式不仅可以用于 Web 方式播放，还可以用于在浏览器以外的地方播放。

3. H.263 格式

H.263 是 3GPP 的规范之一，扩展名为 AVI。它适合于在码率低于 64Kb/s 的窄带信道视频编码使用。它在 H.261 建议的基础上发展起来，其帧频为 10 帧/s 以上。图像分辨率为 175×144 像素(QCIF)或 128×96 像素(Sub-QCIF)。

8.1.5 流媒体工作原理

在流媒体的工作过程中，客户端通过 RTP/UDP 和 RTSP/TCP 两种不同的通信协议与 A/V 服务器建立连接，然后实现流式传输，这个过程一般都需要专用服务器和播放器。其工作原理如图 8.1 所示，客户程序及服务器运行实时流控制协议(RTSP)，以交换传输所需的控制信息。服务器使用 RTP/UDP 协议将数据传输给客户程序。一旦数据抵达客户端，客户程序即可播放输出。流媒体的传输一般要使用预处理、缓存和传输等步骤。

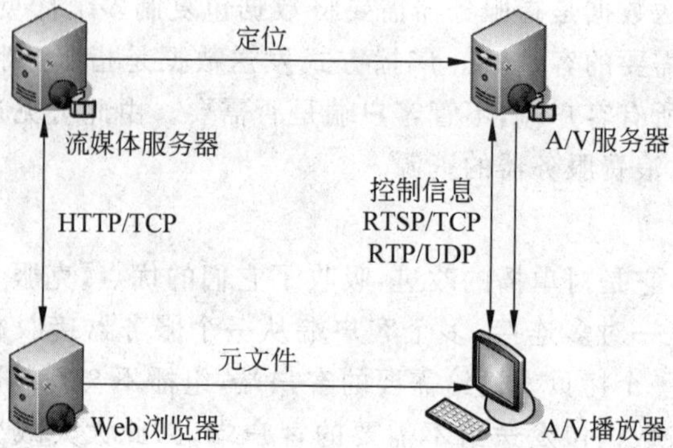

图 8.1　流媒体工作原理

1. 预处理

多媒体数据在传输之前必须进行预处理，这因为目前的网络带宽还不能满足直接传输数据量巨大的多媒体数据的需要，必须进行预处理后才能适合流式传输。预处理时主要是采用先进高效的压缩算法对多媒体信息进行压缩。压缩后的编码资料可以多路传输，如文本、图形、脚本形式，并且将其放在可以实现流式传输的文件结构中。这种文件有时间标记以及其他易于实现流式传输的特点，客户端接收到数据包后再进行解码。编码过程应该考虑不同编码速度、损失的容错性、网络的带宽波动、最低速度下的播放效果、流式传送的成本以及流的控制等。

2. 缓存

流式传输的实现需要缓存。因为在网络上是以包为单位进行传输的，可能一个多媒体文件被分成许多个包，而每个包是异步传输的。由于网络是动态变化的，各个包选择的路由可能不相同，所以到达客户端的时间延迟也就不相等，客户端接收到数据包的顺序与服务器发送的顺序也可能不一致。为了避免出现延迟和抖动的现象，需使用缓存来保证数据包的顺序正确，从而使媒体数据能连续输出，而不会因为网络暂时拥塞使播放出现停顿。

3. 传输

用户选择某一种流媒体服务后，Web 浏览器就会使用 HTTP/TCP 与 Web 服务器之间建立一个交换控制信息连接。服务器首先把所有需要传输的实时数据从原始信息中检索出来，然后客户端上的 Web 浏览器启动客户程序将这些数据对客户程序进行初始化。

8.2 Helix 服务器安装

8.2.1 Helix 所需软件

目前主流的流媒体服务软件主要有 Windows Media Services 和 Helix Server 两种。

这里只介绍 Helix Server。Helix Server 主要加入了对冗余服务器的支持及对内容 CACHE 的支持，从而使用户能快速连接到服务器，并且保证在任何情况下都能自动修复。Helix 兼容一切常见的媒体格式，甚至包括其竞争对手的 WM 格式。

在 http://www.realnetworks.com/products-services/helix-server-proxy.aspx 网站上注册，填写姓名、国家、邮政编码和电子邮件等信息，其中电子邮件是最重要的。注册结束后，Real Networks 公司会向注册用户的电子邮箱发送一个授权码(License Key)，允许在服务器上使用 Helix。之后，可以下载 Helix 的安装软件 mbrs1401-ga-linux-rhel5.bin 和授权文件 RNKey-Helix_Universal_Server_10-Stream-nullnull-5918969072449096.lic。作者下载的该软件只能试用 30 天。也可通过其他途径找到该软件进行安装。

8.2.2 Helix 服务器的安装步骤

获得 Helix Universal Server 的安装程序和 License 文件后，即可开始安装 Helix 服务器。具体步骤如下：

(1) 在根目录下创建文件夹 realserver，用来安装 Helix 服务器。

(2) 下载或复制 Helix Universal Server 的安装程序和 License 文件到 share 文件夹中。

(3) 授权 mbrs1401-ga-linux-rhel5.bin 安装文件读写、执行权限，可以用命令方式授权也可以用图形方式授权。

如果用图形方式进行读写授权，则首先选中 mbrs1401-ga-linux-rhel5.bin 文件，右击，选择“属性”，然后单击“权限”如图 8.2 所示，进行相关选项的设置即可。

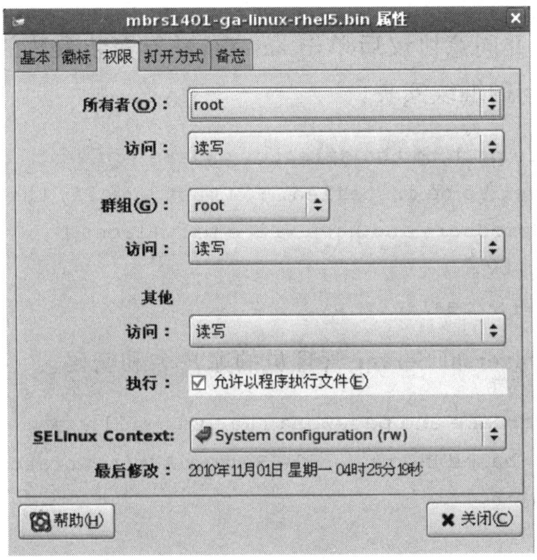

图 8.2 读写、执行授权

(4) 进入保存 mbrs1401-ga-linux-rhel5.bin 安装程序的目录。它是 Helix Universal Server 的二进制安装文件，因此可使用命令./mbrs1401-ga-linux-rhel5.bin 进行安装。

运行结果如下所示。

```
[root@zhou~]#/share/mbrs1401-ga-linux-rhel5.bin
Extracting files for Helix installation................

Welcome to the Helix Mobile Server (RealNetworks) (14.0.1.571)Setup for UNIX
Setup will help you get Helix Mobile Server running on your computer.
Press[Enter]to continue...
```

(5) 按 Enter 键继续进行安装，这里会出现指定许可证存放的路径和文件名的界面，如下所示，输入 License 文件存放的路径和文件名。按 Enter 键继续安装。

```
If a Helix Mobile Server license key file has been sent to you.
please enter its directory path below. If you have not
received a Helix Mobile Server license key file. then this server
WILL NOT OPERATE until a license key file is placed in
the server's License directory. Please obtain a free
Basic Helix Mobile Server license or purchase a commercial license
from our website at http: //www.real.com/. If you need
further assistance. please visit our on-line support area
at http: //service.real.com/.

MachineID: 8edf-445d-13de-b3ad-b945-4309-1645-e31d

License Key File: []: /share/RNKey-Helix_Universal_Server_10-Stream-
nullnull-5918969072449096.lic
```

(6) 按照安装提示并同意协议后单击 accept，进行安装参数的设置。指定安装路径/realserver 后，按 Enter 键继续安装。

```
Enter the complete path to the directory where you want
Helix Mobile Server to be installed. You must specify the full
pathname of the directory and have write privileges to
the chosen directory.
Directory: [/root]: /realserver
```

(7) 设置 Helix Universal Server 管理员的账户名和密码。

```
Please enter a username and password that you will use
to access the web-based Helix Mobile Server Administrator and monitor.
Username[]: admin
Password[]:
Confirm Password[]:
```

(8) 设置国家、省和所在城市名称等信息。

```
Please enter SSL/TLS configuration information.
```

```
Country Name (2 letter code) [US]: ch
State or Province Name (full name) [My State]: guangdong
Locality Name (e.g.city)[My Locality]: guangzhou
```

(9) 设置服务器各种协议使用的端口，可以使用默认端口。为了避免端口冲突，建议将 http 改为 8080 或者还没使用的端口号，因为 Web 服务器的默认端口也为 80。

```
Configure Ports (y/n): [no]: y
Please enter a port on which Helix Mobile Server will listen for
HTTP connections. These connections have URLs that begin
with "http: //"
Port[80]: 8080
```

(10) 对其他参数选择默认设置即可，最后出现所有参数的列表，如下所示。如果不需要对这些参数进行修改，在这里输入 F 再按 Enter 键即可开始安装；如果还需要进行重新设置，则输入 P。

```
You have selected the following Helix Mobile Server configuration:

Install Location:          /root
Encoder User/Password:     admin/****
Monitor Password:          ****
Admin User/Password:       admin/****
Admin Port:                25089
Secure Admin Port:         22930
RTSP Port:                 554
RTMP Port:                 1935
HTTP Port:                 8080
HTTPS Port:                443
FCS Port:                  8008
SSPL Port:                 8009
Content Mgmt Port:         8010
Control Port Security:     Disabled

Enter [F]inish to begin copying files.or[P]revious to
revise the above settings: [F]:
```

经过以上步骤可以完成 Helix 服务器的安装。

8.2.3 启动与停止 Helix 服务器

1. 启动 Helix 服务

进入 Helix Server 安装目录，运行 Bin/rmserver rmserver. cfg，执行结果如下所示。

```
[root@zhou~]#/realserver/Bin/rmserver rmserver.cfg
……
Starting TID 22018944.procnum 3 (rmplug)
Loading Helix Server License Files...
Starting TID 36699008.procnum 4 (rmplug)
Starting TID 19921792.procnum 5 (rmplug)
Starting TID 53476224.procnum 6 (rmplug)
Starting TID 95419264.procnum 7 (rmplug)
Starting TID 92273536.procnum 8 (rmplug)
Starting TID 40893312.procnum 9 (rmplug)
Starting TID 46136192.procnum 10 (rmplug)
Starting TID 65010560.procnum 11 (rmplug)
Starting TID 48233344.procnum 12 (rmplug)
Starting TID 73399168.procnum 13 (rmplug)
Starting TID 84933504.procnum 14 (rmplug)
Starting TID 55573376.procnum 15 (rmplug)
Starting TID 110099328.procnum 16 (rmplug)
Starting TID 62913408.procnum 17 (rmplug)
Starting TID 88079232.procnum 18 (rmplug)
Starting TID 75496320.procnum 19 (rmplug)
Starting TID 77593472.procnum 20 (rmplug)
Starting TID 108002176.procnum 21 (memreap)
Starting TID 97516416.procnum 22 (streamer)
```

2. 停止 Helix 服务

Helix server 启动后,使用 Ctrl+C 组合键,即可停止 Helix Server。

8.3 Helix 服务器的基本配置

通常使用 Web 方式的管理界面进行配置,通过此管理界面可以很直观地对 Helix 服务器的相关参数进行设置。打开管理界面的方法是使用浏览器,在浏览器的地址栏中输入地址即可。

1. 登录主界面

格式为:

```
http://Helix服务器 IP地址:管理员控制端口号/admin/index.html
```

例如 http://192.168.1.3:25089/admin/index.html。系统会弹出一个对话框,输入管理员用户名和密码后,如图 8.3 所示。单击【确定】按钮。通过系统验证后进入 Helix Universal Serve 管理中心,如图 8.4 所示。

在管理中心界面中,单击【Server Setup】的下拉列表,Helix 服务器的设置有以下选项:

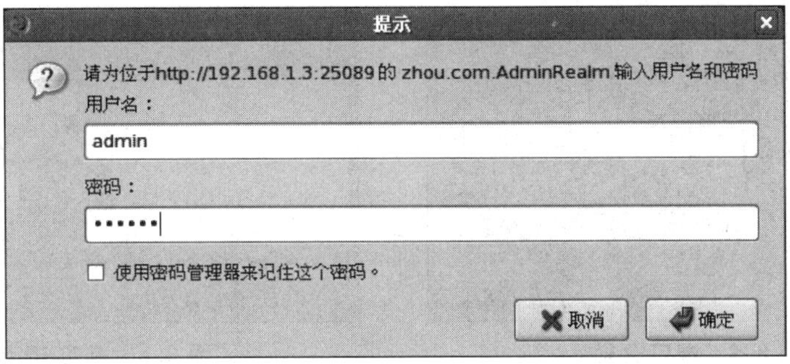

图 8.3 提示

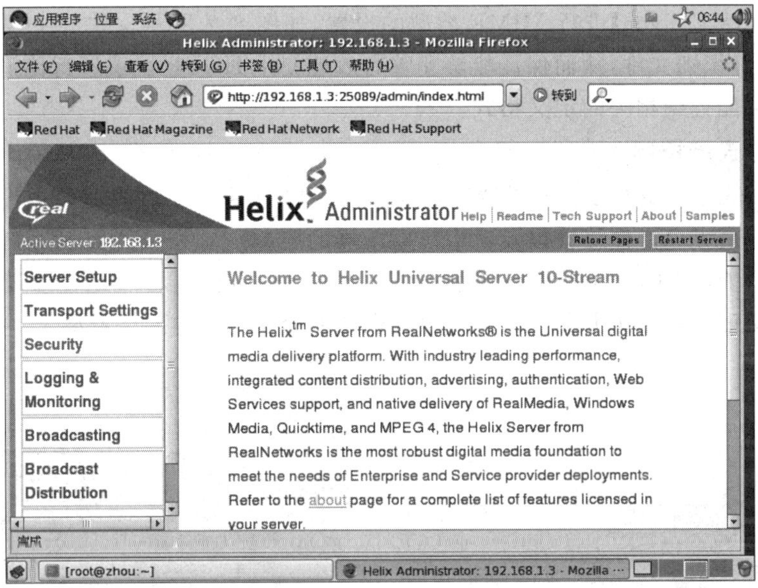

图 8.4 Helix 管理中心

Ports、IPBinging、MIME Type、Connecting Control、Mount Points、URL Aliasing、HTTP Delivery、Cache Directives、Share Lincesing、USER/GROUP Name、Media Sample。

2. 设置协议端口

在【Server Setup】的下拉列表中单击【Ports】(端口配置)，出现如图 8.5 所示的界面。在该界面中可以对各种不同类型的端口，包括 RTSP、MMS、HTTP、MONITOR、ADMIN 等端口进行设置，通常情况下，这些参数基本上已经设置好了。只有 Enable HTTP Fail Over URL for ASXGen 是新选项，该选项与 ASX 文件密切相关。如果要播放 WM 媒体文件内容，就会使用它，所以这里可以设置为 5087，其他部分默认即可。

3. 绑定 IP 地址

服务器有多个 IP 地址时，需要设置服务器监听的 IP 地址。单击【IP Binding】(IP 地址绑定)选项，即可打开绑定 IP 地址的设置界面，如图 8.6 所示。在此可以对服务器的 IP 地址进行绑定、编辑以及删除等操作。

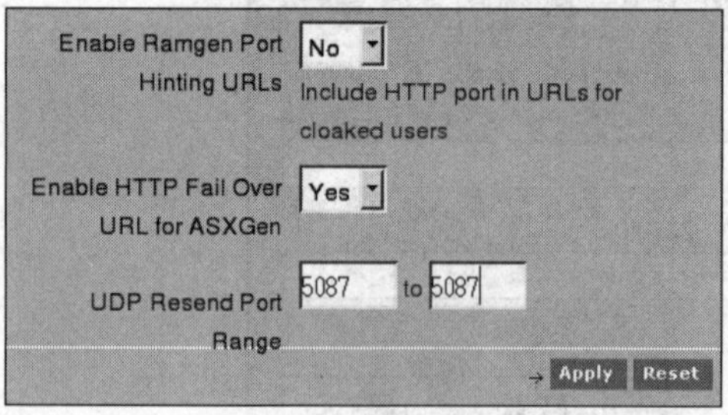

图 8.5 端口设置

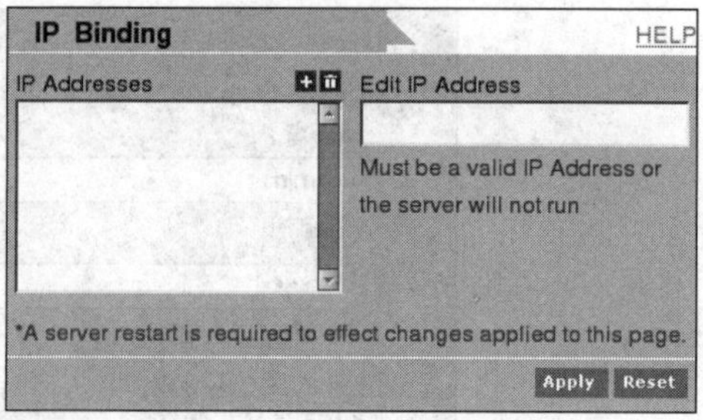

图 8.6 绑定 IP 地址

4. 设置 MIME 类型

单击【MIME Type】进行 MIME 类型的设置,如图 8.7 所示。它的主要功能是使服务器能够正确识别文件,从而保证能够完整有效地使用 HTTP 协议进行传输。一般情况下,在这里都能找到相关的定义格式。

5. 设置连接控制

单击【Connecting Control】设置连接控制,如图 8.8 所示。在这里可以设置服务器的最大连接数、最大允许连接数以及对用户播放器的限制。比如只能用 RealPlayer 播放器播放,或者只能用 PLUS 版本播放器播放等。除了这些选项以外,还可以设置服务的带宽,目的是保证同一台服务器上的其他服务也能够分享足够的网络资源。

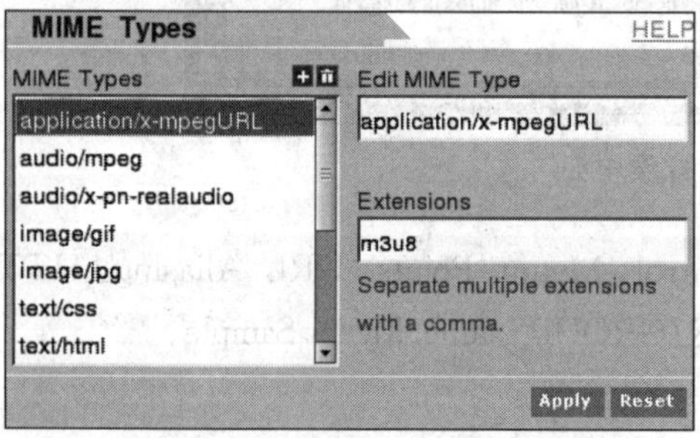

图 8.7 设置 MIME 类型

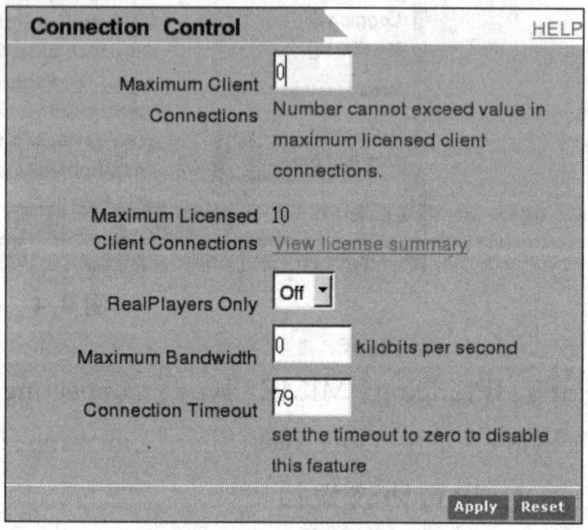

图 8.8 设置连接控制

6. 设置冗余服务器

单击"Redundant Server"设置冗余服务器,如图 8.9 所示。此界面包括:服务器列表、目录映射关系以及例外目录设置。

7. 设置加载点

单击【Mount Points】选项,出现设置加载点界面,如图 8.10 所示。它是一个到文件实际存放位置的访问指向。在 Helix Server 安装完成后,它会默认生成三个载入点:content、secure 和 fsforcache。默认情况下,Content 指向安装目录下的 content 文件夹,它所存放的视频文件都可以直接被访问。

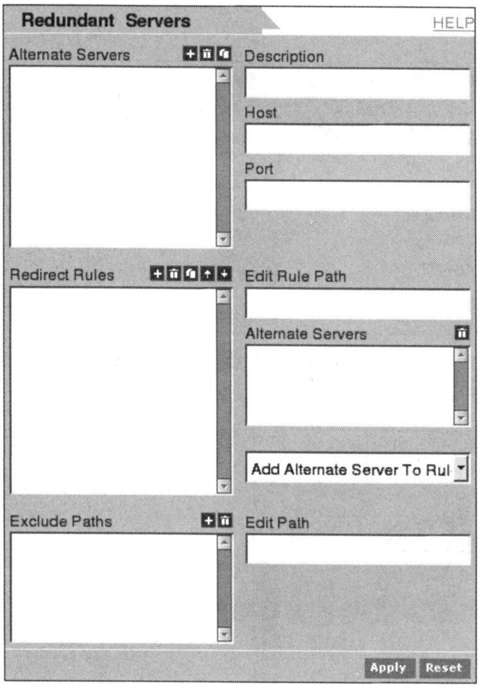

图 8.9 设置冗余服务器

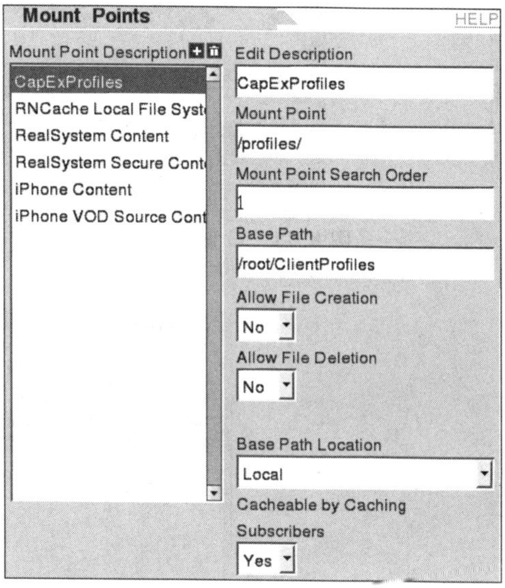

图 8.10 设置加载点

如果需要新建加载点，则单击【+】按钮。在界面中右侧各个选项的含义如下。

Edit Description：添加新的载入点的描述，如 movie。

Mount Point：编辑加载点名称，如/movie/。

Base Path：输入加载点对应的绝对路径，也就是被点播的视频文件在本地（或网络中）的实际路径，如/home/share。

Cacheable by Caching Subscribers：设置是否被服务缓存，一般设为"Yes"。

输入这些设置后，就可以选择路径类型了。

8. 设置别名

单击【URL Aliasing】设置别名，如图 8.11 所示。它用于在地址中替代真实文件名和目录路径。使用别名可以在发布时隐藏资源的真实文件名和路径，也可使发布的地址变得简短，以后进入 Helix 服务器管理中心时，只需输入 rtsp：//IP：port/aliasing 即可。

9. 设置 HTTP 分发

单击"HTTP Delivery"设置 HTTP 分发，如图 8.12 所示。Helix Server 也需要使用 HTTP 来传输某些文件，所以必须把这些目录定义为使用 HTTP 协议传输，这样不仅易于管理目录，而且还可以穿过防火墙进行传输。

10. 设置缓存管理

单击【Cache Directives】，出现如图 8.13 所示的界面，设置缓存管理。Helix Serve 默认对所有的点播文件和直播文件都进行缓存的处理。如果使用 Helix Proxy 对多个

Server 进行管理，那么缓存很可能会出现问题。因此，必须关闭对写文件和目录的缓存功能。

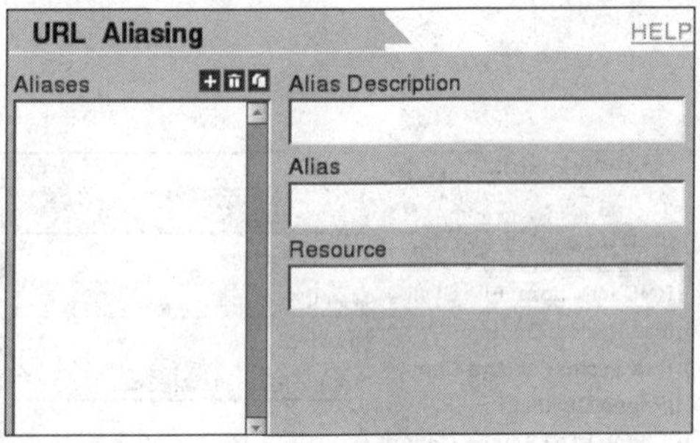

图 8.11　设置别名

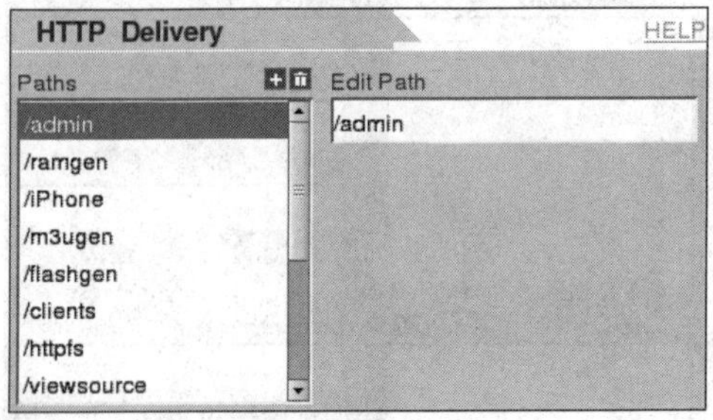

图 8.12　设置 HTTP 分发

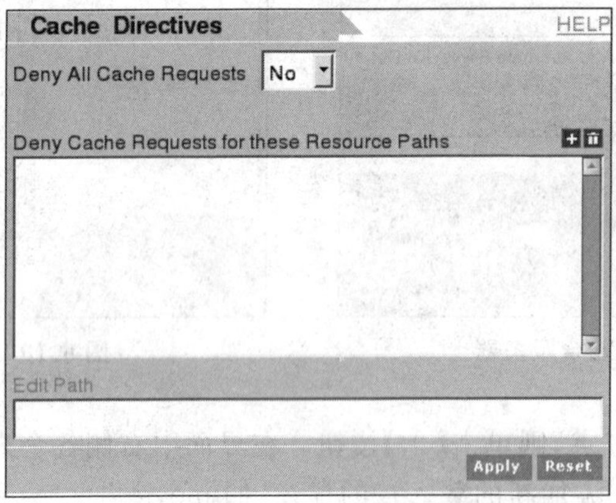

图 8.13　设置缓存管理

11. 设置延时关闭

单击【Delayed Shutdown】，出现如图 8.14 所示的界面。在这里可设置延时关闭。

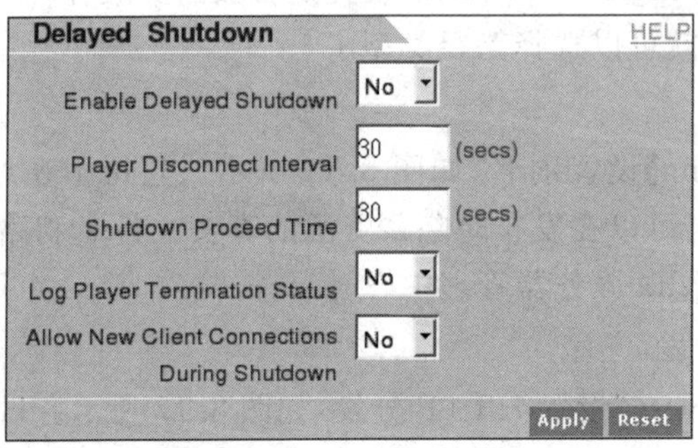

图 8.14　设置延时关闭

12. 设置用户管理

单击【User/Group Name】，设置用户管理，如图 8.15 所示。在这里可以添加 Helix 的用户名和组。

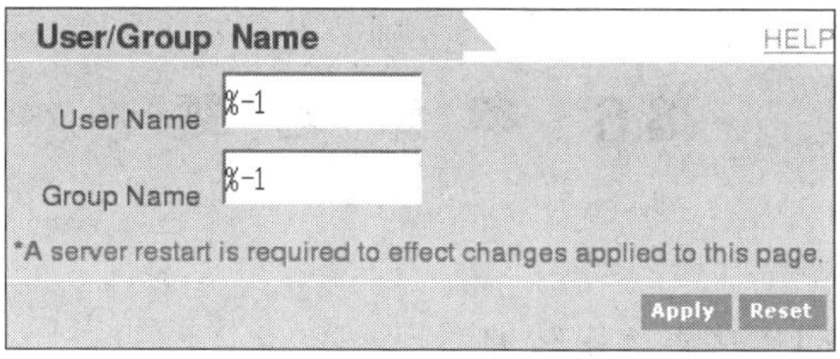

图 8.15 设置用户管理

8.4 流媒体客户端的安装

完成 Helix 服务器的基本配置后，可以使用流媒体客户端对它进行访问。访问 Helix 服务器通常使用 RealPlayer 播放器，它可以实现最佳效果。

使用 RealPlayer 播放器访问 Helix 服务器的方法很简单。运行 RealPlayer 播放器，界面如图 8.16 所示。在该界面中选择【文件】菜单下的【打开】命令，然后输入播放地址 rtsp：//192.168.1.3/realvideo10.rm，这样就可以访问 Helix 服务器了。

图 8.16 播放文件

说明：rtsp：//192.168.1.3/realvideo10.rm 是 Helix 服务器中一个默认的视频文件。读者可以自行加载内容进行播放。

8.5 本章小结

本章介绍了 Helix 服务器的简单原理和基本配置，读者通过本章的学习，可以动手安装 Helix 服务器，然后进行 Helix 的简单配置应用。

8.6 本章习题

1. 判断题

(1) RTP 只能使用 UDP 来传送数据。 ( )

(2) 组播需要路由器乃至整个网络结构对多播的支持。 ( )

(3) 在广播过程中,用户可以执行暂停、快进或后退等操作。 ( )

(4) 实时流式传输可以真正实现边下载多媒体文件边观看,且对网络的带宽要求较低。 ( )

(5) 广播指由服务器发送广播流,客户端主动接收。 ( )

2. 选择题

(1) 有________种流式传输方式。

A. 1 B. 2 C. 3 D. 4

(2) IETF 定义了几种支持流媒体传输的协议,主要有________。

A. RTP B. RTCP

C. RTSP 和 RSVP D. 以上都是

(3) 以下不属于流媒体文件格式的是________。

A. RA 和 RM 格式 B. ASF 格式

C. H.263 格式 D. bin 格式

(4) 流媒体的传输一般要经过________步骤。

A. 预处理 B. 缓存 C. 传输 D. 以上都是

(5) 在 RTCP 包中包含________。

A. 已经发送的数据包的数量 B. 丢失的数据包的数量

C. 接收的数据包等信息 D. 以上都是

3. 填空题

(1) RTCP(Real-time Transport Control Protocol)是为 RTP 提供________和服务的一种协议。

(2) 目前主流的流媒体服务软件主要有________和________两种。

(3) 流式传输方式有________和________。

(4) 单播可以用在________和________上。

(5) 进入 Helix Server 安装目录,运行命令________可以启动 Helix Server。

8.7 本章实训

1. 配置流媒体服务器

要求:

(1) 设置 RTSP 端口为 554,HTTP 端口为 8080。

(2) 侦听的 IP 地址为 192.168.1.250。

2. 步骤

(1) 在浏览器的地址栏中输入"http://Helix 服务器 IP 地址:管理员控制端口号/admin/index.html",然后输入管理员用户名和密码,确定后进入管理界面。

(2) 在管理界面上【erver Setup】的下拉列表中单击【Ports】(端口配置),在 RTSP 和 HTTP 选项中分别填写 554 和 8080;然后单击【IP Binding】(IP 地址绑定),在 Edit IPAddress 中填写"192.168.1.3"。

(3) 重启动服务器:单击【Restart Server】按钮。

第9章 chapter 9

NFS的配置及应用

教学目标与要求

网络文件系统(Network File System,NFS)是UNIX、Linux系统支持的一种网络服务。通过NFS,网络中的计算机可以发布共享信息,从而可使远程客户像使用本地文件一样访问该共享资源。本章将介绍NFS的工作原理及相关的配置操作。

通过本章的学习,读者应该做到:

- 了解NFS作用及用途。
- 了解NFS的工作原理。
- 掌握NFS的常用设置。

教学重点与难点

NFS的相关配置。

9.1 NFS的基本原理

9.1.1 NFS概述

网络文件系统支持在不同的文件系统之间共享文件,用户不必关心计算机的型号、使用的操作系统以及所在的位置。如果想使用远程计算机上的文件,只要用mount命令将远程的目录挂接在本地文件系统下,就可以如同使用本地文件一样使用相关资源。NFS服务器的工作原理如图9.1所示。

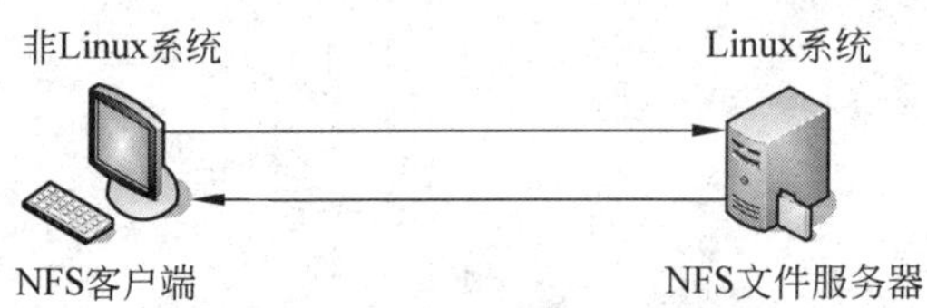

图9.1 NFS服务器的工作原理

1. NFS的优点

(1) 节约磁盘空间

客户端经常使用的数据可以集中存放在一台机器上,并使用NFS发布,那么网络内部的所有计算机就可以通过网络进行访问,不必单独存储。

(2) 节约硬件资源

NFS可以共享CDROM和ZIP等存储设置,减少整个网络的上可移动设备的数量。

(3) 用户主目录的设定

某些特殊用户,如管理员,为了管理的需要,需经常登录到网络中所有的计算机。如每个客户端均保存该用户的主目录则很烦琐,而且不能保证数据的一致性。实际上,经过NFS服务器的设定,然后在客户端指定主目录的位置,并自动挂载,就可以在任何计算机上使用用户主目录文件。

2. NFS的版本

目前,NFS有以下常见的三个版本。

(1) NFSv2:是较早的版本,并得到了广泛的支持。

(2) NFSv3:提供更多的功能,包括64位文件支持、异步写入以及错误处理。

(3) NFSv4:功能强大,不再依赖portmapper,支持访问控制ACL以及状态处理。

Red Hat Enterprise Linux 5支持NFSv2、NFSv3、NFSv4。使用NFS超载时,如果服务器支持,Red Hat企业版将使用NFSv3版本。

所有的版本NFS都可以使用TCP协议,进行网络中的信息传递。由于NFSv4支持状态处理,所以必须依靠TCP协议。NFSv2和NFSv3可以使用UDP协议完成客户端与服务器的连接。

9.1.2 RPC简介

NFS可以在网络中实现文件共享。由于在设计NFS时,没有提供数据传输的功能,因此,它必须借助其他协议来完成数据的传输,此协议为RPC(Remote Procedure Call,远程过程调用)。

RPC是建设客户机/服务器模式的优秀技术,定义了进程间通过网络进行交互通信的机制。它允许客户端的进程通过网络向远程服务器上的服务进程请求服务,而不需要了解服务器底层通信协议的详细信息,降低了网络程序的复杂性。

为了理解NFS和RPC的关系,这里举一个实例。图书馆保存了大量图书,种类繁多。假如图书馆只提供图书的保存、共享工作,读者如果想借阅某本书或者归还某本书,就必须知道各类图书的具体存放位置,这无疑加大了读者的借阅难度。实际上,在图书馆可以设立图书借阅处,保存一份详细的图书登记表,读者每次借阅或者归还图书,只需在借阅处办理手续即可。NFS提供的文件共享类似于图书馆的功能,而RPC负责接受请求并返回信息,外部程序不需了解内部的网络细节,其功能与图书借阅处有相同之处。

当RPC连接开始时,客户端建立过程调用(Procedure Call),将调用参数发送至远程服务器进程,并且等待响应。当请求到达时,服务器通过客户端请求的服务,调用指定的程序，并将结果返回给客户端。当RPC调用结束时，客户端程序将继续进行余下的通信操作，如图9.2所示。

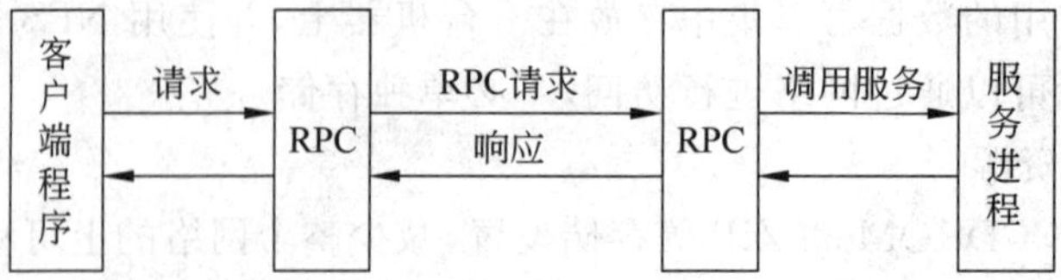

图9.2 RPC远程调用机制

NFSv2、NFSv3依赖RPC与外部进行通信，为了保证NFS服务的正常工作，需要RPC注册相应的服务端口信息，如同图书馆的图书登记表一样，构成服务信息的记录。这样，客户端向服务器的RPC提交访问某个服务的请求时，服务器才能够正确响应。

说明：注册NFS服务器时，需要首先开启RPC，才能保证NFS注册成功。并且，如果RPC服务重启，其保存的信息将会丢失，这时需要重新启动NFS的服务进程，以注册端口信息，否则客户端将无法访问NFS服务器。

9.1.3 NFS的工作原理

1. NFS的工作进程

下面介绍NFS需要的守护进程。

(1) 3个必需的进程

- rpc.nfsd：基本的NFS守护进程，管理客户端是否能够登入服务器。
- rpc.mountd：RPC的安装守护进程，管理NFS的文件系统。客户端通过rpc.nfsd登录后，还必须通过文件使用权限的验证，rpc.mountd会读取/etc/exports文件，检验客户端的权限。
- portmap：进行端口映射工作，记录服务对应的端口信息并提供给客户端，使客户端能够正确请求服务。如果portmap没有运行，NFS客户端就无法查找NFS服务器中共享的目录。

(2) NFS服务器可能启动的其他进程

对于NFS服务器而言，为了特殊的需要，还可能启动以下进程(非必需)。

- rpc.lockd：多用户对共享目录的同一文件写入时，rpc.lockd进行锁定，以保证文件数据的一致性。使用该功能，在NFS客户端和服务器均要开启rpc.lockd进程。
- rpc.statd：维护共享目录中文件的一致性，特别是当多用户对文件操作的时候。该进程和rpc.lockd有关，在NFS客户端和服务器均要开启rpc.statd进程。

2. NFS的工作流程

NFS服务器开启RPC、NFS服务后，NFS的相关进程会向RPC提交注册信息，根据服务进程以及对应的端口号，形成端口映射表。然后，NFS服务器通过RPC的111端口与外部的客户端进行通信，具体工作流程如图9.3所示。

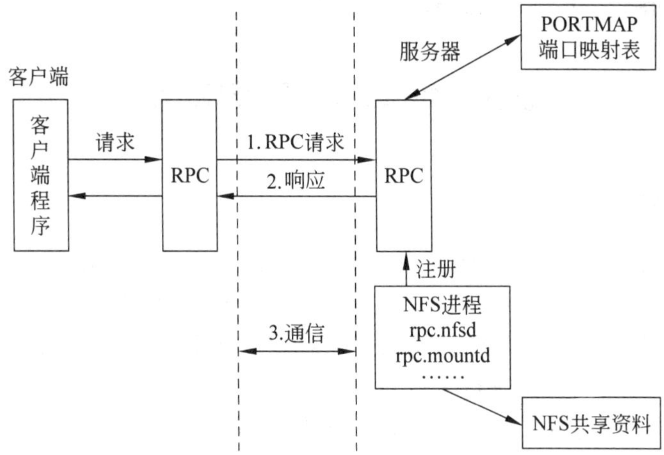

图 9.3 NFS 工作流程

(1) 客户端程序向 NFS 服务器提交 RPC 请求,并明确访问 NFS 服务,告知其具体的读写操作。

(2) RPC 查找端口映射表,并根据客户端请求,返回相应的结果。

(3) 客户端获取指定的 NFS 服务器端口后,将直接与 NFS 进程进行读写操作。

9.2 安装 NFS

1. NFS 所需软件

(1) nfs-utils-1. 0. 9-24. el5. i386: NFS 服务的主程序包,提供 rpc. nfsd 及 rpc. mountd 这两个 daemons 以及相关说明文件。

(2) portmap-4. 0-65. 2. 2. 1. i386: RPC 主程序,记录服务的端口映射信息。

2. NFS 的安装

在安装 NFS 之前,可以用 rpm -qa 命令查看是否已经安装了 NFS 所需的软件包,如下所示。

```
[root@zhou~]#rpm -qa | grep nfs
nfs-utils-lib-1.0.8-7.2.z2
nfs-utils-1.0.9-24.el5
system-config-nfs-1.3.23-1.el5
```

表示已安装软件包。如果系统还未安装该软件包,则要进行安装。

3. NFS 相关文档

在 NFS 的相关文档中,有两个值得重点关注。

(1) /etc/exports: NFS 服务的主配置文件。和其他服务的主配置文件一样,绝大部分配置都是通过编辑该文件完成的。

(2) /var/lib/nfs/xtab: 主要用来记录客户端与 NFS 服务器的连接记录。想查看哪些客户端曾经连接过NFS服务器，查看该文件即可。

9.3 常规服务器配置

9.3.1 NFS的搭建流程

除安装软件外，一个简易NFS服务器的配置主要分为以下三步：

(1) 建立主配置文件exports。该文件的主要目的是发布共享目录，并为共享目录限制权限。该文件位于/etc目录下，如果没有则需要自行建立此文件。而且，exports文件没有语句和注释，需要管理员进行填写。

(2) 发布共享目录。如，可以将/tmp目录共享，并设置共享权限。

(3) 重新加载配置文件或重新启动NFS服务，使配置生效。

为了更好地理解流程中每一步的作用，下面通过一个实例讲解，如图9.4所示。

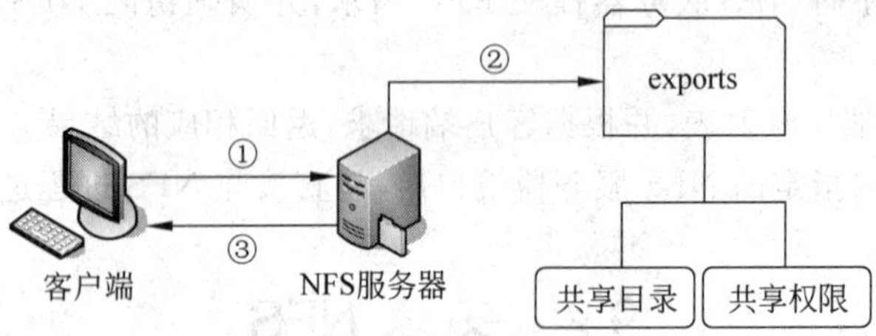

图9.4 NFS的搭建流程

① 客户端访问NFS服务器的共享目录。

② NFS服务器查看exports文件，确定目录是否被共享，以及共享目录所设置的权限。

③ 如果客户端经过审核有权限查看共享目录，NFS服务器则将共享目录内容反馈给客户端。

9.3.2 配置方案

NFS服务的主配置文件不是nfs.conf，而是exports，此文件位于/etc目录下。它的作用是定义需要共享的目录及对访问对象的控制，例如只允许192.168.1.0/24网段的客户端访问。和其他服务的主配置文件不同的是，出于安全考虑，NFS服务在默认情况下不共享任何目录，所以当需要共享目录的时候，需要管理员进行设置。

发布共享目录的格式如下：

```
共享目录 [客户端1 参数] [客户端2 参数]
```

下面介绍各参数的作用。

1. 共享目录

共享目录是指在NFS服务器上允许客户端共享的目录。在设置共享目录的时候要使用绝对路径。

2. 客户端

客户端是指所有可以访问 NFS 服务器共享目录的计算机。客户端可以是某台主机,也可以是某个网段或者某个域。在指定客户端的时候,可以使用通配符,如"*"等。常用的客户端指定方式有以下几种,如表 9.1 所示。

表 9.1 常用客户端指定方式

客户端指定方式	示 例
使用 IP 地址指定单一主机	192.168.1.20
使用 IP 地址指定主机范围	172.26.0.0/16
使用 IP 地址指定主机范围	192.168.1.*
使用域名指定单一主机	zsu.edu.ccn
使用域名指定主机范围	*.edu.cn
使用通配符指定所有主机	*

3. 参数

在可以附带的参数中,使用最多的是设置权限的参数,如设置共享目录只读权限或者读写权限。表 9.2 中列出了常用参数及说明。

表 9.2 常用参数及说明

参 数	说 明
ro	设置共享权限为只读
rw	设置共享权限为读写
no_root_squash	当使用 NFS 服务器共享目录的使用者是 root 时,将不被映射成为匿名账号
root_squash	当使用 NFS 服务器共享目录的使用者是 root 时,将被映射成为匿名账号
all_squash	将所有使用 NFS 服务器共享目录的使用者都映射为匿名用户
anonuid	设置匿名账号的 UID
anongid	设置匿名账号的 GID
sync	保持数据同步,也就是将数据同步写入内存和硬盘,可能导致效率降低
async	将数据保存在内存中,而不是直接保存在硬盘中

说明:在发布共享目录的格式中除了共享目录是必需的参数外,其他参数都是可选的;而且共享目录和客户端 1 之间以及客户端 1 与客户端 2 之间都需要使用空格符号,但客户端和参数之间不能有空格。

9.3.3 NFS 应用实例

1. 实例图示及具体要求

公司现需要在 NFS 服务器上发布一系列共享目录,这此目录分别给不同的客户群使用,如图 9.5 所示。具体要求如下:

(1) /media 目录

共享/media 目录,允许所有客户端访问此目录,但只能读。

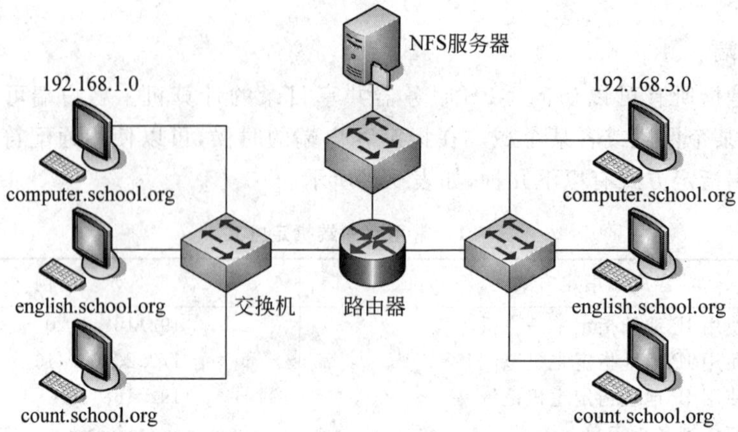

图 9.5 实例拓扑结构图

（2）/NFS/public 目录

共享/NFS/public 目录，允许 192.168.1.0/24 和 192.168.3.0/24 网段的客户端访问，并且对此目录具有只读权限。

（3）/NFS/teac1、/NFS/teac2、/NFS/teac3 目录

共享/NFS/teac1、/NFS/teac2、/NFS/teac3 目录，并且/NFS/teac1 目录只有来自.computer.school.org域的成员可以访问并且有读写权限，/NFS/teac2 和/NFS/teac3 目录分别来自.english.school.org 和.count.school.org 域的成员具有读写权限。

（4）/NFS/works 目录

共享/NFS/works 目录，192.168.1.0/24 网络的客户端具有只读权限，并且将 root 用户映射成为匿名用户。

（5）/NFS/test 目录

共享/NFS/test 目录，所有人都具有读写权限。当用户使用此共享目录的时候将账号映射成为匿名用户，并且指定匿名用户的 UID 和 GID 均为 65555。

（6）/NFS/security 目录

共享/NFS/security 目录，仅允许 192.168.1.200 的客户端访问，并且有读写权限。

2. 编辑主配置文件 exports

添加相应的共享目录，如下所示。

```
/media * (ro)
/NFS/public 192.168.1.0/24(ro) 192.168.3.0/24(ro)
/NFS/teac1 *.computer.school.org(rw)
/NFS/teac2 *.english.school.org(rw)
/NFS/teac3 *.count.school.org(rw)
/NFS/works 192.168.1.0/24(ro.root_squash)
/NFS/test  *(rw.all_squash.anonuid=65555.anongid=65555)
/NFS/security 192.168.1.200(rw)
```

其中：

(1) /media ＊.(ro)：表示共享/media目录，允许所有的客户端访问此目录，但只有读权限。“＊”表示任意客户端，(ro)表示只读权限。

(2) /NFS/public 192.168.1.0/24(ro) 192.168.3.0/24(ro)：表示共享/NFS/public目录，允许192.168.1.0/24和192.168.3.0/24的客户端访问，并且对此目录具有只读权限。

(3) /NFS/teac1 ＊.computer.school.org(rw)：表示共享/NFS/teac1目录，并且只允许来自.computer.school.org域的成员访问且具有读写权限。

(4) /NFS/works 192.168.1.0/24(ro,root_squash)：表示共享/NFS/works目录，并且只允许来自192.168.1.0/24网段的客户端访问，具有只读权限。root_squash表示将root用户映射成为匿名用户。

(5) /NFS/test ＊(rw,all_squash,anonuid=65555,anongid=655555)：表示共享/NFS/test目录，所有人都具有读写权限。All_squash表示将所有使用NFS服务器共享目录的使用者都映射为匿名用户。anonuid=65555,anongid=65555表示匿名用户将使用UID和GID都为65555的系统账号(UID=65555的用户必须存在)。

(6) /NFS/security 192.168.1.200(rw)：表示共享/NFS/security目录，仅允许来自192.168.1.200的客户访问，并具有读写权限。

9.3.4 NFS的启动与停止

在启动NFS服务之前，需要启动portmap服务，如下所示。

1. NFS服务的启动

```
[root@zhou~]#service nfs restart
关闭 NFS mountd:                                   [确定]
关闭 NFS 守护进程:                                  [确定]
关闭 NFS quotas:                                   [确定]
关闭 NFS 服务:                                      [确定]
启动 NFS 服务:                                      [确定]
关掉 NFS 配额:                                      [确定]
启动 NFS 守护进程:                                  [确定]
启动 NFS mountd:                                   [确定]
```

2. NFS服务的停止

```
[root@zhou~]#service nfs stop
关闭 NFS mountd:                                   [确定]
关闭 NFS 守护进程:                                  [确定]
关闭 NFS quotas:                                   [确定]
关闭 NFS 服务:                                      [确定]
```

3. NFS服务的重新启动

```
[root@zhou~]#service nfs restart
```

```
关闭 NFS mountd:                                                    [确定]
关闭 NFS 守护进程:                                                   [确定]
关闭 NFS quotas:                                                    [确定]
关闭 NFS 服务:                                                       [确定]
启动 NFS 服务:                                                       [确定]
关掉 NFS 配额:                                                       [确定]
启动 NFS 守护进程:                                                   [确定]
启动 NFS mountd:                                                    [确定]
```

4. 自动加载 NFS 服务

service nfs reload 或/etc/rc. d/init. d/nfs reload

5. 自动加载 NFS 服务

（1）chkconfig

使用 chkconfig 命令自动加载 NFS 服务，如下所示。

```
[root@ zhou~]#chkconfig——level 3 nfs on
[root@ zhou~]#chkconfig——level 3 nfs off
```

（2）ntsysv

使用 ntsysv 命令，利用文本图形界面对 NFS 自动加载进行配置，如图 9.6 所示。

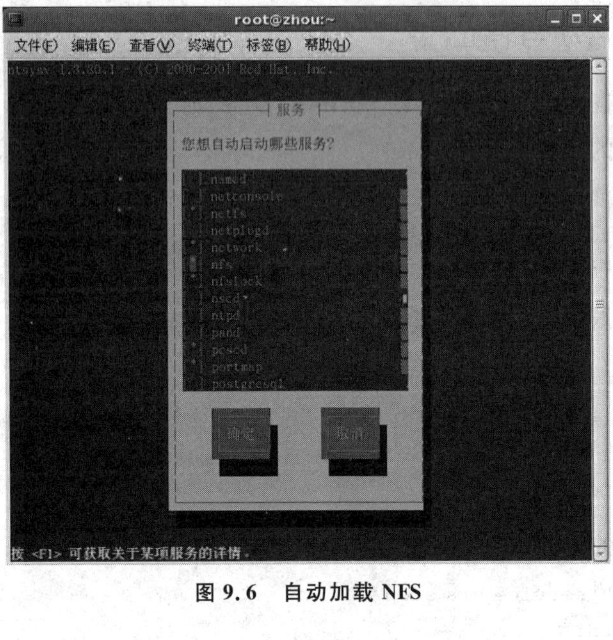

图 9.6 自动加载 NFS

9.3.5 rpcinfo 命令

为了使 NFS 服务器正常工作，首先要保证所有相关的 NFS 服务进程为开启状态。使用 rpcinfo 命令，可以查看 RPC 的相应信息。

1. 查看 NFS 服务器进程状态

命令格式如下。

```
rpcinfo -p 主机名或 IP 地址
```

登录 NFS 服务器后，使用 rpcinfo 命令检查 NFS 相关进程的启动情况(为了说明此操作的功能，我们先停止 NFS 服务器)。

```
[root@zhou~]#service nfs stop
```

然后，测试进程开启情况。

```
[root@zhou~]#rpcinfo -p 192.168.1.3
程序        版本    协议    端口
100000      2       tcp     111       portmapper
100000      2       udp     111       portmapper
100024      1       udp     769       status
100024      1       tcp     772       status
```

以上情况表明，NFS 相关进程没有启动。使用 service 命令启动 NFS 服务，再次使用 rpcinfo 进行测试。

```
[root@zhou~]#service portmap start
[root@zhou~]#service nfs start
```

以下信息表示 NFS 服务工作正常：

```
[root@zhou~]#rpcinfo -p 192.168.1.3
程序        版本    协议    端口
100000      2       tcp     111       portmapper
100000      2       udp     111       portmapper
100024      1       udp     769       status
100024      1       tcp     772       status
100011      1       udp     1023      rquotad
100011      2       udp     1023      rquotad
100011      1       tcp     602       rquotad
100011      2       tcp     602       rquotad
100003      2       udp     2049      nfs
100003      3       udp     2049      nfs
100003      4       udp     2049      nfs
100021      1       udp     1029      nlockmgr
100021      3       udp     1029      nlockmgr
100021      4       udp     1029      nlockmgr
100003      2       tcp     2049      nfs
100003      3       tcp     2049      nfs
100003      4       tcp     2049      nfs
100021      1       tcp     2702      nlockmgr
100021      3       tcp     2702      nlockmgr
```

```
100021    4    tcp    2702    nlockmgr
100005    1    udp    614     mountd
100005    1    tcp    617     mountd
100005    2    udp    614     mountd
100005    2    tcp    617     mountd
100005    3    udp    614     mountd
100005    3    tcp    617     mountd
```

2. 注册 NFS

虽然 NFS 服务正常启动，但是如果没有进行 RPC 的注册，客户端依然不能正常访问 NFS 共享资源，所以需要确认 NFS 服务已经进行注册。rpcinfo 命令能够提供检测功能，格式如下。

```
rpcinfo -u 主机名或 IP 地址 进程
```

检测 NFS 服务 rpc. nfsd 是否注册，如下所示（为了说明此操作的功能，我们先停止 NFS 服务器）：

```
[root@zhou~]#service nfs stop
[root@zhou~]#rpcinfo -u 192.168.1.3 nfs
rpcinfo: RPC: 程序未注册
程序 100003 不可用
```

出现提示表示 rpc. nfsd 进程没有注册。因此，需要在开启 RPC 以后，再启动 NFS 服务进行注册操作。

```
[root@zhou~]#service portmap start
[root@zhou~]#service nfs start
```

执行注册以后，再次使用 rpcinfo 命令，进行检测如下：

```
[root@zhou~]#rpcinfo -u 192.168.1.3 nfs
程序 100003 版本 2 就绪并等待
程序 100003 版本 3 就绪并等待
程序 100003 版本 4 就绪并等待
[root@zhou~]#rpcinfo -u 192.168.1.3 mount
程序 100005 版本 1 就绪并等待
程序 100005 版本 2 就绪并等待
程序 100005 版本 3 就绪并等待
```

NFS 服务进程 v2、v3、v4 版本均注册完毕，NFS 服务器可以正常工作。

9.3.6 exportfs 命令

exportfs 命令可以很好地帮助管理员维护 NFS 共享目录列表。例如重新读取配置文件中的内容（立即生效），停止共享某个目录等。

exportfs 的命令格式如下：

```
exportfs [-raoiuv]
```

参数说明如表 9.3 所示。

表 9.3 exportfs 参数说明

参 数	说 明
-a	导出所有列在/etc/exports 中的目录
-o	指定导出参数,格式与/etc/exports 文件相同
-i	忽略 exportfs 文件,使用默认或者命令行设定的选项
-r	重新输出所有目录。删除/var/lib/nfs/xtab 的内容,并使用/etc/exports 文件,同步/var/lib/nfs/xtab 文件
-u	不导出指定目录。与-a 共用则不导出所有目录
-f	指定新的导出文件,而不是用/etc/exports
-v	显示输出列表同时,显示导出的设定参数

9.3.7 配置 NFS 固定端口

1. 设置 NFS 文件

默认情况下,NFS 配置完毕后,每次重新启动此服务,其相应的端口号都会随机变化。NFS 因为依赖于 portmap,RPC 记录着 NFS 的端口信息,所以客户端在访问 NFS 服务器时,即使端口发生变化,通过 portmap 依然可以正常访问 NFS 的共享资源,这似乎并不会产生严重的影响。但是,如果服务器配置了防火墙,那么管理员如何开放 NFS 的端口,保证客户端的正常访问,将成为令人困扰的问题。毕竟根据 NFS 随机变化的端口,更改防火墙规则只会事倍功半。其实解决的办法也很简单,只需对 NFS 的配置使用固定端口即可。

NFS 的脚本在服务启动时,会检查/etc/sysconfig/nfs 文件,因此修改此文件,添加相应字段,便可以强制 NFS 服务使用固定端口,如下所示。

```
[root@zhou~]#vi/etc/sysconfig/nfs
MOUNTD_PORT="5001"
STATD_PORT="5002"
LOCKD_UDPPORT="5003"
LOCKD_TCPPORT="5003"
RQUOTAD_PORT="5004"
```

2. 重新启动 NFS 服务

修改/etc/sysconfig/nfs 文件后,使用 service 命令启动 NFS 服务,如下所示。

```
[root@zhou~]#service nfs restart
关闭 NFS mountd:                                        [确定]
关闭 NFS 守护进程:                                      [确定]
```

```
关闭 NFS quotas:                                                   [确定]
关闭 NFS 服务:                                                     [确定]
启动 NFS 服务:                                                     [确定]
关掉 NFS 配额:                                                     [确定]
启动 NFS 守护进程:                                                 [确定]
启动 NFS mountd:                                                   [确定]
```

3. 测试

使用 rpcinfo 命令测试 NFS 是否使用固定端口，如下所示。

```
[root@zhou~]#rpcinfo -p
程序        版本    协议      端口
100000      2       tcp       111      portmapper
100000      2       udp       111      portmapper
100024      1       udp       769      status
100024      1       tcp       772      status
100011      1       udp       5004     rquotad
100011      2       udp       5004     rquotad
100011      1       tcp       5004     rquotad
100011      2       tcp       5004     rquotad
100003      2       udp       2049     nfs
100003      3       udp       2049     nfs
100003      4       udp       2049     nfs
100021      1       udp       5003     nlockmgr
100021      3       udp       5003     nlockmgr
100021      4       udp       5003     nlockmgr
100021      1       tcp       5003     nlockmgr
100021      3       tcp       5003     nlockmgr
100021      4       tcp       5003     nlockmgr
100003      2       tcp       2049     nfs
100003      3       tcp       2049     nfs
100003      4       tcp       2049     nfs
100005      1       udp       5001     mountd
100005      1       tcp       5001     mountd
100005      2       udp       5001     mountd
100005      2       tcp       5001     mountd
100005      3       udp       5001     mountd
100005      3       tcp       5001     mountd
```

9.3.8 测试 NFS 服务

配置完主配置文件后，还要检测 NFS 服务器是否可以正常工作。这个过程包括检查共享目录和参数设置，使用 showmount 命令测试目录发布情况以及被客户端使用的情况。

1. 查看共享目录和参数设置

通过查看/var/lib/nfs/etab 文件可以查看共享目录以及详细的参数设置，如下所示。

```
[root@zhou~]#cat /var/lib/nfs/etab
/NFS/security    192.168.1.200(rw.sync.wdelay.hide.nocrossmnt.secure.root_squash.no_all_squash.no_subtree_check.secure_locks: acl.mapping=identity.anonuid=65534.anongid=65534)
/NFS/public      192.168.1.0/24(ro.sync.wdelay.hide nocrossmnt.secure.root_squash.no_all_squash.no_subtree_check,secure_locks.acl.mapping=identity.anonuid=65534,anongid=65534)
/NFS/public      192.168.3.0/24(ro.sync.wdelay.hide.nocrossmnt.secure.root_squash.no_all_squash.no_subtree_check.secure_locks.acl.mapping=identity.anonuid=65534.anongid= 65534)
/NFS/works       192.168.1.0/24(ro.sync.wdelay.hide.nocrossmnt.secure.root_squash.no_all_squash.no_subtree_check.secure_locks.acl.mapping=identity.anonuid=65534.anongid=65534)
/NFS/teac1        *.computer.school.org(rw.sync.wdelay.hide.nocrossmnt.secure.root_squash.no_all_squash.no_subtree_check.secure_locks.acl.mapping=identity.anonuid=65534.anongid= 65534)
/NFS/teac2        *.english.school.org(rw.sync.wdelay.hide.nocrossmnt.secure.root_squash.no_all_squash.no_subtree_check.secure_locks.acl.mapping=identity.anonuid=65534.anongid=65534)
/NFS/teac3        *.count.school.org(rw.sync.wdelay.hide.nocrossmnt.secure.root_squash.no_all_squash.no_subtree_check.secure_locks.acl.mapping=identity.anonuid=65534.anongid=65534)
/NFS/test         *(rw.sync.wdelay.hide.nocrossmnt.secure.root_squash.all_squash.no_subtree_check.secure_locks.acl.mapping=identity.anonuid=65555.anongid=65555)
/media            *(ro.sync.wdelay.hide.nocrossmnt.secure.root_squash.no_all_squash.no_sub tree_check.secure_locks.acl.mapping=identity.anonuid=65534.anongid=65534)
```

2. 使用 showmount 命令查看共享目录发布和使用情况

(1) showmount -e IP 地址

查看 NFS 服务器共享目录以及哪些客户端可以使用这些共享目录，如下所示。

```
/media *(ro)
/NFS/public 192.168.1.0/24(ro) 192.168.3.0/24(ro)
/NFS/teac1 *.computer.school.org(rw)
/NFS/teac2 *.english.school.org(rw)
/NFS/teac3 *.count.school.org(rw)
/NFS/works 192.168.1.0/24(ro.root_squash)
/NFS/test  *(rw.all_squash.anonuid=65555.anongid=65555)
/NFS/security 192.168.1.200(rw)
```

(2) showmount -d IP 地址

查看 NFS 服务器上哪些共享目录被客户端挂载，如下所示。

```
[root@zhou~]#showmount -d 192.168.1.3
```

```
Directories on 192.168.1.3:
```

以上信息表示目前还没有客户端挂载。

9.4 客户端配置

1. Linux 客户端的使用

（1）创建共享目录

为了更好地说明客户端的配置使用，先重新创建两个共享目录。修改/etc/exports如下。

```
[root@zhou~]#vi /etc/exports
/media * (ro)
/file * (rw)
```

（2）重新启动服务器

```
[root@zhou~]#service nfs restart
```

（3）查看 NFS 服务器共享目录

客户端首先使用 showmount -e 命令查看 NFS 服务器发布的共享目录，如下所示。

```
[root@zhou~]#showmount -e 192.168.1.3
Export list for 192.168.1.3:
/file     *
/media    *
```

2. 挂载 NFS 文件系统

查看 NFS 服务器端发布的共享目录后，使用 mount 命令将共享目录挂载到本地使用，挂载命令格式如下。

```
mount -t nfs NFS 服务器 IP 地址(或主机名):共享目录 本地挂载点
```

例如：将 192.168.1.3 上的/media 和 file 目录分别挂载到本地/zhouqi 和 test 目录：

```
[root@zhou~]#mount -t nfs 192.168.1.3: /media/zhouqi
[root@zhou~]#mount -t nfs 192.168.1.3: /file/zhouqi
mount.nfs: /zhouqi is already mounted or busy
[root@zhou~]#mount -t nfs 192.168.1.3: /file/test
```

说明：服务器 media 和 file 以及本地 zhouqi 和 test 目录必须存在。如果没有请先创建此目录，否则无法成功挂载。

同一个本地目录不能重复挂载。如 mount. nfs：/zhouqi is already mounted or busy 提示，说明 zhouqi 已被挂载。

当客户端没有权限访问 NFS 服务器上的共享目录时，会出现报错：

```
[root@zhou~]#mount -t nfs 192.168.1.3: /n /zhouqi
mount: 192.168.1.3: /n failed.reason given by server: Permission denied
```

3. 测试挂载文件

```
[root@zhou~]#showmount -d 192.168.1.3
Directories on 192.168.1.3:
/file
/media
```

表示已成功挂载/media 目录。

4. 卸载 NFS 文件系统

使用 umount 命令可以将挂载的目录卸载，如下所示。

```
[root@zhou~]#umount /test
```

5. 启动自动挂载 NFS

如果想让系统每次启动时自动挂载 NFS 服务器上的共享目录，则可以编辑/etc/fstab 文件。在此文件最底部添加一行，如下所示。

```
/dev/VolGroup00/LogVo100    /           ext3     defaults            1  1
LABEL=/boot                 /boot       ext3     defaults            1  2
tmpfs                       /dev/shm    tmpfs    defaults            0  0
devpts                      /dev/pts    devpts   gid=5,mode=620      0  0
sysfs                       /sys        sysfs    defaults            0  0
proc                        /proc       proc     defaults            0  0
/dev/VolGroup00/LogVol01    swap        swap     defaults            0  0
192.168.1.3: /media         /zhouqi     nfs      defaults            0  0
```

保存后重新启动操作系统，即可完成自动挂载。

9.5 NFS 服务器故障排错

与其他网络服务一样，运行 NFS 的计算机同样可能出现问题。当 NFS 服务无法正常工作时，需要根据 NFS 相关的错误消息，选择适当的解决方案。NFS 采用 C/S 结构，并通过网络通信，因此，可以将常见的故障点划分为三个：网络、客户端和服务器。

9.5.1 网络故障

对于网络的故障，主要有两方面的常见问题。

1. 网络无法连通

使用 ping 命令检测网络是否连通。如果出现异常，请检查物理线路、交换机等网络设备，或者计算机的防火墙。

2. 无法解析主机名

对于客户端来说，无法解析服务器主机名，可能会导致使用 mount 命令挂载时失败，并且服务器如果无法解析客户端的主机名，在进行特殊设置时，同样会出现错误，所以需要在/etc/hosts 文件添加相应的主机记录。

9.5.2 客户端故障

客户端在访问 NFS 服务器时，多使用 mount 命令，以下常见错误信息供参考。

1. 服务器无法响应：端口映射失败——RPC 超时

NFS 服务器已关机，或者 RPC 端口映射进程(portmap)已关闭。重新启动服务器的 portmap 程序，更正该错误。

2. 服务器无响应：程序无注册

mount 命令发送请求到 NFS 服务器端口映射进程，但是 NFS 相关守护程序没有注册。

3. 拒绝访问

客户端具备访问 NFS 服务器共享文件的权限。

4. 不被允许

执行 mount 命令的用户权限过低，必须具有 root 身份或是系统组的成员才可以运行 mount 命令，即只有 root 用户和系统组的成员才能够进行 NFS 安装、卸载操作。

9.5.3 服务器故障

1. NFS 服务器进程状态

为了 NFS 服务器正常工作，先要保证所有相关的 NFS 服务进程为开启状态。

使用 rpcinfo 命令，可以查看 RPC 的相应信息，如下所示。

```
[root@zhou~]#rpcinfo -p localhost
program vers proto port service
100000  2    tcp   111  portmapper
100000  2    udp   111  portmapper
100000  1    udp   111  status
100000  1    udp   111  status
```

NFS 相关程序并没有启动，使用 service 命令，启动 NFS 服务，再次使用 rpcinfo 进行测试即可。

2. 注册 NFS 服务

虽然 NFS 服务正常开启，如果没有进行 RPC 的注册，客户端依然不能正常访问 NFS 共享资源，所以需要确认 NFS 服务已经进行注册。rpcinfo 命令能够提供检测功能，如下所示。

```
[root@zhou~]#rpcinfo -u localhost nfs
Rpcinfo: RPC: Program not registered
Program 100003 is not available
```

出现以上提示信息表明 rpc.nfsd 进程没有注册，需要在开启 RPC 以后，再启动 NFS 服务进行注册操作。

```
[root@zhou~]#service portmap start
Starting portmap:                          [ OK ]
[root@zhou~]#service nfs restart
Shutting down NFS mountd:                  [ OK ]
Shutting down NFS daemon:                  [ OK ]
Shutting down NFS quotas:                  [ OK ]
Shutting down NFS services:                [ OK ]
Starting NFS services:                     [ OK ]
Starting NFS quotas                        [ OK ]
Starting NFS daemon:                       [ OK ]
Starting NFS mountd:                       [ OK ]
```

执行注册以后，再次使用 rpcinfo 命令，进行检测。

```
[root@zhou~]#rpcinfo -u localhost nfs
program 100003 version 2 ready and waiting
program 100003 version 3 ready and waiting
program 100003 version 4 ready and waiting
[root@zhou~]#rpcinfo -u localhost mount
program 100003 version 2 ready and waiting
program 100003 version 3 ready and waiting
program 100003 version 4 ready and waiting
```

NFS 相关进程的 v2、v3 及 v4 版本均注册完毕，NFS 服务器可以正常工作。

3. 检测共享目录输出

客户端无法访问服务器的共享目录时，可以登录服务器，进行配置文件的检查，确保/etc/exports 文件设定共享目录，并且客户端拥有相应权限。一般情况下，使用 showmount 命令能够检测 NFS 服务器的共享目录输出情况。

```
[root@zhou~]#showmount -e localhost
Export list for localhost:
/key *
```

9.6 本章小结

本章介绍了 NFS 的工作原理以及相关的配置操作。通过本章的学习，读者应该学会建立 NFS 服务器，掌握设置共享和挂载等基本操作。

9.7 本章作业

1. 手写相关语句搭建 NFS 服务器

(1) 共享/test1 目录,允许所有的客户端访问此目录,但只具有读权限。

(2) 共享/test2 目录,允许 192.168.1.0/24 网段客户端访问,并且对此目录具有只读权限。

(3) 共享/test3 目录,只有来自 192.168.4.0/24 网段的客户端具有只读权限。将 root 用户映射成为匿名用户,并且指定匿名用户的 UID 和 GID 都为 725。

2. 手写相关语句完成客户端配置

(1) 使用 showmount 命令查看 NFS 服务器发布的共享目录。

(2) 挂载 NFS 服务器上的/test1 目录到本地/test1 目录下。

(3) 卸载/test1 目录。

(4) 自动挂载 NFS 服务器上的 test1 目录到本地 test1 目录下。

9.8 本章实训

上机完成本章作业的所有内容。

第 10 章 chapter 10

防火墙服务器搭建与应用

教学目标与要求

网络建立初期，人们只考虑如何实现通信而忽略了网络安全。防火墙可以使企业内部局域网与 Internet 之间或者与其他外部网络互相隔离，限制网络互访，从而保护内部网络。

随着信息技术的飞速发展，信息网络已成为社会发展的重要保证，给政府结构、企事业单位的信息交流与共享带来了革命性的发展。通过信息网络可以实现信息的储存、传输和处理，大大提高了效率，但同时又要面对信息网络开放带来的数据安全的新挑战和新危机。网络中有很多敏感信息，甚至是国家机密，难免会吸引来自世界各地不怀好意的人对它进行攻击。因此，引进防火墙技术是至关重要的。本章将详细介绍防火墙的基本概念、Linux 下的 iptables 的应用及防火墙的设置。

通过本章的学习，读者应该做到：

- 了解防火墙的作用。
- 了解 iptables 的基本概念及应用。
- 掌握设置防火墙的方法。

教学重点与难点

在不同的环境下设置不同的防火墙。

10.1 防火墙概述

10.1.1 防火墙简介

防火墙技术是建立在现代信息网络的基础上的应用性安全技术，通常应用于专用网络与公用网络的互联环境之中，特别是接入 Internet 的网络。

防火墙是指隔离在本地网络与外界网络之间的一道防御系统。它是唯一进出不同网络或网络安全域之间信息的通道，能根据安全策略控制信息流出入网络，如允许、拒绝、监测等。它是一种在 Internet 上非常有效的安全模型,通过它能隔离风险区域的连接,同时又不会妨碍用户对风险区域的访问,从而有效地监控了内部网和 Internet 之间的活动,保证了内部网络的安全。它主要具有以下特征:

(1) 双向流通信息必须经过它。

(2) 只有符合安全策略授权的信息流才被允许通过。

(3) 系统本身具有很高的抗攻击性能。

总之,防火墙是在内部网与外部网之间实施安全防范的系统。它的主要功能是保护可信网络以防受到非可信网络的威胁,同时,必须允许双方合理的通信。现在大部分防火墙都是用于 Internet 内部网之间。当然,其他任何网络之间均可使用防火墙。

防火墙可以实现的功能如下:

(1) 提供网络安全的屏障。防火墙可以作为阻塞点、控制点,极大地提高内部网络的安全性,过滤不安全的信息,从而降低风险。

(2) 强化网络安全策略。使用以防火墙为中心的安全方案配置,能将所有安全认证配置在防火墙上,如口令、加密、身份认证、审计等。

(3) 监控审计网络的存取和访问。防火墙能记录所有经过它的访问并作出日志记录,同时也能提供网络使用情况的统计数据。当发生有非法访问时,防火墙能进行适当的报警,并且提供网络是否受到监测和攻击的相关信息。

(4) 防止内部信息外泄:防火墙可以实现对内部网络的划分,将内部网与重点网段隔离,使得全局网络免受局部重点或敏感网络安全问题的影响。除此之外,隐私也是内部网络的重要问题,一个内部网络中不引人注意的细节可能暴露了内部网络的某些安全漏洞。

防火墙除了具体安全的作用外,它还支持 VPN 技术。通过 VPN 技术可以将分布在全世界各地的局域网或专用子网,有机地联成一个虚拟专用网。这样不仅可以省去专用的通信线路,而且也为信息共享提供了技术保障。

10.1.2 防火墙的分类

根据防范方式和侧重点的不同,防火墙技术分为多种类型,有些以软件形式运行在普通计算机上,有些以固件形式设计在路由器中。总的来说,防火墙可以分为以下三种。

1. 包过滤防火墙

包过滤防火墙在 TCP/IP 四层架构下的 IP 层中运作。它检查通过的 IP 数据封包,并进一步处理。主要的处理方式有:放行(accept)、丢弃(drop)或拒绝(reject),以达到保护自身网络的目的。

包过滤技术在网络层中对数据包进行有选择的处理。它根据系统内预先设定的过滤规则,对数据流中每个数据包进行检查后,根据数据包的源地址、目的地址、TCP/UDP 源端口号、TCP/UDP 目的端口号及数据包头中的各种标志位等信息来确定是否允许数据包通过。

包过滤防火墙的应用主要有三类:一是路由设备在进行路由选择和数据转发的同时

进行包过滤；二是在工作站上使用专门的软件进行包过滤；三是在一种称为屏蔽路由器的路由设备上启动包过滤功能。

包过滤防火墙的优点是它对用户而言是透明的，即用户不需要用户名和密码就可以登录。其缺点是没有记录用户的使用记录，这样用户就不能从访问记录中发现攻击记录。

2. 应用网关防火墙

网关防火墙是指只有网关主机才能到达所有的外部网络，而内部网络的使用者要连接到外部网络，必须先登录这台网关主机。

应用网关技术是基于在网络应用层上的协议过滤，主要是针对特别的网络应用服务协议即数据过滤协议，它能够对数据包进行分析并形成报告。它严格控制所有输出输入的通信环境，以防有用数据被窃取。它还可以记录用户的登录信息，以便跟踪攻击记录。

有些应用网关还保存 Internet 上的那些经常被访问的页面。如果用户请求的页面已经存在于应用网关服务器缓存中，网关服务器就要先检查所缓存的页面是否是最新的版本；如果是，则直接提交给用户，否则，就到真正的服务器上请求最新的页面，然后再转发给用户。

3. 代理服务器防火墙

代理服务器防火墙是指针对每一种应用服务程序进行代理服务的工作。一方面代替原来的客户建立连接，另一方面代替原来的客户程序，与服务器建立连接。它可确保数据的完整性，只有特定的服务才会被交换；还可进行高阶的存取控制，并可对其内容进行过滤。

代理服务器技术作用在应用层，对应用层服务进行控制，可起到内部网络向外部网络交流服务时中间转接的作用。内部网络只接受代理提出的服务请求，拒绝外部网络其他结点的直接请求。

通常情况下，代理服务器可应用于特定的 Internet 服务，如 HTTP、FTP 等服务。代理服务器一般都有高速缓存，缓存中保存了用户经常访问的页面。当下一个用户要访问同样的页面时，服务器就可以直接将该页面发给用户，从而节约了时间和网络资源。

10.2 iptables 介绍

10.2.1 netfilter/iptables 组件

netfilter/iptables 可以实现防火墙、NAT（网络地址转换）和数据包的分割等功能。netfilter 工作在内核内部，而 iptables 则是让用户定义规则集的表结构。netfilter/iptables 是从 ipchains 和 ipwadfm 发展而来的。

netfilter/iptables IP 信息包过滤系统可进行添加、编辑和除去规则，这些规则可以对信息包进行过滤。这些规则存储在专用的信息包过滤表中，而这些表内置在 Linux 内核中。netfilter/iptables IP 信息包过滤系统主要由 netfilter 和 iptables 两个组件组成。

1. netfilter

netfilter 组件也称为内核空间。它集成在内核中，主要由一些信息包过滤表组成。这些表包含控制信息包过滤处理的规则集，这些规则被分组放在链中，使得内核对源地址、目的地址或具有某些协议类型的信息包进行处置，完成信息包的处理、控制和过滤等操作。

2. iptables

iptables 组件是一种高效、简洁的工具，也被称为用户空间。用户可以使用它来插入、修改和删除信息包过滤表中的规则，这些规则也就是 netfilter 组件处理信息包的依据。通过使用 iptables，用户可以定制各种安全策略实现对防火墙和信息包过滤的控制。

10.2.2 iptables 组成结构

netfilter 是 Linux 内核中的一个通用架构。它包含许多表（table），每个表由若干链（chain）组成，而每条链由若干条规则（rule）组成。换句话说，netfilter 是表的容器，表是链的容器，而链又是规则的容器。

1. 表

iptables 内置了三种表：filter、nat 和 mangle，分别用于实现包过滤、网络地址转换和包重构的功能。

（1）filter

filter 表用来过滤数据包。它根据定义的一组规则过滤符合条件的数据包，并根据包的内容对包进行 DROP 或 ACCEPT 等操作。filter 表是 iptables 默认的表。如果没有指定表，则默认使用 filter 表来执行所有的命令。它包含以下内置链。

- INPUT：应用于发往本机的数据包。
- DORWARD：应用于路由经过本地的数据包。
- OUTPUT：本地产生的数据包。

（2）nat

nat 表的主要作用是进行网络地址转换。它可以实现一对一、一对多、多对多的操作。iptables 的共享上网功能就要使用该表来实现的。

nat 表中包含 PREROUTING 链、OUTPUT 链和 POSTROUTING 链。

- PREROUTING：修改刚刚到达防火墙时数据包的目的地址。
- OUTPUT：修改本地产生的数据包的目的地址。
- POSTROUTING：修改要离开防火墙的数据包的源地址。

nat 表的操作可以分为以下几类：

- DNAT：访问重定向，把数据包重定向到其他主机上，即改变目的地址，以使数据包访问改变后的目的地址。
- SNAT：改变数据包的源地址，这样可以隐藏本地网络或者 DMZ 等。
- ASQUERADE：与 SNAT 差不多，但也有区别。对每个匹配的包，ASQUERADE

都要查找可用的IP地址，而SNAT使用的IP地址是配置好的。

(3) mangle

mangle表主要用来对指定的数据包进行修改，可以改变不同的包及包头的内容，如TTL、TOS或MARK。在实际的应用中该表不经常使用。

mangle表有5个内建的链：PREROUTING，POSTROUTING，OUTPUT，INPUT和FORWARD。

- PREROUTING：在数据包进入防火墙之后路由判断之前，改变数据包。
- POSTROUTING：在所有路由判断之后。
- OUTPUT：在确定数据包的目的之前更改数据包。
- INPUT：数据包被路由到本地之后，在用户空间的程序看到它之前改变数据包。mangle表只改变数据包的TTL、TOS或MARK，但不是其源目的地址。

mangle表的操作可以分为以下几种：

- TOS的作用是设置或改变数据包的服务类型域。
- TTL的作用是设置数据包的生存时间域。
- MARK的作用是设置特殊的标记。

2. 规则和链

(1) 规则

规则(rule)是网络管理员预先设定的条件，规则都这样定义“如果数据包头符合这样的条件，就这样处理这个数据包”。规则存储在内核空间的信息包过滤表中，它通常指定源地址、目的地址、传输协议(TCP、UDP、ICMP)、服务类型(HTTP、FTP、SMTP)和对数据包的处理方法，处理方法一般有：放行(accept)、拒绝(reject)和丢弃(drop)等。

防火墙可以利用规则对来自某个源、到某个目的地或具有特定协议类型的信息包进行过滤。防火墙的配置工作也主要是增加、修改和删除这些规则，规则的建立可以使用iptables命令完成。

(2) 链

链(chain)是数据包的传播路径。每条链是许多规则中的一个检查清单，其中可以有若干条规则。当一个数据包到达一个链时，iptables就会从第一条规则开始检查数据包是否符合该规则所定义的条件。如果满足，iptables将根据该条规则所定义的方法处理该数据包；否则，将继续检查下一条规则。如果该数据包不符合该链中的任一条规则，那么iptables就会根据该链预先定义的策略来处理该数据包。

10.2.3 iptables工作流程

iptables拥有3个表和5个链，其整个工作流程如图10.1所示。

(1) 数据包进入防火墙以后，首先进入mangle表的PREROUTING链，如果有特殊设定，则会更改数据包的TOS等信息。

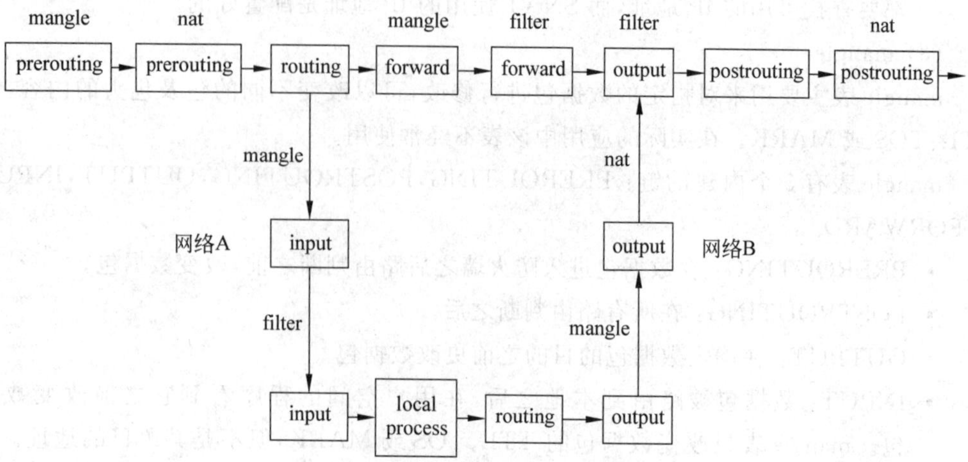

图 10.1 iptables 的工作流程

(2) 数据包进入 nat 表的 PREROUTING 链，如果有规则设置，则通常进行目的地址转换。

(3) 数据包经过路由，判断该包是发送给本机，还是需要向其他网络转发。

(4) 如果是转发，就发送给 mangle 表的 FORWARD 链，根据需要进行相应的参数修改，然后送给 filter 表的 FORMARD 链进行过滤，再转发给 mangle 表的 POSTROUTING 链。如果有设置，则进行参数调整，然后发给 nat 表的 POSTROUTING 链。根据需要，有可能会进行网络地址转换，修改数据包的源地址，最后将数据包发送给网卡，转发给外部网络。

(5) 如果目的地为本机，则数据包会进入 mangle 的 INPUT 链。经过处理，进入 filter 的 INPUT 链；再经过相应的过滤，进入本机的处理进程。

(6) 本机产生的数据包，首先进入路由，然后分别经过 mangle、nat 以及 filter 的 OUTPUT 链，进行相应的操作；再进入 mangle、nat 的 POSTROUTING 链，向上发送。

10.2.4 网络地址转换的工作原理

网络地址转换(Network Address Translation，NAT)是一种把内部私有 IP 地址转换成合法网络 IP 地址的技术。

为什么要使用 NAT 技术？实际上，在网络内部的主机使用的 IP 地址一般为私网地址，仅能够内部使用。通常使用以下地址范围：10.0.0.0～10.255.255.255、172.16.0.0～172.16.255.255、192.168.0.0～192.168.255.255，而这些内部使用的私网地址，无法在互联网上使用。内部主机与外部网络直接通信时，必须将内部地址替换成公用地址，从而在公网上正常使用，如图 10.2 所示。

NAT 可以使多台计算机共享 Internet 连接，这一功能很好地解决了公共 IP 地址紧缺的问题。通过这种方法，可以只申请一个合法 IP 地址，就把整个局域网中的计算机接

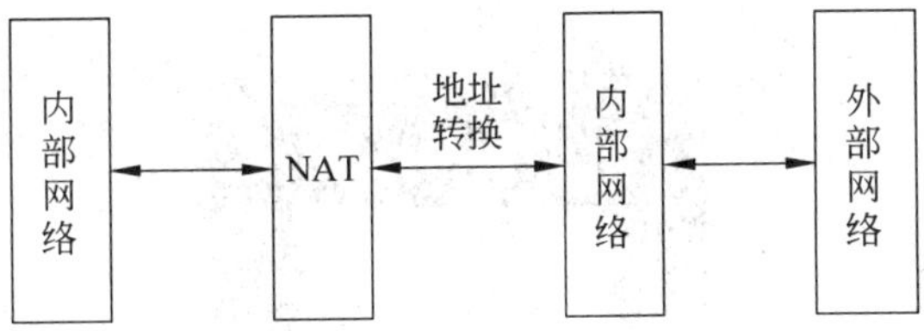

图 10.2 网络地址转换

入 Internet。这时，NAT 屏蔽了内部网络，所有内部网计算机对于公网来说是不可见的，而内部网的计算机用户通常不会意识到 NAT 的存在。

10.3 iptables 的安装与配置

iptables 默认已经安装好了，可以使用 rpm -qa 命令来查看默认安装了哪些软件，如下所示。

```
[root@zhou~]#rpm -qa | grep iptables
iptables-1.3.5-1.2.1
iptables-ipv6-1.3.5-1.2.1
```

(1) iptables 服务的启动

```
[root@zhou~]#service iptables start
应用 iptables 防火墙规则：                                    [确定]
载入额外 iptables 模块：ip_conntrack_netbios_ns               [确定]
```

(2) iptables 服务的停止

```
[root@zhou~]#service iptables stop
清除防火墙规则：                                              [确定]
把 chains 设置为 ACCEPT 策略：filter                          [确定]
正在卸载 liptables 模块：                                     [确定]
```

(3) iptables 服务的重新启动

```
[root@zhou~]#service iptables restart
应用 iptables 防火墙规则：                                    [确定]
载入额外 iptables 模块：ip_conntrack_netbios_ns               [确定]
```

(4) 自动加载 iptables 服务

```
[root@zhou ~]#chkconfig -level 3 iptables on        #运行级别 3 自动加载
[root@zhou ~]#chkconfig -level 3 iptables off       #运行级别 3 自动不加载
```

也可以使用 ntsysv 命令，利用文本图形对 iptables 自动加载进行配置，如图 10.3 所示。

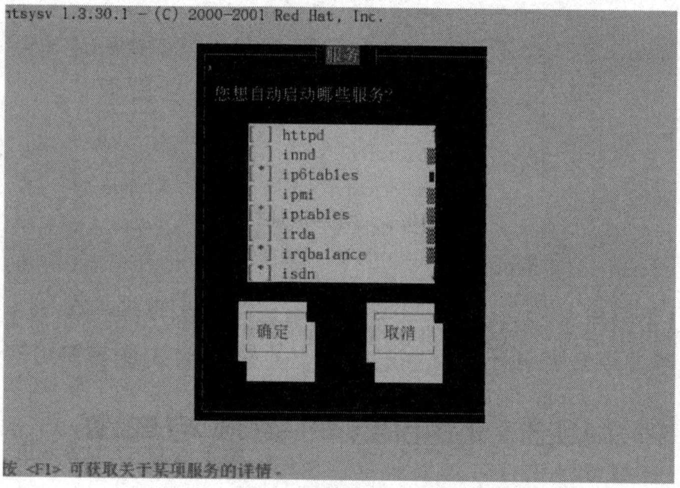

图 10.3 配置 iptables 自动加载

10.4 iptables 命令

如果想灵活运用 iptables 来加固系统安全,就必须熟练掌握 iptables 的语法格式。格式如下:

```
iptables [-t 表] -命令  -匹配    -j 动作/目标
```

1. 表选项

-t 参数用来指定规则表。内置规则表有三个,分别是:nat、mangle 和 filter。如果没有指定规则表,则默认使用 filter 表。各个规则表的功能已在上节详细讲述过,这里不再重复。

2. 命令选项

命令选项用于指定 iptables 的执行方式,即提交的规则要做什么操作,包括插入规则、删除规则和添加规则等,如表 10.1 所示。

表 10.1 命令选项

命　令	说　明
-A, --append	添加一条规则到某个规则链中,并且该规则将会成为规则链中的最后一条规则。例如,iptables -A INPUT ...
-D, --delete	从某个规则链中删除一条规则。例如,iptables -D INPUT --dport 80 -j DROP iptables -D INPUT 1
-R, --replace	取代现行的规则,规则被取代后不改变其顺序。例如,iptables -R INPUT1 -s 192.1610.0.1 -j DROP
-I, --insert	插入一条规则,原本该位置上的规则将会往后移动一个顺位。例如,iptables -I INPUT 1 --dport 80 -j ACCEPT

续表

命　令	说　明
-L, --list	列出某规则链中的所有规则。例如,iptables -L INPUT
-F, --flush	删除某规则链中的所有规则。例如,iptables -F INPUT
-Z, --zero	将封包计数器归零。例如,iptables -Z INPUT
-N,--new-chain	定义新的规则链。例如,iptables -N tcp_allowed
-X,--delete-chain	删除某个规则链。例如,iptables -X tcp_allowed
-P, --policy	定义过滤策略。例如,iptables -P INPUT DROP
-E,--rename-chain	修改自定义规则链的名称。例如,iptables -E tcp_allowed disallowed

【例 10.1】 -P 或--policy

作用：定义过滤策略,所有不符合规则的包都被强制使用这个策略。

```
iptables -t filter -P INPUT DROP
```

说明：只有内建的链才可以使用规则。

【例 10.2】 -A 或--append

作用：在所选择的链的最后添加一条规则。

```
iptables -A OUTPUT    --sport 22 DROP
```

【例 10.3】 -D 或--delete

作用：从所选链中删除规则。

```
iptables -D OUTPUT
```

说明：删除规则的时候可以把规则完整写出来进行删除,就像创建规则时一样,但是更快的方法是指定规则在所选链中的序号。

3. 匹配选项

匹配选项指定需要过滤的数据包所具备的条件。即在过滤数据包的时候,iptables根据什么来判断是否允许数据包通过。与规则匹配所应具有的特征包括源地址、目的地址、传输协议和端口号等。

在 TCP/IP 的网络环境里,大多数数据包所使用的协议不是 TCP 类型就是 UDP 类型或 ICMP 类型。例如 ping 所使用的就是 ICMP 协议。匹配选项如表 10.2 所示。

表 10.2　匹配选项

匹　配	说　明
-p --protocol	匹配数据包通信协议类型。如果要匹配所有类型,则可以使用 all 关键词。例如,-p all
-s,--src, --source	匹配数据包的源 IP 地址。例如：-s 192.1610.0.0/24,也可以使用"!"运算子进行反向比对,例如,-s ! 192.1610.0.0/24

续表

匹　配	说　明
-d,--dst, --destination	匹配数据包的目的 IP 地址。例如,iptables -A INPUT -d 192.1610.1.1
-i,--in -interface	匹配数据包是从哪片网卡进入的,可以使用通配字符 ＋ 来做大范围比对,例如：-i eth＋ 表示所有的 ethernet 网卡。也可以使用！运算子符进行反向比对,例如,-i！eth0
-o,--out -interface	匹配数据包要从哪片网卡发送。例如,iptables -A FORWARD -o eth0
--sport, --source-port	匹配数据包的源端号,可以设置一个端口,或是一个范围,例如：--sport22：80,表示 22～80 端口都算符合条件,如果要比对不连续的多个端口,则必须使用 --multiport 参数
--dport,--destination-port	匹配数据包的目的端口号。例如,iptables -A INPUT -p tcp --dport 22
--tcp-flags	匹配 TCP 数据包的状态标志位。例如，iptables -p tcp --tcp-flags SYN,FIN,ACK SYN
--syn	匹配是否为要求联机的 TCP 数据包，与 iptables -p tcp --tcp-flags SYN,FIN,ACK SYN 的作用完全相同。例如,iptables -p tcp --syn
-mmultiport--source-port	匹配不连续的多个源端口号,一次最多可以匹配 15 个端口。例如,iptables-A INPUT -p tcp -m multiport --source-port 22,53,80,110
-mmultipor--destination-port	匹配不连续的多个目的端口号。例如,iptables -A INPUT -p tcp -m multiport -destination-port 22,53,80,110
-m multiport --port	匹配源端口号和目的端口号相同的数据包。例如,iptables -A INPUT -p tcp-m multiport --port 22,53,80,110
--icmp-type	匹配 ICMP 的类型编号,可以使用代码或数字编号来进行比对。例如,iptables -A INPUT -p imcp - icmp-type 8
-m limit --limit	匹配某段时间内数据包的平均流量(单位时间为秒)。例如,iptables -A INPUT -m limit --limit 3/hour
--limit-burst	匹配瞬间大量数据包的数量。例如，iptables -A INPUT -m limit--limit-burst5
-m mac --mac-source	匹配数据包源网络接口的硬件地址,这个参数不能用在 OUTPUT 和 Postrouting 规则链上,这是因为数据包要送出到网卡后,才能由网卡驱动程序通过 ARP 协议查出目的地的 MAC 地址。例如,iptables -A INPUT-m mac --mac-source 00：00：00：00：00：01
--mark	匹配数据包是否被表示某个号码,当数据包被匹配成功时,可以通过 mark 处理动作，将该数据包标识一个号码，不能超过 4294967296。例如,iptables -t mangle -A INPUT -m mark --mark 1
-m owner --uid-owner	匹配来自本机的数据包,是否为某特定使用者所产生的,这样可以避免服务器使用 root 或其他身份将敏感数据传送出去。例如,iptables -A OUTPUT -m owner --uid-owner 500
-m owner --gid-owner	匹配来自本机的数据包,是否为某特定使用者群组所产生的,使用时机同上。例如,iptables -A OUTPUT -m owner --gid-owner 0
-m owner --pid-owner	匹配来自本机的数据包,是否为某特定行程所产生的。例如,iptables -A OUTPUT -m owner --pid-owner 78

续表

匹　配	说　明
-m owner --sid-owner	匹配来自本机的数据包，是否为某特定联机(Session ID)的响应封包。例如，iptables -A OUTPUT -m owner --sid-owner 100
-m state --state	匹配联机状态，联机状态共有四种：INVALID、ESTABLISHED、NEW和RELATED。INVALID表示该数据包的联机编号(Session ID)无法辨识或编号不正确。ESTABLISHED表示该数据包属于某个已经建立的联机。NEW表示该数据包要起始一个联机。RELATED表示该数据包属于某个已经建立的联机所建立的新联机。例如，iptables -A INPUT -m state--state RELATED,ESTABLISHED

【例10.4】 -p或--protocol

作用：匹配指定的协议。

```
iptables -A INPUT -p udp -j DROP
```

说明：设置协议对应的整数值。如，ICMP的值是1，TCP是6，UDP是17。默认设置为ALL，相应数是0，仅代表匹配TCP、UDP和ICMP协议。

【例10.5】 -sport或--source-port

作用：基于TCP包的源端口进行匹配，即通过检测数据包的源端口是否所指定的端口来判断数据包的去留。

```
iptables -A INPUT -sport 80 j ACCEPT
```

说明：如果不指定此项，则表示针对所有端口。

【例10.6】 -s或--src或-source

作用：以IP地址匹配包。

```
iptables -A INPUT -s 1.1.1.1 -j DROP
```

说明：在地址前加英文感叹号表示取反，要注意空格。如-s! 192.1610.0.0/24表示除此地址外的所有地址。

4. 动作选项

动作选项确定将如何处理符合条件的数据包，其中最为基本的选项有：ACCEPT、REJECT、DROP、REDIRECT、MASQUERADE、LOG、DNAT、SNAT、MIRROR、QUEUE、RETURN、MARK。

(1) ACCEPT

作用：允许符合条件的数据包通过。即接收这个数据包，允许它去往目的地。

(2) DROP

作用：拒绝符合条件的数据包通过，即丢弃该数据包。

(3) REJECT

作用：REJECT和DROP都会将数据包丢弃，区别在于REJECT除了丢弃数据包外，还向发送者返回错误信息。

(4) SNAT

作用：进行源网络地址转换，即更换数据包的源 IP 地址。网络地址转换是一个常用的功能，后面会详细说明。

说明：SNAT 只能用在 nat 表的 POSTROUTING 链里，只要连接中有一个符合条件的包被执行了此动作，那么这个连接的其他数据包都会自动执行此动作。

(5) DNAT

作用：与 SNAT 对应，将目的网络地址进行转换，也就是更换数据包的目的 IP 地址。

说明：DNAT 只能用在 nat 表的 PREROUTING 和 OUTPUT 链中，或者用在被这两条链调用的链中，包含 DANT 的链不能被除此之外的其他链调用，如 POSTROUTING。

(6) LOG

作用：用来记录数据包的相关信息，用来帮助排除错误。LOG 会返回数据包的有关细节，如 IP 地址等。

(7) MASQUERADE

作用：和 SNAT 的作用基本相同，区别在于它不需要指定"--to-source"。MASQUERADE 是专门设计用于需动态获取 IP 地址的连接的。比如，拨号上网、DHCP 等。

10.5 防火墙的配置

10.5.1 设置默认策略

在 iptables 中，所有的内置链都会有一个默认策略。当通过 iptables 的数据包不符合链中的任何一条规则时，则按默认策略来处理数据包。

定义默认策略的格式如下：

```
iptables [-t 表名] -P 链名 动作
```

【例 10.7】 将 filter 表中 INPUT 链的默认策略定义为 DROP(丢弃数据包)。

```
[root@zhou ~]#iptables -P INPUT -j DROP
```

【例 10.8】 将 nat 表中 OUTPUT 链的默认策略定义为 ACCEPT(接收数据包)。

```
[root@zhou ~]#iptables -t nat -P OUTPUT -j ACCEPT
```

10.5.2 查看 iptables 规则

查看 iptables 规则的格式如下：

```
iptables [-t 表名] -L 链名
```

【例 10.9】 查看 nat 表中所有链的规则。

```
[root@zhou~]#iptables -t nat -L
Chain PREROUTING (policy ACCEPT)
target     prot opt source          destination

Chain POSTROUTING (policy ACCEPT)
target     prot opt source          destination

Chain OUTPUT (policy ACCEPT)
target     prot opt source          destination
```

【例 10.10】 查看 filter 表中 FORWARD 链的规则。

```
[root@zhou~]#iptables -L FORWARD
Chain FORWARD (policy ACCEPT)
target     prot opt source          destination
RH-Firewall-1-INPUT all--anywhere          anywhere
```

10.5.3 添加、删除、修改规则

【例 10.11】 为 filter 表的 INPUT 链添加一条规则，拒绝所有使用 ICMP 协议的数据包。

```
[root@zhou~]#iptables -A INPUT -p icmp -j DROP
```

查看规则列表：

```
[root@zhou~]#iptables -L INPUT
Chain INPUT (policy ACCEPT)
target       prot opt source          destination
RH-Firewall-1-INPUT all -- anywhere          anywhere
DROP         icmp -- anywhere          anywhere
```

【例 10.12】 为 filter 表的 INPUT 链添加一条规则，允许访问 TCP 协议的 80 端口的数据包通过，并查看规则列表：

```
[root@zhou~]#iptables -A INPUT -p tcp --dport 80 -j ACCEPT
[root@zhou~]# iptables -L INPUT
Chain INPUT (policy ACCEPT)
target       prot opt source          destination
RH-Firewall-1-INPUT all -- anywhere          anywhere
DROP         icmp -- anywhere       anywhere
ACCEPT       tcp -- anywhere        anywhere     tcp dpt: http
```

【例 10.13】 在 filter 表中 INPUT 链的第 2 条规则前插入一条新规则，不允许访问 TCP 协议的 53 端口的数据包通过。

```
[root@zhou~]#iptables -l INPUT 2 -p tcp --dport 53 -j DROP
[root@zhou~]#iptables -L INPUT
Chain INPUT (policy ACCEPT)
target      prot opt source        destination
RH-Firewall-1-INPUT all --  anywhere        anywhere
DROP        tcp --  anywhere       anywhere        tcp dpt: domain
DROP        icmp --  anywhere      anywhere
ACCEPT      tcp --  anywhere       anywhere        tcp dpt: http
```

【例 10.14】 在 filter 表中 INPUT 链的第 1 条规则前插入一条新规则，允许访问 IP 地址 172.16.0.0/16 网段的数据包通过。

```
[root@zhou~]#iptables -I INPUT -s 172.16.0.0/16 -j ACCEPT
[root@zhou~]#iptables -L INPUT
Chain INPUT (policy ACCEPT)
target      prot opt source          destination
ACCEPT      all --  172.16.0.0/16    anywhere
RH-Firewall-1-INPUT all --  anywhere        anywhere
DROP        tcp --  anywhere         anywhere        tcp dpt: domain
DROP        icmp --  anywhere        anywhere
ACCEPT      tcp --  anywhere         anywhere        tcp dpt: http
```

【例 10.15】 删除 filter 表中 INPUT 链的第 2 条规则。

```
[root@zhou~]#iptables -D INPUT -p icmp -j DROP
[root@zhou~]#
[root@zhou~]#iptables -L INPUT
Chain INPUT (policy ACCEPT)
target      prot opt source        destination
ACCEPT      all --  172.16.0.0/16  anywhere
RH-Firewall-1-INPUT all --  anywhere        anywhere
DROP        tcp --  anywherer      anywhere        tcp dpt: domain
ACCEPT      tcp --  anywhere       anywhere        tcp dpt: http
```

【例 10.16】 清除 filter 表中 INPUT 链的所有规则。

```
[root@zhou~]#iptables -F INPUT
[root@zhou~]#iptables -L INPUT
Chain INPUT (policy ACCEPT)
target      prot opt source        destination
```

10.5.4 保存与恢复规则

iptables-save 用来保存规则，它的用法比较简单，格式如下：

```
iptables-save [-c] [-t 表名]
```

其中：

-c：保存包和字节计数器的值，使得在重启防火墙后不丢失对包的字节的统计。

-t：选择保存哪张表的规则，如果没有-t 参数则保存所有的表。

```
[root@zhou~]#iptables-save
#Generated by iptables-save v1.3.5 on Sun Oct 17 04: 04: 01 2010
*nat
: PREROUTING ACCEPT [75: 6270]
: POSTROUTING ACCEPT[33: 3687]
: OUTPUT ACCEPT[33: 3687]
COMMIT
#Completed on Sun Oct 17 04: 04: 01 2010
#Generated by iptables-save v1.3.5 on Sun Oct 17 04: 04: 01 2010
*filter
: INPUT ACCEPT [167: 21186]
: FORWARD ACCEPT[0: 0]
: OUTPUT ACCEPT[439: 45688]
: RH-Firewall-1-INPUT-[0: 0]
-A FORWARD -j RH-Firewall-1- INPUT
-A RH-Firewall-1-INPUT -i lo -j ACCEPT
-A RH-Firewall-1-INPUT -p icmp -m icmp --icmp-type any -j ACCEPT
-A RH-Firewall-1-INPUT -p esp -j ACCEPT
-A RH-Firewall-1-INPUT -p ah -j ACCEPT
-A RH-Firewall-1-INPUT -d 224.0.0.251 -p udp -m udp --dport 5353 -j ACCEPT
-A RH-Firewall-1-INPUT -p udp -m udp --dport 631 -j ACCEPT
-A RH-Firewall-1-INPUT -p tcp -m tcp --dport 631 -j ACCEPT
-A RH-Firewall-1-INPUT -m state --state RELATED.ESTABLISHED -j ACCEPT
-A RH-Firewall-1-INPUT -p tcp -m state --state NEW -m tcp --dport 22 -
j ACCEPT
-A RH-Firewall-1-INPUT -j REJECT --reject-with icmp- host-prohibited
COMMIT
#Completed on Sun Oct 17 04: 04: 02 2010
You have new mail in /var/spool/mail/root
```

其中：“*”是表的名字，它后面是该表中的规则集。可以使用重定向命令来保存这些规则集，如下所示。

```
[root@zhou ~]#iptables-save>/etc/iptables-save
```

Iptables-restore 用来装载由 iptables 保存的规则集。格式如下：

```
Iptables-restore [-c] [-n]
```

其中：

-c：装入包和字节计数器。

-n：不覆盖已有的表或表内的规则。默认情况是清除所有已存在的规则。

使用重定向来恢复由 iptables-save 保存的规则集，如下所示。

```
[root@zhou ~]#iptables-restore>/etc/iptables-save
```

说明：所有的添加、删除、修改都是临时生效，重新启动系统后，将恢复成原有的配置。如果想使所做的修改在重启系统后生效，则可以使用以下命令来保存。

```
[root@zhou  ~]#iptables-restore>/etc/iptables-save
[root@zhou  ~]#service iptables save
```

10.5.5 禁止客户机访问某些网站

由于网络上有很多不安全的站点，为了使网络更为安全，有必要禁止客户机访问某些网站。通过 iptables 可以使用域名或 IP 地址来禁止访问指定的网站。

【例 10.17】 禁止所有学生访问 IP 地址为 192.1.2.3 的网站。

```
[root@zhou~]#iptables -A FORWARD -d 192.1.2.3 -j DROP
[root@zhou~]#iptables -L FORWARD
Chain FORWARD (policy ACCEPT)
target      prot opt source             destination
RH-Firewall-1-INPUT all --  anywhere             anywhere
DROP        all --  anywhere            192.1.2.3
```

【例 10.18】 禁止所有学生访问域名为 www.xxx.com 的网站。

```
[root@zhou ~]#iptables-A FORWARD-d www.xxx.com-j DROP
```

10.5.6 禁止客户机使用 QQ

有时，需要禁止客户机使用 QQ。如在上班时间禁止公司员工上 QQ 聊天，或在学校上课时间禁止学生上 QQ 等。要封锁 QQ，只要知道 QQ 使用的服务器地址和端口号就可以了。QQ 使用的服务器地址和端口可以从 QQ 的安装目录下找到。进入 QQ 安装目录，使用记事本或其他编辑器打开以 QQ 号码命名子目录下的 config.db 文件，在该文件中即可看到 QQ 使用的服务器的地址和端口号，如图 10.4 所示。

在 config.db 文件中可以找到 QQ 服务器所使用的地址和端口号。QQ 通常使用的 TCP 或 UDP 协议的 8000 端口，有些新版的 QQ 可能使用 TCP 的 80 端口服务器的 IP 地址，这些服务器所对应域名分别为 tcpconn.tencent.com 、tcpconn2.tencent.com 、tcpconn3.tencent.com 和 tcpconn4.tencent.com。此外，还有 VIP 会员使用的服务器 http.tencent.com 和 http2.tencent.com。输入的具体命令如下所示。

```
[root@zhou ~]#iptables -I FORWARD -p tcp --dport 8000 -j DROP
[root@zhou ~]#iptables -I FORWARD -p udp --dport 8000 -j DROP
[root@zhou ~]#iptables -I FORWARD -d tcpconn.tencent.com -j DROP
[root@zhou ~]#iptables -I FORWARD -d tcpconn2.tencent.com -j DROP
[root@zhou ~]#iptables -I FORWARD -d tcpconn3.tencent.com -j DROP
```

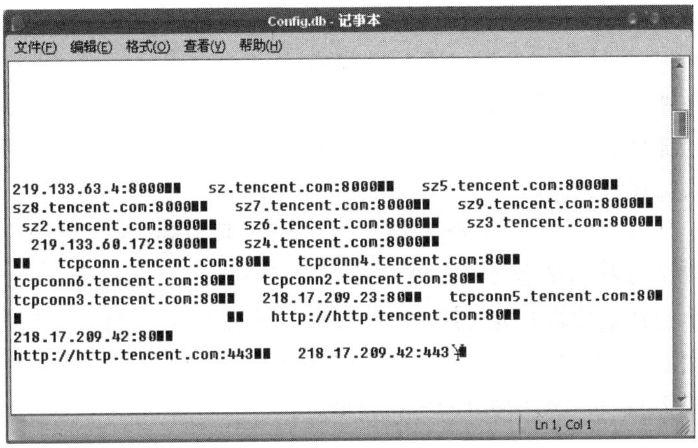

图 10.4 config.db 文件

```
[root@zhou ~]#iptables -I FORWARD -d tcpconn4.tencent.com -j DROP
[root@zhou ~]#iptables -I FORWARD -d http.tencent.com -j DROP
[root@zhou ~]#iptables -I FORWARD -d http2.tencent.com -j DROP
```

10.6 网络地址转换

iptables 利用 nat 表，将内网地址与外网地址进行转换，可完成内、外网的通信。nat 表支持以下 3 种操作。

(1) SNAT：改变数据包的源地址，防火墙会使用外部地址，替换数据包的本地网络地址，使网络内部主机能够与网络外部通信。

(2) DNAT：改变数据包的目的地址。防火墙接收到数据包后，会将该包目的地址进行替换，重新转发到网络内部的主机。当应用服务器处于网络内部时，防火墙接收到外部的请求，会按照规则设定，将访问重定向到指定的主机上，使外部的主机能够正常访问网络内部的主机。

(3) MASQUERADE：与 SNAT 一样，但主要用于 ISP 随机分配的接入外网的地址是不固定的地址的情况。

10.6.1 配置 SNAT

SNAT 的功能是进行源 IP 地址转换，也就是重写数据包的源 IP 地址。若网络内部主机采用共享方式，访问 Internet 连接时，就需要用到 SNAT 的功能，将本的 IP 地址，替换为公网的合法 IP 地址。

SNAT 只能用在 nat 表的 POSTROUTING 链，并且只要连接的第一个符合条件的包被 SNAT 进行地址转换，那么这个连接的其他所有的包都会自动地完成地址替换工作，而且这个规则还会应用于这个连接的其他数据包。格式如下：

```
iptables -t nat -A POSTROUTING -o 网络接口 -j SNAT --to-source IP 地址
```

指定替换的 IP 地址和端口有以下几种方式：

(1) 指定单独的地址。如：202.3.2.1。

(2) 一段连续的地址范围。如：202.3.2.1～202.3.2.11，这样会为数据包随机分配一个 IP 地址，以实现负载均衡。

(3) 端口范围。在指定-p tcp 或-p udp 的前提下，可以指定源端口的范围，如 202.3.2.11：1024-10000，这样包的源端口就被限制在 1024～10000 之内了。

【例 10.19】 学院内部主机使用 10.0.0.0/8 网段的 IP 地址，并且使用 Linux 主机作为服务器连接互联网，外网为固定地址 192.168.1.3。现在需要修改相关设置保证内网用户能够正常访问 Internet，如图 10.5 所示。

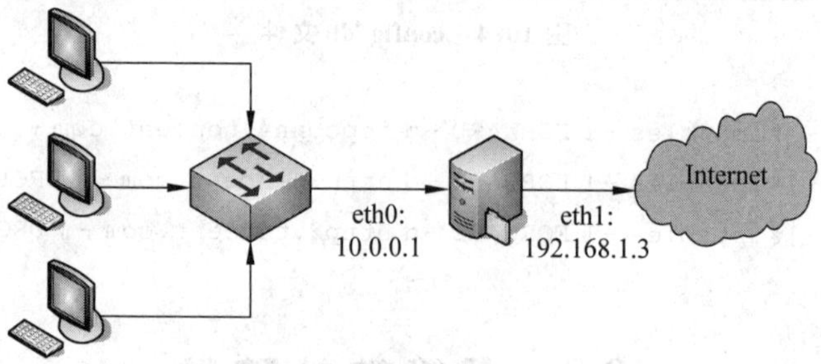

图 10.5 学院网络拓扑结构

1. 开启内核路由转发功能

在内核里打开 IP 转发功能，如下所示。

```
[root@zhou~]#echo 1>/proc/sys/net/ipv4/ip_forward
```

2. 添加 SNAT 规则

设置规则，将数据包的源地址改为公网地址，如下所示。

```
[root@zhou~]#iptables -t nat -A POSTROUTING -o eth1 -j SNAT --to-source 192.168.1.3
[root@zhou~]#service iptables save
将当前规则保存到 /etc/sysconfig/iptables:                    [确定]
```

防火墙配置完成后，还要对网络内部客户机添加网关以及 DNS 服务器地址，才可以正常访问 Internet。

10.6.2 配置 DNAT

DNAT 能够完成目的网络地址的转换。如，企业 Web 服务器在网络内部，其使用私网地址，不能在 Internet 上使用合法 IP 地址，互联网的其他主机是无法与其直接通信的。使用 DNAT，防火墙的 80 端口接收数据包后，通过转换数据包的目的地址，信息就会转发给内部网络的 Web 服务器。

DNAT 需要在 nat 表的 PREROUTING 链中设置，参数为--to-destination。格式如下：

```
iptables -t nat -A PREROUTING    -i 网络接口 -p 协议 -dport 端口 -j DNAT --to-
destination IP 地址
```

DNAT 能够完成以下功能。

1. 发布内网服务器

DNAT 接收外部的请求数据包，并转发至内部的应用服务器。这个过程是透明的，访问者感觉就像直接在与内网服务器进行通信一样，如图 10.6 所示。

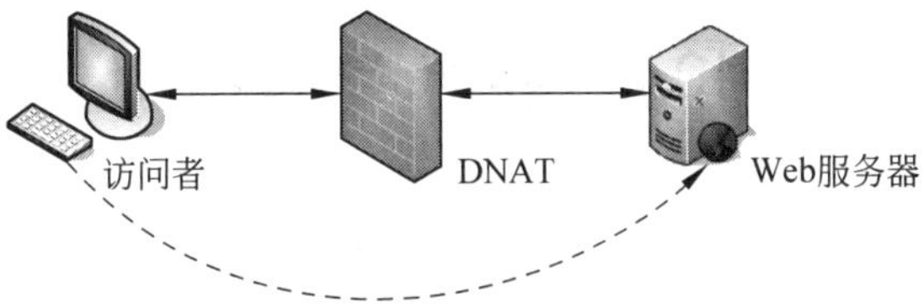

图 10.6 DNAT 原理

【例 10.20】 Web 服务器的 IP 地址为 192.168.1.3，防火墙外部 IP 地址为 202.200.200.10。现需要调整防火墙设置，保证外网用户能够正常访问该服务器。

使用 DNAT 将发送至 202.200.200.10 且端口为 80 的数据包转发至 192.168.1.3，如下所示。

```
[root@ zhou~]# iptables -t nat -A PREROUTING -d 202.200.200.10 -p tcp --
dport 80
-j DNAT --to-destination 192.168.1.3
```

2. 实现负载均衡

如果内部网络存在多台相同应用类型的服务器，就可以使用 DNAT，将外部的访问流量分配到多台服务器上，实现负载均衡，减轻服务器的负担。

【例 10.21】 学院有两台数据相同的 Web 服务器，IP 地址分别为 10.0.0.10、10.0.0.11，防火墙外部 IP 地址为 202.200.200.10。为了提高页面的响应速度，需要对 Web 服务进行优化。

```
[root@ zhou~]# iptables -t nat -A PREROUTING -d 202.200.200.10 -p tcp --
dport 80
-j DNAT --to 10.0.0.10-10.0.0.11
```

10.6.3 MASQUERADE

MASQUERADE 和 SNAT 的作用相同，也是提供源地址转换的操作，但它是针对外部接口为动态 IP 地址的情况而设计的，不需要使用--to-source 指定转换的 IP 地址。如果网络采用拨号方式接入 Internet，而没有对外的表态 IP 地址，那么，建议使用 MASQUERADE。

假设，公司内部网络有200台计算机，网段为192.168.1.0/24，并配有一台拨号主机，使用接口ppp0接入Internet，所有客户端通过该主机访问互联网。这时，需要在拨号主机进行设置，将192.168.1.0/24的内部地址，转换为ppp0的公网地址。如下所示。

```
[root@zhou~]#iptables -t nat -A POSTROUTING -o ppp0 -s 192.168.1.0/24 -j MASQU
ERADE
```

说明：MASQUERADE是特殊的过滤规则，它只能伪装从一个接口到另一个接口的数据。

10.7 实践与应用

10.7.1 环境及需求

（1）200台客户机，IP地址范围为192.168.1.1～192.168.1.254，掩码为255.255.255.0。

（2）Mail服务器：IP地址为192.168.1.254，掩码为255.255.255.0。

（3）FTP服务器：IP地址为192.168.1.253，掩码为255.255.255.0。

（4）Web服务器：IP地址为192.168.1.252，掩码为255.255.255.0。

公司网络拓扑结构如图10.7所示。

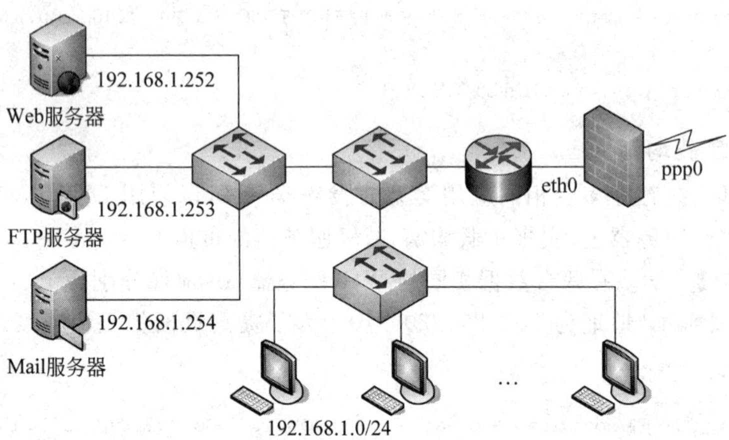

图10.7　公司网络拓扑结构

10.7.2 需求分析

内部网络为了保证安全性，首先要删除所有规则设置，并将默认规则设置为DROP，然后开启防火墙对于客户机的访问限制，打开Web、MSN、QQ以及Mail的相应端口，并允许外部客户端登录Web服务器的80、22端口。

10.7.3 解决方案

1. 配置默认策略

(1) 删除策略

```
[root@zhou~]#iptables -F
[root@zhou~]#iptables -X
[root@zhou~]#iptables -Z
[root@zhou~]#iptables -F -t nat
[root@zhou~]#iptables -X -t nat
[root@zhou~]#iptables -Z -t nat
```

(2) 设置默认策略

```
[root@zhou  ~]#iptables -P INPUT DROP
[root@zhou  ~]#iptables -P FORWARD DROP
[root@zhou  ~]#iptables -P OUTPUT ACCEPT
[root@zhou  ~]#iptables -t nat -P PREROUTING ACCEPT
[root@zhou  ~]#iptables -t nat -P OUTPUT ACCEPT
[root@zhou  ~]#iptables -t nat -P POSTROUTING ACCEPT
```

2. 回环地址

有些服务的测试需要使用回环地址,为了保证各服务的正常工作,需要允许回环地址的通信,如下所示。

```
[root@zhou  ~]#iptables -A INPUT -i lo -j ACCEPT
```

3. 连接状态设置

为了简化防火墙的配置操作,并提高检查的效率,需要添加连接状态设置,如下所示。

```
[root@zhou  ~]#iptables -A INPUT -m state --state
ESTABLISHED,RELATED -j ACCEPT
```

4. 设置80端口转发

```
[root@zhou  ~]#iptables -A FORWARD -p tcp --dport 80 -j ACCEPT
```

5. DNS相关设置

要使客户机能够正常使用域名访问Internet,还需要允许内网计算机与外部DNS服务器的数据进行转发。开启DNS使用UDP、TCP的53端口,如下所示。

```
[root@zhou  ~]#iptables -A FORWARD -p udp --dport 53 -j ACCEPT
[root@zhou  ~]#iptables -A FORWARD -p tcp --dport 53 -j ACCEPT
```

6. 允许访问服务器的SSH

SSH使用TCP协议端口22,如下所示。

```
[root@zhou  ~]#iptables -A INPUT -p tcp --dport 22 -j ACCEPT
```

7. 不允许内网主机登录 MSN 和 QQ

QQ 能够使用 TCP80、8000、4000 登录，而 MSN 通过 TCP1863、443 验证，因此，只需要禁止这些端口的转发就可以了。

```
[root@zhou  ~]#iptables -A FORWARD -p tcp --dport 1863 -j DROP
[root@zhou  ~]#iptables -A FORWARD -p tcp --dport 443 -j DROP
[root@zhou  ~]#iptables -A FORWARD -p tcp --dport 8000 -j DROP
[root@zhou  ~]#iptables -A FORWARD -p udp --dport 8000 -j DROP
[root@zhou  ~]#iptables -A FORWARD -p udp --dport 4000 -j DROP
```

8. 允许内网主机收发邮件

客户端发送邮件时需访问邮件服务器的 TCP25 端口，接收邮件时可能使用的端口较多，有 UDP 协议以及 ICP 协议的端口：110、143、993、995，如下所示。

```
[root@zhou  ~]#iptables -A FORWARD -p tcp --dport 25 -j ACCEPT
[root@zhou  ~]#iptables -A FORWARD -p tcp --dport 110 -j ACCEPT
[root@zhou  ~]#iptables -A FORWARD -p udp --dport 110 -j ACCEPT
[root@zhou  ~]#iptables -A FORWARD -p tcp --dport 143 -j ACCEPT
[root@zhou  ~]#iptables -A FORWARD -p udp --dport 143 -j ACCEPT
[root@zhou  ~]#iptables -A FORWARD -p tcp --dport 993 -j ACCEPT
[root@zhou  ~]#iptables -A FORWARD -p udp --dport 993 -j ACCEPT
[root@zhou  ~]#iptables -A FORWARD -p tcp --dport 995 -j ACCEPT
[root@zhou  ~]#iptables -A FORWARD -p udp --dport 995 -j ACCEPT
```

9. NAT 设置

由于局域网的地址为私网地址，在公网上是不合法的，所以必须将私网地址转为服务器的外部地址进行伪装，连接外部接口为 ppp0，具体配置如下所示。

```
[root@zhou  ~]#iptables -t nat -A POSTROUTING -o ppp0 -s 192.168.1.0/24
-j MASQUERADE
```

10. 内部机器对外部发布 Web

内网 Web 服务器 IP 地址为 192.168.1.252。通过设置，当公网客户端访问服务器时，防火墙将请求映射到内网的 192.168.1.252，如下所示。

```
[root@zhou  ~]#iptables -A PREROUTING -I ppp0 -p tcp --dport 80 -j DNAT --to-
destination 192.168.1.252: 80
```

10.8 本章小结

本章介绍了为什么需要防火墙及防火墙的基本概念。防火墙是隔离在本地网络与外界网络之间的防御系统。防火墙的主要功能有：提供网络安全的屏障，监控审计网络的存取和访问，防止内部信息的外泄和强化网络安全策略。防火墙的类型非常多，一般可以分为以下三种：包过滤、应用网关和代理服务器。

本章详细介绍了 iptables，它包括 netfilter 和 iptables 两个组件。netfilter 组件称为内核空间，它集成在内核中。iptables 组件被称为用户空间，可以使用它来插入、修改和删除信息包过滤表中的规则。iptables 的组成结构中有表、链和规则。本章详细说明了 iptables 的命令格式及各命令参数的含义；重点介绍了 iptables 防火墙的设置，可分别使用图形方式和命令方式进行设置；最后介绍了实现 NAT 的方式等。

10.9 本章习题

1. 判断题

(1) 防火墙是指隔离在本地网络与外界网络之间的防御系统。 (　　)

(2) 包过滤式防火墙在 TCP/IP 四层架构下的应用层中运作。 (　　)

(3) 链(chain)是数据包的传播路径，每条链就是许多规则中的一个检查清单，每条链中只有一条规则。 (　　)

(4) 工具软件 Firestarter 可以完成图形化配置防火墙的工作。 (　　)

(5) 如果没有指定规则表，则默认使用 filter 表。 (　　)

2. 选择题

(1) 防火墙的种类有________。

A. 包过滤　　B. 应用网关

C. 代理服务器　　D. 以上都是

(2) ________表可根据定义的一组规则过滤符合条件的数据包。

A. filter　　B. nat　　C. mangle　　D. users

(3) 防火墙一般具有的特征是________。

A. 双向流通信息必须经过它

B. 只有符合安全策略授权的信息流才会被允许通过

C. 系统本身具有很高的抗攻击性能

D. 以上都是

(4) 用来进行封包过滤处理的动作一般有________。

A. DROP　　B. ACCEPT　　C. REJECT　　D. 以上都是

(5) 使用 iptables 的________参数插入一条规则时，原本该位置上的规则将会顺序向后移动。

A. -I　　B. -D　　C. -R　　D. -A

3. 填空题

(1) 虽然 netfilter/iptables IP 信息包过滤系统被称为单个实体，但它实际上由组件________和________组成。

(2) 防火墙的配置主要是增加、修改和删除这些规则，规则的建立可以使用________

命令完成。

(3) mangle表只是改变数据包的TTL、TOS或MARK，而不是________。

(4) 使用________命令能启动iptables服务。

(5) 打开内核的路由功能的命令是________。

4. 操作题

(1) 设置Linux防火墙，即iptables的配置

要求

① 禁止使用ICMP协议。

② 发布内网Apache服务器的IP地址为192.168.16.200。

③ 禁止IP地址为192.168.1.52的客户机上网。

(2) 步骤

① 在终端输入以下规则：

```
iptables -I INPUT -i ppp0 -p icmp -j DROP
iptables -t nat -I PREROUTING -i ppp0 -p tcp -dport 80 -j DNAT -to-destination
192.168.1.200: 80
iptables -I FORWARD -s 192.168.1.52 -j DROP
```

② 启动防火墙：service iptables start。

10.11 本章实训

1. 实训概要

学院计算机系已建立了Mail服务器，IP地址为192.168.1.200，掩码为255.255.255.0；FTP服务器的IP地址为192.168.1.199，掩码为255.255.255.0；Web服务器的IP地址为192.168.1.198，掩码为255.255.255.0。

办公与教学计算机200台，IP地址范围为192.168.1.1～192.168.1.254掩码为255.255.255.0。

所有内网计算机需要经常访问互联网，并且计算机系所有的办公与教学计算机不能使用即时通信工具。其中Mail和FTP服务器对内部教师开放，仅需要发布Web站点，并且管理员会通过外网进行远程管理。为了保证整个网络的安全性，现在需要添加iptables防火墙，配置相应的策略。

2. 实训内容

在Red Hat Enterprise Linux 5操作系统上搭建iptables服务器。

3. 实训过程

1) 实训分析

内部网络为了保证安全性，需要先删除所有规则设置，并将默认规则设置为DROP。然后开启防火墙对于客户的访问限制，打开或者关闭Web、MSN、QQ和Mail的相应端

口，并允许外部客户登录 Web 服务器的 80、22 端口。

2）实训步骤

（1）配置默认策略

① 删除策略。

② 设置默认策略。

（2）回环地址

有些服务的测试需要使用回环地址，为了保证各服务的正常工作，需要允许回环地址的通信。

（3）连接状态设置

为了简化防火墙配置操作，并提高检查的效率，需要添加连接状态设置，如下所示。

```
ESTABLISHED,RELATED -j ACCEPT
```

（4）设置 80 端口转发

（5）DNS 相关设置

为了客户机能够正常使用域名访问 Internet，还需要允许内网计算机与外部 DNS 服务器的数据转发。开启 DNS 使用 UDP、TCP 的 53 端口。

（6）允许访问服务器的 SSH

SSH 使用 TCP 协议端口 22。

（7）允许内网主机登录 MSN 和 QQ

QQ 能够使用 TCP80、8000、4000 登录，MSN 通过 TCP1863、443 验证。因此，只需要禁止这些端口的 FORWARD 转发即可。

（8）允许内网主机收发邮件

客户端发送邮件时访问邮件服务器 TCP25 端口，接收邮件时可能使用的端口较多，UDP 协议以及 ICP 协议的端口为 110、143、993 以及 995。

（9）NAT 设置

由于局域网的地址为私网地址，在公网上是不合法的，所以必须将私网地址转为服务器的外部地址进行伪装，连接外部接口为 ppp0。

（10）内部机器对外部发布 Web

内网 Web 服务器 IP 地址为 192.168.1.198。通过设置，当公网客户端访问服务器时，防火墙将请求映射到内网的 192.168.1.198。

4. 实训总结

通过此次上机实训，掌握在 Red Hat Enterprise Linux 5 上安装与配置防火墙服务器的方法。

第11章 chapter 11

网络访问

教学目标与要求

早在20世纪60年代末就已经出现了远程管理程序，而且这类程序一直在发挥着重要的作用。服务器管理员能够通过远程方式，随时随地进行管理操作。随着远程登录服务器的日趋强大与完善，目前它已成为互联网最为广泛的应用之一。

通过本章的学习，读者应该做到：

- 了解远程登录的基本原理。
- 掌握telnet的配置方法。
- 掌握SSH的配置方法。

教学重点与难点

SSH的配置方法。

11.1 远程登录服务概述

11.1.1 什么是远程登录

用户在使用操作系统前输入用户名和对应的密码，在通过验证后才可以使用操作系统，这个过程就是登录过程。其登录方式分为两种。

1. 本地登录

打开计算机时，通常使用的就是本地登录方式。

2. 远程登录

指用户通过远程登录程序连接计算机，访问的计算机一般不是本地主机。远程登录程序负责把用户输入的每个字符传递给主机，再将主机输出的每个信息回显在屏幕上，如同在远程遥控。常见的远程登录程序有telnet、rlogin、SSH等。

远程登录服务最大的特点就是不受地理位置的限制，实现对远程主机的控制，从而大大方便了管理员的维护管理工作。不过，很多黑客工具如木马程序等也正是利用了远程登录的原理。

11.1.2 telnet 概述

telnet 是 Internet 上的远程访问工具，也是 Internet 上最早提供的常用服务。使用 telnet，用户计算机登录远程的主机，能够暂时成为远程计算机的终端，从而可以使用对方远程计算机对外开放的所有资源。

11.1.3 telnet 工作原理

telnet 采用 C/S 模式，当用户在客户端登录远程主机时，事实上是使用本地主机上的 telnet 客户程序，访问远程主机的 telnet 服务器程序。通常客户端程序会完成以下操作。

(1) 建立与服务器的 TCP 连接。

(2) 从键盘上接收用户输入的字符。

(3) 把输入的字符串转化为标准格式，并送给远程服务器。

(4) 从远程服务器接收返回的信息。

(5) 将信息显示在屏幕上。

远程服务器在接收到客户端请求后，会进行相应的处理：

(1) 通知客户端，远程计算机已经准备好了。

(2) 等候用户输入命令。

(3) 执行客户端发送的指令。

(4) 把执行命令的结果送回给客户端。

(5) 重新等候新的命令。

11.2 telnet 服务

11.2.1 安装 telnet 程序

telnet 服务有两个软件包：一个是服务器端软件包 telnet-0.17-38.el5.i386，另一个是客户端软件包 telnet-server-0.17-38.el5.i386。

测试系统是否已安装此软件包，如下所示。

```
[root@zhou~]#rpm -qa | grep telnet
telnet-0.17-38.el5
```

表明未完全安装，下面进行安装(安装方法参照前面章节)。再进行测试如下，即已完成安装。

```
[root@zhou~]#rpm -qa | grep telnet
telnet-server-0.17-38.el5
telnet-0.17-38.el5
```

11.2.2 telnet服务的启动与停止

telnet服务属于xinetd服务所管辖,所以启动telnet服务的方法和启动其他类型的服务方法有些区别。下面介绍几种启动和停止telnet服务的方法。

1. chkconfig自动加载telnet服务

```
[root@zhou~ ]#chkconfig --level 35 krb5-telnet on
```

运行级别3和5自动加载

```
[root@zhou~ ]#chkconfig --level 35 krb5-telnet off
```

运行级别3和5自动不加载

2. ntsysv

可以使用ntsysv命令利用文本图形界面对telnet服务进行配置,如图11.1所示。

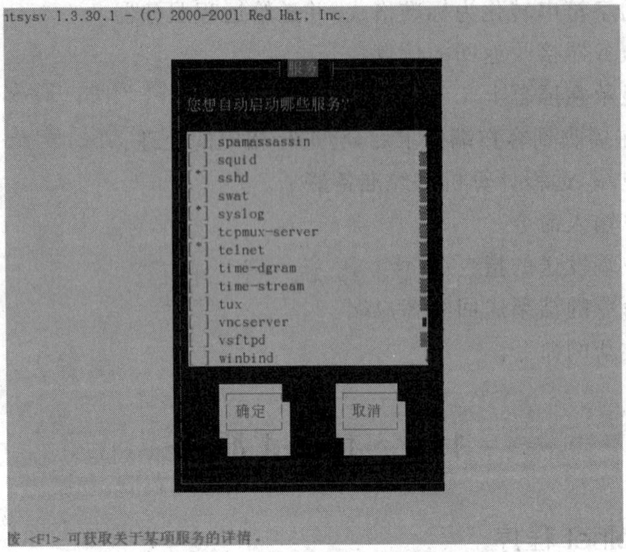

图11.1 配置telnet自动加载

3. 编辑/etc/xinetd.d/telnet

```
[root@zhou ~]vi /etc/xinetd.d/telnet
#default: on
#description: The telnet server serves telnet sessions: it uses\
#       unencrypted username/password pairs for authentication.
service telnet
{
        flags           =REUSE
        socket_type     =stream
        wait            =no
        user            =root
```

```
        server          =/usr/sbin/in.telnetd
        log_on_failure  +=USERID
        disable         =no
}
```

其中：disable=yes 表示不自动加载，disable=no 表示自动加载。

最后还需要重新启动 xinetd 服务来使配置生效，如下所示。

```
[root@zhou~]#vi /etc/xinetd.d/telnet
[root@zhou~]#service xinetd restart
停止 xinetd:                                                    [确定]
启动 xinetd:                                                    [确定]
```

可以查看主机是否开启 23 端口。如果没有修改过 telnet 的端口，那么默认使用的端口号为 23。可以使用 netstat 命令来查看主机是否开启了 23 端口，从而验证 telnet 是否可以正常工作，如下所示。

```
[root@zhou~]#netstat -tna|grep 23
tcp      0      0 0.0.0.0: 23        0.0.0.0: *        LISTEN
```

11.2.3 防火墙设置

服务器设置了防火墙后，还需要允许客户端访问 telnet 服务所使用的端口。telnet 默认情况使用的是 TCP 协议的 23 端口，防火墙规则可以设置如下：

```
[root@zhou~]#iptables -I INPUT -p tcp --dport 23 -j ACCEPT
```

11.2.4 更改 telnet 端口号

出于安全考虑，有些管理员会将 telnet 服务默认所使用的端口进行更改，从而降低安全风险。编辑/etc/services 文件可以更改 telnet 服务默认监听的端口号。如下所示。

```
[root@zhou ~]vi/etc/services
telnet          23/tcp
telnet          23/udp
```

将 23 改成想使用的端口号，注意不能是已经在使用的端口号。

```
telnet          2424/tcp
telnet          2424/udp
```

更改 telnet 服务的端口号后，要重新启动 xinetd 服务。

11.2.5 Linux 客户端

首先要确保客户端的软件包已经安装，然后使用 telnet 命令，格式如下所示。

```
telnet 主机名或 IP 地址[端口号]
```

远程登录IP地址为192.168.1.3的服务器，服务器没有更改telnet服务所监听的端口号，如下所示。

```
[root@ zhou~]#telnet 192.168.1.3
Trying 192.168.1.3...
Connected to 192.168.1.3 (192.168.1.3).
Escape character is '^]'.

   zhou.com (Linux release 2.6.18-53.el5xen #1 SMP Wed Oct 10 17: 06: 12 E DT
2007) (1)

login: test
Password:
Last login: Sun Oct 17 07: 04: 17 from 192.168.1.3
[test@zhou~]$whoami
test
[test@zhou~]$pwd
/home/test
```

其中：[test@zhou ～]$ whoami表示登录成功后查看当前用户，即当前用户为test。

[test@zhou ～]$ pwd表示查看当前路径，即当前路径为/home/test。

如果服务器要更改telnet服务所监听的端口，则需要这样登录，如下所示。

```
[root@zhou ~]$ telnet 192.168.1.3 2424
```

如果以上登录不成功，可以重新启动服务，如下所示。

```
[root@zhou~]#chkconfig --level 35 krb5-telnet on
```

输入正确的用户名和密码后，就可以像在本地一样对服务器进行操作，注意默认情况不允许使用root身份通过telnet登录。如果想使用root身份远程对服务器进行操作，则可以在登录后使用su命令切换到root身份，如下所示。

```
[test@zhou~]$ whoami
test
[test@zhou~]$ pwd
/home/test
[test@ zhou~]$ su
口令:
[root@zhou test]#whoami
root
```

11.2.6 Windows 客户端

Windows客户端的使用方法是在“开始”菜单中选择“运行”命令，然后在弹出的对话框中输入 cmd 命令，在打开的 DOS 命令提示符的窗口中输入 telnet 命令，如图 11.2 所示。

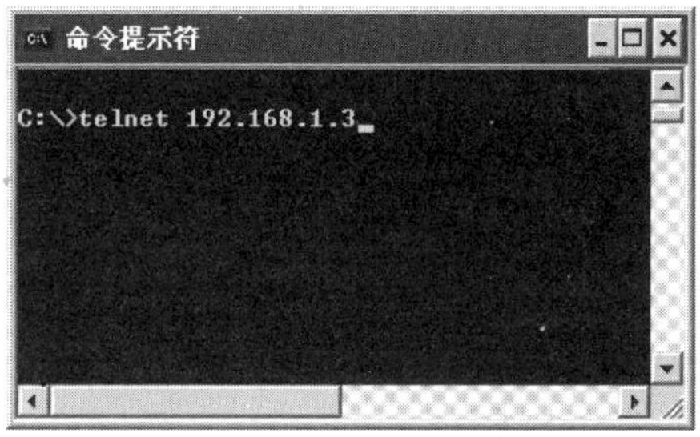

图 11.2 Windows 客户端登录

输入用户和密码后，就可以像在本地一样对服务器进行操作了，如图 11.3 所示。

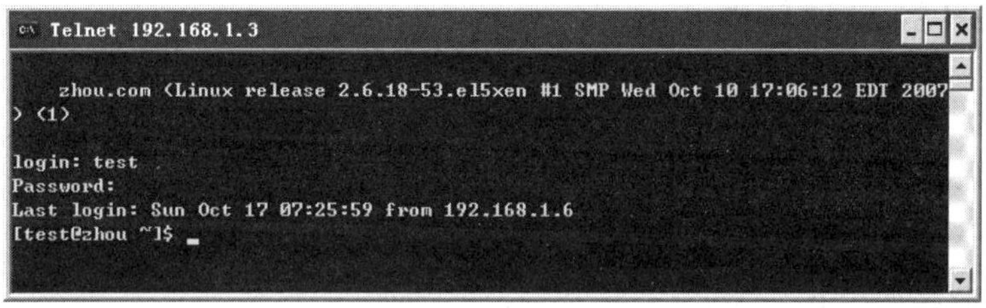

图 11.3 Windows 客户端登录成功

11.3 SSH 服务

11.3.1 SSH 概述

传统的网络访问程序 telnet 在通信时很不安全，因为它使用明文方式传送口令和数据，通过技术手段非常容易截得这些口令和数据。同时，这些服务程序的安全验证方式也是有弱点的。它没有验证机制，一旦有人采用“中间人”方式，冒充真正的服务器接受传送给服务器的数据，就会出现严重的问题。

SSH(Secure Shell)可以将所有传输的数据进行加密，这样一些攻击方式就不可能成功了，并且也能够防止 DNS 和 IP 欺骗；还有一个额外的好处，就是 SSH 会压缩传输的数据，能够加快传输速度。此外，还可以为 FTP、POP 等网络服务提供安全的通信方式，因此它已成为远程登录的主要选择。目前常用的 SSH 软件为 OpenSSH。

SSH 存在两个版本 V1 和 V2。Red Hat Enterprise Linux 5 使用 V2。与 V1 相比，V2 加强了密钥的认证方式，不仅在 SSH 连接建立时检查密钥，还会在通信过程中，检测密钥信息。

11.3.2 安装 OpenSSH

OpenSSH 服务需要 3 个软件包，分别如下：

- openssh-4.3p2-24.el5.i386 包括 OpenSSH 服务器及客户端需要的核心文件。
- openssh-clients-4.3p2-24.el5.i386 为 OpenSSH 客户端软件包。
- openssh-server-4.3p2-24.el5.i386 为 OpenSSH 服务器软件包。

在安装之前，可以使用 rpm 命令来查看是否已经安装过相关的软件包，如下所示。

```
[root@zhou~]#rpm -qa|grep openssh
openssh-4.3p2- 24.el5
openssh-server-4.3p2-24.el5
openssh-askpass-4.3p2-24.el5
openssh-clients-4.3p2-24.el5
```

以上显示表明已完成安装。如果没有安装，可以重新安装，方法参照前面相关章节。

11.3.3 SSH的启动与停止

1. sshd 服务的启动

```
[root@zhou~]#service sshd start
启动 sshd:                                                    [确定]
```

2. sshd 服务的停止

```
[root@zhou~]#service sshd stop
停止 sshd:                                                    [确定]
```

3. sshd 服务的重新启动

```
[root@zhou~]#service sshd restart
停止 sshd:                                                    [确定]
启动 sshd:                                                    [确定]
```

4. sshd 服务配置重新加载

```
[root@zhou~]#service sshd reload
重新载入 sshd:                                                [确定]
```

5. 自动加载 sshd 服务

(1) ntsysv

使用 chkconfig 命令自动加载服务，如下所示。

```
[root@zhou~]#chkconfig --level 3 sshd on
[root@zhou~]#chkconfig --level 3 sshd off
```

第一行为运行级别 3 自动加载。第二行为运行级别 3 不自动加载。

(2) 使用 ntsysv 命令，利用文本图形对 sshd 自动加载进行配置，如图 11.4 所示。

11.3.4 OpenSSH配置文件

OpenSSH 常用的配置文件为/etc/ssh/ssh_config 和/etc/ssh/sshd_config，其中 ssh

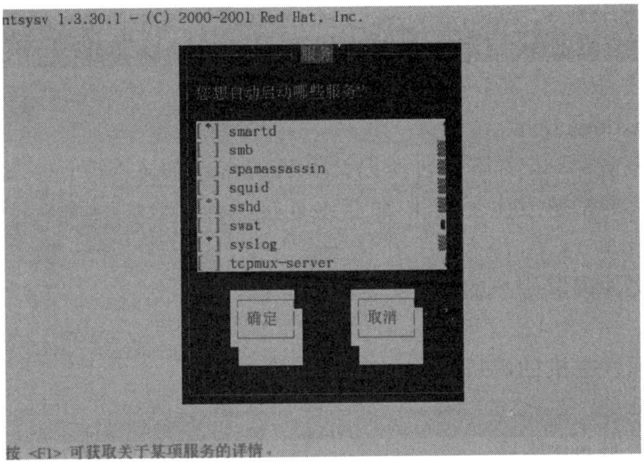

图 11.4 自动加载 sshd

_config 为客户端配置文件，sshd_config 为 OpenSSH 服务器配置文件。

1. ssh_config 文件

/etc/ssh/ssh_config 文件是 OpenSSH 客户端的配置文件，该文件的格式为“字段 值”，其中字段忽略大小写。下面介绍一些常用字段。

(1) host

指定配置生效的主机，设置的主机将使用其他设置。“*”表示所有的计算机。

(2) forwardagent

设置连接是否经过验证代理(如果存在)转发给远程计算机。

(3) forwardx11

设置 x11 连接是否被自动重定向到安全的通道和显示集。

(4) rhostsauthentication

设置是否使用基于 rhosts 的安全验证。

(5) rhostsrsaauthentication

设置是否使用 rsa 算法的基于 rhosts 的安全验证。

(6) rsaauthentication

设置是否使用 rsa 算法进行安全验证。

(7) passwordauthentication

设置是否使用口令验证。

(8) fallbacktorsh

设置用 ssh 连接出现错误时是否自动使用 rsh。

(9) usersh

设置是否在这台计算机上使用 rlogin/rsh。

(10) batchmode

如果设为 yes，passphrase/password 的提示将被禁止。当不能交互式输入口令的时候，这个选项对脚本文件和批处理任务十分有用。

(11) checkhostip

设置 ssh 是否查看连接到服务器的主机的 IP 地址，以防止 DNS 欺骗。建议设置为 yes。

(12) stricthostkeychecking

如果设置成为 yes，ssh 就不会自动把计算机的密匙加入 $home/.ssh/known_hosts 文件。一旦计算机的密匙发生了变化，就拒绝连接。

(13) identityfile

设置从哪个文件读取用户的 rsa 安全验证标识。

(14) port22

设置连接到远程主机的端口。

(15) protocol

设置客户端使用 ssh 版本。

(16) cipher

设置加密的方式。

(17) escapechar

设置 escape 字符。

2. sshd_config 文件

/etc/ssh/sshd_config 文件是 OpenSSH 服务器端的配置文件，该文件的格式为"字段值"，其中字段忽略大小写。下面介绍一些常用字段。

(1) port 22

设置 sshd 监听的端口号。

(2) listenaddress 0.0.0.0

设置 sshd 服务器绑定的 IP 地址，0.0.0.0 表示侦听所有地址。

(3) hostkey /etc/ssh/ssh_host_key

设置包含计算机私人密匙的文件。

(4) serverkeybits 768

定义服务器密匙位数。

(5) logingracetime 2m

设置用户不能成功登录时，切断连接之前服务器需要等待的时间(秒)。

(6) keyregenerationinterval 3600

设置在多少秒之后自动重新生成服务器的密匙，重新生成密匙是为了防止盗用密匙解密截获的信息。

(7) permitrootlogin no

设置 root 是否能够使用 SSH 登录。为了保证服务器的安全，建议不要设置 yes。

(8) ignorerhosts yes

设置验证的时候是否使用 rhosts 和 shosts 文件。

(9) ignoreuserknownhosts yes

设置 ssh daemon 是否进行 rhostsrsaauthentication 安全验证时忽略用户的 $home/.ssh/known_hosts。

(10) strictmodes yes

设置 SSH 在接收登录请求之前是否检查用户目录和 rhosts 文件的权限和所有权。防止将目录和文件设成任何人都有写权限。

(11) x11forwarding no

设置是否允许 x11 转发。

(12) printmod yes

设置 sshd 是否在用户登录的时候显示/etc/motd 中的信息。

(13) syslogfacility auth

设置在记录来自 sshd 的消息的时候，是否给出 facility code。

(14) loglevel info

设置记录 sshd 日志消息的层次。

(15) rhostsauthentication no

设置只用 rhosts 或/etc/hosts. equiv 进行安全验证是否满足需要。

(16) rhostsrsaauthentication no

设置是否允许只有 RSA 安全认证，不允许。

(17) rsaauthentication yes

设置是否允许只有 RSA 安全认证，允许。

(18) passwordauthentication yes

设置是否允许口令验证。

(19) permitemptypasswords no

设置是否允许用口令为空的账号登录。

(20) allowusers tom

设置允许的用户，数量可以为多个，使用空格隔开。

11.3.5 OpenSSH 配置实现

1. 口令认证

默认情况下，SSH 仍然使用传统的口令验证。在使用这种认证方式时，不需要进行任何配置，用户就可以使用 SSH 服务器存在的账号和口令登录到远程主机。所有传输的数据都会被加密，但是，口令验证是不能保证连接的服务器就是真正的目的服务器。如果有其他服务器在冒充，客户端很有可能受到“中间人”的攻击。

客户端使用口令验证登录 SSH 服务器，通过 ssh 命令能够实现，格式如下：

```
ssh -l [远程主机的账号] [远程服务器的主机名或 IP 地址]
```

假设远程服务器 IP 为 192. 168. 1. 3，账号为 test，则客户端利用 ssh 命令可以登录服务器。

```
[root@zhou~]#ssh -l test 192.168.1.3
The authenticity of host '192.168.1.3 (192.168.1.3)' can't be established.
RSA key fingerprint is e6: 3b: aa: 1c: 96: 98: ae: 5d: 77: 36: e8: 79: f1: d6: 17:
```

```
e7.
Are you sure you want to continue connecting (yes/no)?
```

如果通信正常，将会收到以上信息。

第一次登录服务器时，系统没有保存远程主机的信息。为了确认主机身份，会提示用户是否继续连接。输入 yes 后登录，这时系统会将远程服务器的信息记录到用户主目录下. ssh 的 known_hosts 文件中。下次再进行登录时，则不会再提示这样的信息了。

输入相应的密码就可登录成功，如下所示。

```
[root@zhou~]#ssh -l test 192.168.1.3
test@192.168.1.3's password:
Last login: Sun Oct 17 09: 07: 19 2010 from 192.168.1.3
[test@zhou~]S
```

查看 known_hosts 文件，如下所示。

```
[root@zhou~]#cat /root/.ssh/known_hosts
192.168.1.3 ssh-rsa AAAAB3NzaCIyc2EAAAABIwAAAQEA7zrNfeXG8/wlK1/r62J1z8
RgNZOAhy7ukqJtscalxIpsoQHLmAeqUmyh0fSAe9nqScgZ4YFA9wVGEcPCJrp0QSh13pPy
0cU6EfMQ2k3ok3wSa+0W I/tbkG/yr8PeSvS/6TAb3XwdsplnVIcIckL10FoclvRK74feob
AHcGVTtoYcFHFonsTtJIfrMGBf4hWt8YWyfK4VyFjIrk4mJpwA/xv0i5eFVcuXicWs55x
YhYWrd0ZEuq1pndFPemv1Q2tkRBuRYer47xxfHvU7HwsB84A1PDSeMy7uaUrcIwMlJWrx
2Wq93
FAIlmg0t0KuMIkDOP5cl1Nk35VFoYDm+eIgjQ==
```

说明：要先修改 sshd_config 文件的相关配置文件，因为 Red Hat Enterprise Linux 5 默认值禁用 sshd_config 文件的所有选项，必须先按 sshd_config 文件进行修改启用。但 hostkey /etc/ssh/ssh_host_key 选项先不要启用，因为现在还没有 key。

2. 密钥认证

密钥认证需要依靠密钥。首先创建一对密钥，并把公钥保存于远程服务器。当登录远程主机时，客户端软件就会向服务器发出请求，请求用自己的密钥进行认证。服务器收到请求之后，首先在服务器的用户主目录下寻找公钥，然后检查此公钥是否合法。如果合法就用公钥加密生成随机数，并返回给客户端。客户端软件收到服务器的回应后，使用私钥将数据解密并发给服务器，因为用公钥加密的数据只能用私钥解密。服务器经过比较就可以知道该客户连接的合法性。

下面介绍基于密钥论证的 OpenSSH 配置方法。

例如，公司内部有多台服务器。管理员为了保证服务器的安全性，设置了专用的系统账号 test，并选择使用 OpenSSH 进行远程管理。

配置步骤如下：

(1) 编辑远程服务器的/etc/ssh/sshd_conf 文件

修改 PasswordAuthentication 字段，设置为 no，禁止口令认证，只允许使用密钥认证。

(2) 在客户端生成密钥

在客户端执行 ssh-keygen 生成密钥。因为企业版使用的是 ssh2,所以要加一个-d 参数。使用 test 管理工作站,执行如下命令。

```
[test@zhou~]$ ssh-keygen -d
Generating public/private dsa key pair.
Enter file in which to save the key (/home/test/.ssh/id_dsa):
```

提示输入密钥文件的保存路径,按 Enter 键使用用户默认路径。

```
Created directory '/home/test/.ssh.
Enter passphrase (empty for no passphrase):
Enter same passphrase again:
Your identification has been saved in /home/test/.ssh/id_dsa.
Your public key has been saved in /home/test/.ssh/id_dsa.pub.
The key fingerprint is:
ac: 1b: 90: c1: 6f: 59: db: 3f: 0b: e5: d6: 31: eb: c8: 1a: d2 test@zhou.com
```

这里的 passphrase 密码是对生成的私钥文件/home/test/. ssh/id_dsa 的保护口令,如果不设置,可以按 Enter 键跳过。

公钥文件为/home/test/. ssh/id_dsa. pub。

(3) 发布公钥

使用 ssh-copy-id 命令将客户端生成的公钥发布至远程服务器 192. 168. 1. 3,并使用-i 参数指定本地公钥的存放位置,如下所示。

```
[test@zhou~]$  ssh-copy-id -i /home/test/.ssh/id_dsa.pub 192.168.1.3 26
The authenticity of host '192.168.1.3 (192.168.1.3)' can't be established.
RSA key fingerprint is e6: 3b: aa: 1c: 96: 98: ae: 5d: 77: 36: e8: 79: f1: d6: 17: e7.
Are you sure you want to continue connecting (yes/no)? yes
Warning: Permanently added '192.168.1.3' (RSA) to the list of known hosts.
test@192.168.1.3's password:
Now try logging into the machine. with "ssh '192.168.1.3'". and check in:

  .ssh/authorized_keys

to make sure we haven't added extra keys that you weren't expecting.
```

其中:test@192. 168. 1. 3's password 表示输入 192. 168. 1. 3 主机账号 test 的密码进行验证。

(4) 连接远程服务器

使用 ssh 命令,登录服务器进行测试。因为使用密钥进行验证,所以无须输入密码,test 用户即可登录,如下所示。

```
[test@zhou~]$  ssh -l test 192.168.1.3
```

```
Last login: Sun Oct 17 09: 31: 08 2010 from 192.168.1.3
[test@zhou~]$
```

11.3.6 OpenSSH 客户端配置

1. Linux 客户端

(1) ssh

ssh 命令前面已学过，实际上，ssh 命令还有另外一个格式，如下所示。

```
ssh 账号@ 主机名
```

例如使用 test 登录主机 zhou：

```
[root@zhou~]#ssh test@zhou
The authenticity of host 'zhou (127.0.0.1)' can't be established.
RSA key fingerprint is e6: 3b: aa: 1c: 96: 98: ae: 5d: 77: 36: e8: 79: f1: d6: 17: e7.
Are you sure you want to continue connecting (yes/no)? yes
Warning: Permanently added 'zhou' (RSA) to the list of known hosts.
test@zhou's password:
Last login: Sun Oct 17 09: 47: 57 2010 from 192.168.1.3
[test@zhou~]$
```

(2) scp

OpenSSH 包含的 scp 工具功能与 FTP 相同，能够在网络中完成文件传输，但是更加安全可靠。scp 命令格式如下：

```
scp [账号@ 主机: 文件] [账号@ 主机: 文件]
```

对本地文件则直接设置路径，不需要使用账号@主机的格式。

例如，用户在客户端使用 test 账号，将本地当前目录下的 text1 复制到远程主机 zhou 上，并改名为 text2。

```
[root@zhou~]#scp /home/test/text1 test@zhou: test2
test@zhou's password:
test1                    100%      13    0.0KB/s    00: 00
```

说明：由于作者本机就是客户端和服务器，所以在复制的时候给出了路径。如果没有 text1 文件，则需先建该文件。

在远程主机，使用 ls 命令查看 test 主目录，传输文件成功。

```
[root@zhou~]#ls /home/test
test1   test1~     text2
```

(3) sftp

```
[root@zhou~]#sftp test@zhou
Connecting to zhou...
```

```
test@zhou's password:
sftp>help
Available commands:
cd path                          Change remote directory to 'path'
lcd path                         Change local directory to 'path'
chgrp grp path                   Change group of file 'path' to 'grp'
chmod mode path                  Change permissions of file 'path' to 'mode'
chown own path                   Change owner of file 'path' to 'own'
help                             Display this help text
get remote-path [local-path]     Download file
lls [ls-options [path]]          Display local directory listing
in oldpath newpath               Symlink remote file
lmkdir path                      Create local directory
lpwd                             Print local working directory
ls[path]                         Display remote directory listing
lumask umask                     Set local umask to 'umask'
mkdir path                       Create remote directory
progress                         Toggle display of progress meter
put local-path [remote-path]     Upload file
pwd                              Display remote working directory
exit                             Quit sftp
quit                             Quit sftp
rename oldpath newpath           Rename remote file
rmdir path                       Remove remote directory
rm path                          Delete remote file
symlink oldpath newpath          Symlink remote file
version                          Show SFTP version
!command                         Execute 'command' in local shell
!                                Escape to local shell
?                                Synonym for help
sftp>
```

2. Windows 客户端

Windows 使用 SSH 进行远程登录时，使用的客户端软件也有很多种，下面介绍 PuTTY。此软件支持多种连接类型，用户可以根据需要自由选择。

在客户端运行 PuTTY 程序，添加需要登录的远程主机的 IP 地址、端口及选择的连接类型。如设置远程服务器的 IP 地址为 192.168.1.3，登录方式为 SSH，端口为 22，如图 11.5 所示。单击“打开”按钮，进入图 11.6 所示的连接窗口，输入相应的用户名和密码进行登录。

如果经常登录该服务器，则可以单击 save 按钮，将远程服务器的信息保存下来，以备下次使用。当然，PuTTY 还有很多其他功能，如用户可以根据需要设定连接进程使用的协议以及加密策略，如图 11.7 所示。

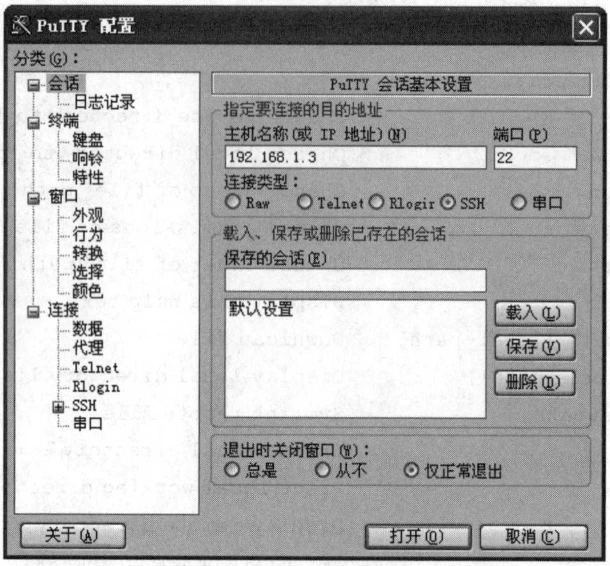

图 11.5 PuTTY 设置

图 11.6 登录连接

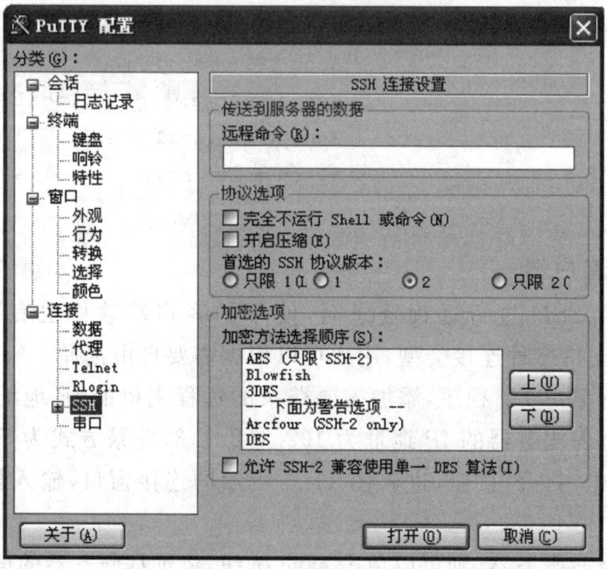

图 11.7 SSH 连接设置

11.4 本章习题

(1) 建设 telnet 服务器,并使用客户端进行登录。

(2) OpenSSH 口令验证设置。

(3) 配置 SSH 服务器为密钥验证机制。

(4) 使用 scp、sftp 工具,上传、下载文件。

(5) 使用 Windows 客户端,与 Linux 主机建立 SSH 通信连接。

11.5 本章实训

参照本章习题和本章的相关章节完成 telnet 服务器、OpenSSH 口令验证设置,配置 SSH 服务器为密钥验证机制;使用 scp、sftp 工具,上传、下载文件;使用 Windows 客户端,与 Linux 主机建立 SSH 通信连接等操作。

第12章 chapter 12

数据库服务器

教学目标与要求

数据库服务一般以后台运行的数据库管理系统为基础，加上一定的前台程序，为各种应用提供数据的存储、查询等功能。它广泛应用于电子商务、电子政务、网站、搜索引擎以及各种信息管理系统。

本章主要讲述PostgreSQ和MySQL基于Linux的安装以及PostgreSQ和MySQL的基本概念、主要的操作等。通过本章的学习，读者应该掌握以下内容：

- 安装、配置PostgreSQL和MySQL数据库服务器。
- 对PostgreSQL数据库服务器进行简单操作与管理。
- 使用交互MySQL客户端访问MySQL数据库。

教学重点与难点

安装和配置PostgreSQL和MySQL，操作MySQL客户端。

12.1 数据库系统简介

12.1.1 数据库简介

数据库是数据管理的有效形式，是计算机收集和存储数据的仓库或容器。数据库中的数据具有结构化形式存储，冗余度小，独立于应用程序，易于扩充，为多个用户所共享等众多优点，因此作为信息系统核心和基础的数据库技术得到了越来越广泛的应用，从小型事务处理到大型信息系统，从一般企业管理到计算机辅助设计与制造、办公信息系统、地理信息系统等，越来越多的应用领域采用数据库存储和处理其信息资源。

科学地组织和管理数据库中的数据要靠数据库管理系统来实现。数据库在建立、运行和维护时由数据库管理系统统一管理和控制。数据库管理系统使用户能够方便地定义和操纵数据，并且能够保证数据的安全性、完整性、多用户对数据的并发使用以及发生故障后的系统恢复。

12.1.2 数据库类型

1. 纯文本数据库

纯文本数据库是最原始、最简单的数据存储方式，它是只用空格符、制表符和换行符来分割信息的文本文件。在 Linux 的世界里也仍然经常使用纯文本数据库，例如，DNS 正向(反向)数据库文件、Linux 口令数据库文件等都是纯文本数据库。

纯文本数据库只适用于小型应用，对于大中型应用来说它存在诸多限制：

- 只能顺序访问，不能进行随机访问。
- 查找数据和数据关系时非常困难。
- 多用户同时进行写操作时非常困难。

2. 关系数据库

关系数据库是现代流行的数据库系统中应用最为普遍的，也是最有效率的数据组织方式。关系数据库建立在集合论的数学基础之上，有坚实的数学理论基础、严密的逻辑结构和简单明了的表达方式。目前关系数据库已经占据了数据库系统的主流市场，成为应用最广泛的数据处理工具，目前绝大多数数据库都属于关系数据库。

常用的企业级数据库系统包括：Oracle、Sybase、DB2、Informix 和 SQL Server。

常用的中小型数据库系统包括：PostgreSQL、MySQL、Paradox 和 Access。

在 Linux 环境下，可以运行大多数关系数据库，其中包括 Oracle、DB2、Sybase 以及可以免费使用的 PostgreSQL 和 MySQL。本章主要介绍 PostgreSQL 和 MySQL。

12.2 PostgreSQL 的安装和配置

12.2.1 PostgreSQL 简介

1. 什么是 PostgreSQL

PostgreSQL 是一种非常复杂的对象-关系型数据库管理系统，也是目前功能最强大、特性最丰富的自由软件数据库系统。它提出的许多对象-关系型数据库的概念甚至比当今许多商用的数据库还要早，有些特性甚至连商业数据库都不具备。

由于 PostgreSQL 采用 C 语言编写，在不同的 UNIX 系统之间移植非常方便，因此它能够在 Solaris、AIX、SCOUNIX、HP UNIX、Linux、FreeBSD 等众多平台上运行，其应用非常广泛。

2. PostgreSQL 的发展

PostgreSQL 最早始于美国加州大学伯克利(Berkeley)分校的 Ingres 项目，该项目主要研究关系型数据库技术，始于 1977 年，到 1985 年结束。

从 1986 年开始，伯克利的 Michael Stonebraker 教授领导了称为 Postgres 的“后 Ingres”项目，产生了 PostgreSQL 的直接前身——Postgres。该项目的成果是非常巨大的，在现代数据库的许多方面都做出了大量的贡献，比如面向对象的数据库、部分索引技术、规则、过程和数据库扩展等方面。Postgres 在 1989 年发布了第一个版本，到 1994 年在版本 4.2 的时候正式终止。

1996 年，在一些自由软件黑客的发起下，开始了 PostgreSQL 自由软件项目，该项目成员有来自近 20 个国家的众多自由软件黑客组成。经过多年的发展，PostgreSQL 已成为目前世界上最先进、功能最强大的自由软件数据库管理系统，它具有非常丰富的特性和商业数据库管理系统的质量。

12.2.2 安装和启动 PostgreSQL

1. 安装 PostgreSQL

要安装 PostgreSQL 必须获得它的安装文件。安装文件可以从 Linux 的安装光盘中获得，几乎所有的 Linux 发行版都内置了 PostgreSQL 数据库。

如果不知道系统是否已经安装了 PostgreSQL 或安装了何种版本，可通过下面的命令进行查询：

```
[root@zhou ~]#rpm -q postgresql
```

程序运行结果如下：

```
[root@zhou~]#rpm -q postgresql
postgresql-8.1.9-1.el5
```

表示 PostgreSQL 服务程序已经安装，版本为 postgresql-8.1.9-1.el5。

假如 Linux 系统还没有安装 PostgreSQL 服务程序，PostgreSQL 服务程序的 RPM 安装包文件可以通过 Red Hat Enterprise Linux 5 的安装盘(DVD 版第一张)进行安装，加载光驱后在光盘的 Server 目录下找到 postgresql-8.1.9-1.el5.ppc.rpm 的安装包文件进行安装。

PostgreSQL 的安装与所有 Linux 下服务器的软件类似，一般有两种方式：RPM 软件包和源代码安装。选择不同的安装源，安装的方法也有所区别，但相同的一点是这两种安装方式都必须以 root 登录。如果使用 RPM 包安装，则方法相对比较简单。

2. 启动 PostgreSQL

使用 PostgreSQL 数据库，必须要启动 PostgreSQL 服务，可以通过以下方式来启动 PostgreSQL 服务。

(1) 使用 service 命令启动 PostgreSQL

```
[root@zhou~]#service postgresql start
正在初始化数据库:                                          [确定]
启动 postgresql 服务:                                      [确定]
```

(2) 使用 postgresql 脚本 start 启动 PostgreSQL

```
[root@zhou~]#/etc/init.d/postgresql start
启动 postgresql 服务:                                      [确定]
```

若希望 PostgreSQL 在下次系统启动时自动启动，可以运行 ntsysv 命令，在打开的 service 菜单中将 postgresql 选中。

3. 停止 PostgreSQL

```
[root@zhou~]#service postgresql stop
停止 postgresql 服务:                                          [确定]
```

12.2.3 PostgreSQL 数据库的管理与维护

1. 登录 PostgreSQL

PostgreSQL 安装并启动服务之后,用户可以直接在 Linux 系统的 shell 环境下对 PostgreSQL 数据库进行操作,PostgreSQL 默认只能以 PostgreSQL 预定义的数据库超级用户 postgres 的身份执行,而不能以 Linux 系统的超级用户 root 身份执行。

PostgreSQL 提供了一个基于命令行的交互式客户端程序 psql,用于连接数据库,并且可以在其中交互式地输入查询,将查询提交到 PostgreSQL 服务器,然后查看查询结果。psql 具有丰富的子命令,通过 psql 可以完成 PostgreSQL 数据库的基本管理工作。

启用客户端程序 psql 的步骤是:先转到数据库超级用户 postgres 环境,再运行 psql 命令,并连接到模板数据库 templatel。

```
[root@zhou~]#su - postgres
-bash-3.1$ psql templatel
Welcome to psql 8.1.9. the PostgreSQL interactive terminal.

Type: \copyright for distribution terms
      \h for help with SQL commands
      \? for help with psql commands
      \g or terminate with semicolon to execute query
      \q to quit
template1=#
```

2. PostgreSQL 数据库的操作

PostgreSQL 数据库的操作主要包括数据库的创建与删除,它们都可以在客户端程序 psql 环境下使用相应的 SQL 语句完成。

(1) 创建数据库

在 psql 环境下运行"create database zz;"命令,然后运行 psql 的子命令\l 查看新创建的数据库 zz。

```
template1=#create database zz;
CREATE DATABASE
template1=#\l
         数据库列表
名字       | 所有者   | 编码
-----------+----------+------
postgres   | postgres | UTF8
template0  | postgres | UTF8
template1  | postgres | UTF8
zz         | postgres | UTF8
```

```
(4行)

template1=#
```

(2) 删除数据库

在 psql 环境下运行“drop database zz;”命令，然后运行 psql 的子命令\l 查看数据库 zz 已被删除。

```
template1=#drop database zz;
DROP DATABASE
template1=#\l
          数据库列表
名字       | 所有者    | 编码
-----------+----------+------
postgres   | postgres | UTF8
template0  | postgres | UTF8
template1  | postgres | UTF8
(3行)

template1=#
```

说明：为了下面的操作，请再次使用命令“create database zz;”创建数据库 zz。

3. PostgreSQL 数据表的操作

PostgreSQL 数据表的操作主要包括表的创建与删除、数据的添加以及数据查询。它们也是在客户端程序 psql 环境下使用相应的 SQL 语句完成的。

(1) 创建表

数据库创建之后，可以连接到新建的数据库，然后创建表。

```
template1=#  \c zz
你现在已经连接到数据库 "zz",
zz=#create table teacher (
zz(#name char(10),
zz(#no char(10),
zz(#sex char(2),
zz(#dept char(20)
zz(#);
CREATE TABLE
zz=#  \dt
          关系列表
 模式   |  名字   | 类型 | 所有者
--------+---------+------+---------
public  | teacher |  表  | postgres
(1行)

zz=#
```

其中：

\c zz 表示连接到 zz 数据库。

create table teacher 即为创建表 teacher。

\dt 表示查看数据库中现存的表。

(2) 向表中添加数据

经过前面的步骤,创建了 zz 数据库并在该数据库中创建了 teacher 数据表之后,就可以运行 insert 语句向数据表中添加数据了。

```
zz=#insert into teacher values
zz-#('奇奇','2010101','男','计算机系');
INSERT 0 1
```

(3) 查看表中的数据

运行 select 语句即可查看表中的数据。

```
zz=#select * from teacher;
name |   no    | sex |  dept
-----+---------+-----+--------
奇奇 | 2010101 | 男  | 计算机系
(1 行)

zz=#
```

(4) 删除表

可以用 drop table 命令删除一些表。

```
zz=#drop table teacher;
DROP TABLE
zz=#
```

12.3 MySQL 的安装和配置

12.3.1 MySQL 概述

MySQL 是跨平台的数据库系统,它支持多用户、多线程,是具有客户机/服务器(C/S)体系结构的分布式数据库管理系统。同时,它也是 Linux 系统中最为简单的数据库系统,安装、使用和管理都很简单,且数据库系统的稳定性也相当不错。

MySQL 是瑞典的 T. c. X 公司负责开发和维护的,是一个精巧的 SQL 数据库管理系统,虽然它不是开放源代码的产品,但在某些情况下也是可以自由使用的。由于它的功能强大,而且灵活性比较高,还有丰富的应用编程接口(API)以及精巧的系统结构,所以受到了广大自由软件爱好者及商业软件用户的青睐,特别是 Linux+Apache 与 PHP+MySQL 的结合,为建立基于数据库的动态网站提供了强大的支持。

MySQL 的主要特点有:

(1) 完全支持核心多线程。

(2) 支持 C、C++、Eiffel、Java、Perl、PHP、Python、TCL API 和 API。

(3) 可以跨平台运行。

(4) 支持多种类型：1、2、3、4 和 8 字节长度的有符号和无符号整数以及 FLOAT、DOUBLE、CHAR、VARCHAR、TEXT、BLOB、DATE、TIME、DATETIME、TIMESTAMP、YEAR、SET 和 ENUM 类型。

(5) 使用优化的一遍扫描多重连接(one-sweep multi-join)方式，快速进行连接。

(6) 在查询的 SELECT 和 WHERE 语句中部分支持运算符和函数。

(7) 全面支持聚合函数(COUNT()、COUNT(DISTINCT)、AVG()、STD()、SUM()、MAX()和 MIN())、SQL 的 GROUP BY 和 ORDER BY 子句。

(8) 支持 ANSI SQL 的 LEFT OUTER JOIN 和 ODBC 语法，可以在同一查询中混用来自不同数据库的表。

(9) 认证系统非常灵活且安全，允许基于主机的认证，并且所有的口令传送均被加密。

(10) 每个表允许有 16 个索引。每个索引可以由 1～16 列或列的一部分组成。最大索引长度是 256 个字节，但是它在编译 MySQL 时是可以改变的。一个索引可以使用一个 CHAR 或 VARCHAR 字段的前缀。

(11) 大数据库处理，可以处理包含 50 000 000 个记录的数据库。

(12) 全面支持 ISO-8859-1 Latin1 字符集。

(13) 表和列的别名符合 SQL92 标准。

(14) 客户端使用 TCP/IP 连接或 UNIX 套接字(socket)或 NT 下的命名管道连接 MySQL。

(15) MySQL 特有的 SHOW 命令可用来检索数据库、表和索引的信息，EXPLAIN 命令可用来确定优化器如何解决一个查询。

12.3.2 安装和启动 MySQL

1. 安装 MySQL

要安装 MySQL，必须获得它的安装文件，可以从 Linux 安装光盘获得，几乎所有的 Linux 发行版都内置了 MySQL 数据库。

如果不知道系统是否已经安装了 MySQL 或已经安装了何种版本，可通过使用下面的命令进行查询。如果程序运行结果如下：

```
[root@zhou~]#rpm -qa | grep mysql
mysql-server-5.0.22-2.1.0.1
mysql-connector-odbc-3.51.12-2.2
php-mysql-5.1.6-15.el5
mysql-5.0.22-2.1.0.1
libdbi-dbd-mysql-0.8.1a-1.2.2
```

则表示 MySQL 服务程序已经安装，版本为 mysql-server-5.0.22-2.1.0.1。

假如 Linux 系统还没有安装 MySQL 服务程序，MySQL 服务程序的 RPM 安装包文件可以通过 Red Hat Enterprise Linux 5 的安装盘(DVD 版第一张)光盘进行安装，加载光驱后在光盘的 Server 目录下找到 MySQL 对应的安装包文件进行安装。安装方法同前几章的方法一样。

2. 启动与停止 MySQL

要想使用 MySQL 数据库,必须要启动 MySQL 服务。可以通过以下方式来启动 PostgreSQL 服务。

方法一:使用 service 命令启动 MySQL。

```
[root@zhou~]#service mysqld start
启动 MySQL:                                                  [确定]
```

方法二:使用 mysqld 脚本启动 MySQL。

```
[root@zhou~]#/etc/init.d/mysqld start
启动 MySQL:                                                  [确定]
```

若希望 MySQL 在下次系统启动时自动启动,可以运行 ntsysv 命令,在打开的 service 菜单中将 mysqld 选中。

3. 停止 MySQL

```
[root@zhou~]#service mysqld stop
停止 MySQL:                                                  [确定]
```

12.3.3 MySQL 数据库的管理与维护

1. 登录 MySQL

MySQL 安装并启动服务之后,用户便可通过运行 MySQL 实用程序对数据库进行操作,其中最常用的一个实用程序是客户端程序 mysql。

mysql 是一个非常简单的基于命令行的客户端程序,用于连接 MySQL 数据库,并可以在其中交互式地输入查询,将查询提交到 MySQL 服务器,然后查看查询结果。通过该程序,用户可以非常方便地进行 MySQL 数据库的基本管理工作。

启用客户端程序 mysql 的方法如下所示。

```
[root@zhou~]#mysql -u root -p
Enter password:
Welcome to the MySQL monitor. Commands end with: or \g.
Your MySQL connection id is 9 to server version: 5.0.22

Type 'help: ' or '\h' for help. Type '\c' to clear the buffer.

mysql>
```

说明:由于在 6.5.3 节的 LAMP 解决方案中,已设置了 root 用户和相应的密码登录数据库,即[root@zhou~]#mysqladmin -u root password 123456,所以登录要用[root@zhou~]#mysql -u root -p。如果没有以上授权操作,则可以直接用 mysql 登录。

2. MySQL 数据库的操作

MySQL 数据库的操作主要包括数据库的创建与删除,它们都可以在客户端程序

mysql 环境下使用相应的 SQL 语句完成。

（1）创建数据库

在 mysql 环境下使用 create database 命令可以创建数据库。

例如，创建数据库 qq1 和 qq2 的命令为：

```
mysql>create database qq1;
Query OK, 1 row affected (0.11 sec)

mysql>create database qq2;
Query OK, 1 row affected (0.00 sec)

mysql>
```

执行完成后，使用 show databases 命令可以查看有哪些数据库。

```
mysql>show databases;
+--------------------------------+
| Database                       |
+--------------------------------+
| information_schema             |
| dvbbs                          |
| mysql                          |
| qq1                            |
| qq2                            |
| test                           |
+--------------------------------+
6 rows in set (0.13 sec)

mysql>
```

说明系统中已有 mysql、qq1、qq2、test 等多个数据库。

（2）删除数据库

在 mysql 环境下可以使用 drop database 命令删除数据库。

例如，删除数据库 qq2 的命令为：

```
mysql>drop database qq2;
Query OK,0 rows affected (0.08 sec)

mysql>
```

执行完成后，使用 show databases 命令可以查看还剩下哪些数据库：

```
mysql>show databases;
+--------------------------------+
| Database                       |
+--------------------------------+
| information_schema             |
```

```
| dvbbs                          |
| mysql                          |
| qq1                            |
| test                           |
+--------------------------------+
5 rows in set (0.00 sec)

mysql>
```

3. MySQL 数据表的操作

MySQL 数据表的操作主要包括表的创建与删除、数据的添加以及数据的查询。它们也是通过在客户端程序 mysql 环境下使用相应的 SQL 语句完成的。

(1) 表的创建与删除

数据库创建之后,可以打开新建的数据库,然后创建和删除表。其中:

```
create table teacher 为创建表 teacher
mysql>use qq1
Database changed
mysql>create table teacher (
    ->name char(10),
    ->no char(10),
    ->sex char(2),
    ->dept char(20)
    ->);
Query OK,0 rows affected (0.06 sec)
```

desc teacher 指查看表 teacher 的表结构。

```
mysql>desc teacher;
+----------+----------------+----------+---------+----------------+------------+
| Field  | Type       | Null  | Key  | Default   | Extra   |
+----------+----------------+----------+---------+----------------+------------+
| name   | char(10)   | YES   |      | NULL      |         |
| no     | char(10)   | YES   |      | NULL      |         |
| sex    | char(2)    | YES   |      | NULL      |         |
| dept   | char(20)   | YES   |      | NULL      |         |
+----------+----------------+----------+---------+----------------+------------+
4 rows in set (0.02 sec)

mysql>
```

若要删除表,则可以使用 drop table 命令。要删除刚才建立的表 teacher,可使用如下命令:

```
drop table teacher;
```

(2) 向表中添加数据

经过前面的步骤,创建了 qql 数据库并在该数据库中创建了 teacher 数据表,之后就可以运行 insert 语句向数据表中添加数据了。

```
mysql >insert into teacher values
     ->('奇奇','2010101','女','外语系');
Query OK, I row affected, I warning (0.01 sec)

mysql>
```

(3) 查看表中的数据

运行 select 语句可查看表中的数据,如查看 teacher 数据表中的数据:

```
mysql>select * from teacher;
+---------+-----------+-------+----------+
| name  |  no      |  sex |  dept   |
+---------+-----------+-------+----------+
| 奇奇   |  2010101 |  ◆◆  |  外语系  |
+---------+-----------+-------+----------+
1 row in set (0.00 sec)

mysql>
```

12.4 本章小结

本章介绍了 PostgreSQL 和 MySQL 数据库服务器的特点、安装配置及简单操作管理。MySQL 是真正支持多用户、多线程的 SQL 数据库服务器,不仅精巧廉价,而且稳定性也不错。它使用核心线程的完全多线程服务,可以跨不同的平台运行。

本章重点介绍了 PostgreSQL 和 MySQL 数据库服务器的安装和配置,详细说明了如何使用 PostgreSQL 和 MySQL 客户端访问相应的数据库服务器,如创建和删除数据库及其表,以及对表记录的增加、删除和修改等操作。

12.5 本章习题

1. 判断题

(1) MySQL 只能在 Linux 平台上运行。 (   )

(2) PostgreSQL 提供了一个基于命令行的交互式客户端程序 mysql。 (   )

(3) PostgreSQL 可以直接以 Linux 系统的超级用户 root 身份执行。 (   )

(4) MySQL 在对表操作之前应该使用 use 打开数据库。 (   )

(5) MySQL 不支持 C/S 模式。 (   )

2. 选择题

(1) ________不是关系数据库。

A. Oracle　　B. SQL Server　　C. PostgreSQL　　D. Windows

(2) 正确启动 PostgreSQL 的是________。

A. service postgresql start　　B. start service postgresql

C. /etc/ postgresql start　　D. start postgresql service

(3) ________命令可以查看数据库的个数。

A. print databases　　B. echo databases

C. show databases　　D. 以上都不是

(4) 启用客户端程序 mysql 的命令是________。

A. mysql　　B. mysqld

C. create mysql　　D. sqlmy

(5) drop database 命令的作用是________。

A. 删除数据库　　B. 修改数据库

C. 创建数据库　　D. 以上都不是

3. 填空题

(1) ________命令可以启动 MySQL 服务。

(2) 在 MySQL 数据库中,可以查看数据表的命令是:________。

(3) 对 MySQL 数据表插入数据时,应该先用________命令打开 MySQL 服务器对应的数据库。

(4) MySQL 特有的________命令可用来检索数据库、表和索引的信息。

(5) ________年,在一些自由软件黑客的发起下,开始了 PostgreSQL 自由软件项目。该软件已成为目前世界上最先进、功能最强大的自由软件数据库管理系统。

4. 操作题

(1) 建立一个名为 st1_degree 的表,记录全班每个同学的平均成绩。用字段 id 代表编号,为数字类型,并且编号唯一,不能为空,缺省值为 0;用字段 name 代表姓名,为字符型,不为空;用字段 degree 表示成绩,为数字型,可为空。编号 id 为此表的关键字。

步骤如下:

```
mysql>create table st1_degree (
>id INT(4) DEFAULT '0' NOT NULL,
>name CHAR(20) NOT NULL
>degree DOUBLE(16,2) ,
>PRIMARY KEY(id));
```

(2) 在表 test 中插入两条记录,要求:编号为 1 的名为张三的成绩为 92,编号为 2 的名为李四的成绩为 89。

步骤如下:

```
mysql>insert into test values(1,'张三',92),(2,'李四',89);
```

12.6 本章实训

1. 实训概要

数据库技术发展非常迅速，应用领域也在不断扩展。目前大部分计算机应用系统都离不开数据库技术及应用。要建立一个精简廉价且性能优良的数据库，首选就应该是MySQL数据库了。

2. 实训内容

在Red Hat Enterprise Linux 5操作系统上搭建MySQL服务器。

3. 实训过程

1）实训分析

MySQL是跨平台的数据库系统。它支持多用户、多线程，是具有客户机/服务器(C/S)体系结构的分布式数据库管理系统；同时，也是Linux系统中使用最为简单的数据库系统。MySQL是中小企业在Linux平台首选的自由数据库系统。

2）实训步骤

(1) 安装MySQL服务器

使用下面的命令进行查询：

```
[root@zq ~]#rpm -q a | grep mysql
```

可以确定是否安装了MySQL服务程序。

MySQL服务程序的RPM安装包文件可以通过Red Hat Enterprise Linux 5的安装盘(DVD版第一张)进行安装。加载光驱后在光盘的Server目录下找到MySQL对应的安装包文件进行安装，如图12.1所示。

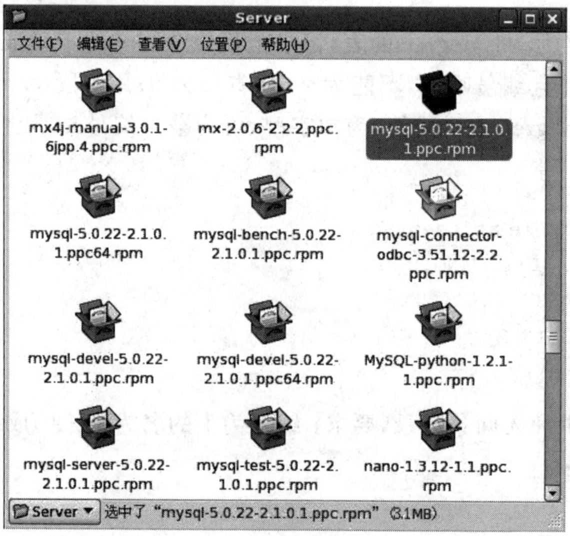

图12.1 安装MySQL

(2) 启动 MySQL 服务器

方法一：使用 service 命令启动 MySQL。

```
[root@zq ~]#service mysqld start
```

方法二：使用 mysqld 脚本启动 PostgreSQL。

```
[root@zq ~]#/etc/init.d/ mysqld start
```

(3) 配置与操作 MySQL 服务器

① 登录 MySQL

```
[root@zq ~]#mysql
```

② 显示数据库

命令格式如下：

```
show databases
```

初始 MySQL 有两个数据库：mysql 和 test。

③ 创建数据库

创建命令格式如下：

```
create database <数据库名>;
```

建立一个名为 lib 的图书馆借阅数据库，可以使用以下命令实现。

```
mysql>create database lib;
```

④ 选择打开数据库

命令格式如下：

```
use <数据库名>;
```

要使用 test(默认存在的)数据库，可输入以下命令选择它：

```
mysql>use test
```

屏幕提示：

```
Database changed;
```

⑤ 创建数据表

名为 student，内容自定。

⑥ 向表 student 中插入数据

数据不少于两个记录(两行)，内容自定。

⑦ 查看表 student 中的数据内容

运用 select 语句查看 student 表中的内容，命令如下：

```
mysql>select * from student
```

⑧ 删除数据库

命令格式如下：

```
drop database <数据库名>;
```

如果要删除 lib，则可输入以下命令完成：

```
mysql>drop database test;
```

4. 实训总结

通过此次上机实训，可使读者掌握在 Red Hat Enterprise Linux 5 上安装与配置 MySQL 服务器的方法及其最基本的操作。

第13章 chapter 13

代理服务

教学目标与要求

大量拥有内部地址的计算机组成了企业内部网，如何连接内部网和Internet？代理服务器是很好的选择。它能够解决内部网访问Internet的问题，并提供访问的优化和控制功能。

本章将讲解代理服务的原理，以及Squid代理软件的使用方法。通过本章的学习，读者应该掌握以下内容：

- 安装、配置Squid代理软件的方法。
- 代理服务的常规配置方法。
- 代理服务的高级配置方法。

教学重点与难点

Squid的安装及使用方法，代理服务的实际应用。

13.1 代理服务原理

13.1.1 什么是代理服务器

代理服务器(Proxy Server)等同于内网与Internet的桥梁。普通的因特网访问是一个典型的客户机与服务器结构：用户利用计算机上的客户端程序，向浏览器发出请求，远端Web服务器程序响应请求并提供相应的数据。而代理服务器处于客户机与服务器之间，对于服务器来说，代理服务器是客户机，代理服务器提出请求，服务器响应；对于客户机来说，代理服务器是服务器，它接受客户机的请求，并将服务器上传来的数据转给客户机。它的作用如同现实生活中的代理服务商。

13.1.2 代理服务器的工作原理

当客户端在浏览器中设置好代理服务器后，所有使用浏览器访问Internet站点的请求都不会直接发给目的主机，而是首先发送至代理服务器。代理服务器接收到客户端的请求以后，由代理服务器向目的主机发出请求，并接收目的主机返回的数据，存放在代理服务器的硬盘上，然后再由代理服务器将客户端请求的数据转发给客户端。代理服务器工作原理如图 13.1 所示，具体说明如下。

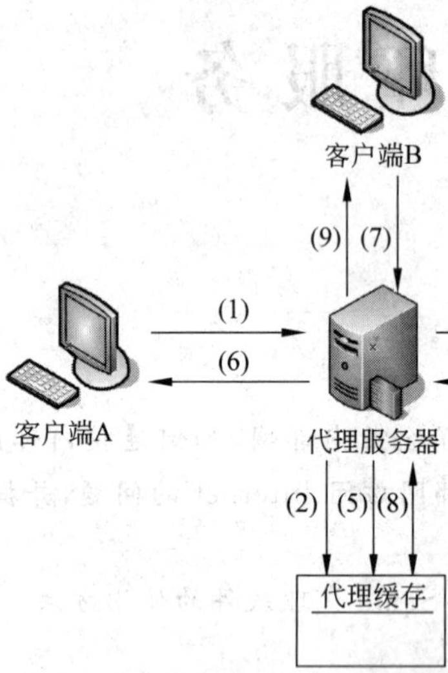

图 13.1 代理服务器工作原理

(1) 当客户端 A 对 Web 服务器端提出请求时，请求会首先发到代理服务器。

(2) 代理服务器接收到客户端请求后，检查缓存中是否存在客户端所需要的数据。

(3) 如果代理服务器没有客户端 A 请求的数据，将会向 Web 服务器提交请求。

(4) Web 服务器响应请求的数据。

(5) 代理服务器从服务器获取数据后，会保存至本地的缓存，以备以后查询使用。

(6) 代理服务器向客户 A 转发 Web 服务器的数据。

(7) 客户端 B 访问 Web 服务器，向代理服务器发出请求。

(8) 代理服务器查找缓存记录，确认已经存在 Web 服务器的相关数据。

(9) 代理服务器直接回应查询的信息，而不需要再去服务器进行查询，从而达到节约网络流量和提高访问速度的目的。

13.1.3 代理服务器的作用

1. 提高访问速度

客户要求的数据存放在代理服务器的硬盘中，下次这个客户或其他客户再要求相同目的站点的数据时，就会直接从代理服务器的硬盘中读取，代理服务器起到了缓存的作用。热门站点有很多客户访问时，代理服务器的优势就更为明显。

2. 用户访问限制

因为所有使用代理服务器的用户都必须通过代理服务器访问远程站点，因此在代理服务器上就可以设置相应的限制，以过滤或屏蔽一些信息。这是局域网网管对局域网用户的访问范围进行限制时最常用的办法，也是局域网用户为什么不能浏览某些网站的原因。拨号用户如果使用代理服务器，同样必须服从代理服务器的访问限制。

3. 安全性得到提高

无论是上聊天室还是浏览网站，目的网站只能知道所使用的代理服务器的相关信息，而无法得知客户端真实的 IP，从而使得使用者的安全性得以提高。

13.2 安装 Squid

13.2.1 Squid 简介

对于 Web 用户来说，Squid 是一个高性能的代理缓存服务器，可以加快内部网浏览 Internet 的速度，提高客户机的访问命中率。Squid 不仅支持 HTTP 协议，还支持 FTP、Gopher、SSL 和 WAIS 等协议。和一般的代理缓存软件不同，Squid 用一个单独的、非模块化的、I/O 驱动的进程来处理所有的客户端请求。

Squid 将数据元缓存在内存中，同时也缓存 DNS 查寻的结果；除此之外，它还支持非模块化的 DNS 查询，对失败的请求进行消极缓存。Squid 支持 SSL，支持访问控制。由于使用了 ICP，Squid 能够实现重叠的代理阵列，从而最大限度地节约带宽。

Squid 由一个主要的服务程序 Squid、一个 DNS 查询程序 dnsserver、几个重写请求和执行认证的程序以及几个管理工具组成。Squid 启动以后，它可以派生出指定数目的 dnsserver 进程，而每一个 dnsserver 进程都可以执行单独的 DNS 查询，从而大大减少了服务器等待 DNS 查询的时间。

Squid 的另一个特点是：使用访问控制清单（ACL）和访问权限清单（ARL）。访问控制清单和访问权限清单通过阻止特定的网络连接来减少潜在的 Internet 非法连接，可以使用这些清单来确保内部网的主机无法访问有威胁或不适宜的站点。

Squid 的主要功能有：

(1) 代理和缓存 HTTP、FTP 和其他的 URL 请求。

(2) 代理 SSL 请求。

(3) 支持多级缓存。

(4) 支持透明代理。

(5) 支持 ICP、HTCP、CARP 等缓存摘要。

(6) 支持多种方式的访问控制和全部请求的日志记录。

(7) 提供 HTTP 服务器加速。

(8) 能够缓存 DNS 查询。

Squid 的官方网站是 http://www.squid-cache.org。

13.2.2 安装 Squid 的操作步骤

1. Squid 所需软件

Squid-2.6.STABLE6-3.el5.i386.rpm。

2. 安装 Squid

安装之前可以使用 rpm -qa 命令查看是否已经安装 Squid，如下所示。

```
[root@zhou~]#rpm -qa |grep squid
squid-2.6.STABLE6-3.el5
```

如果系统还未安装 Squid，请插入第二张 Red Hat Enterprise Linux 5 系统安装光盘进行安装。

13.2.3 Squid 启动和停止

1. 初始化 Squid

第一次启动 Squid 服务之前，要使用 Squid -z 命令帮助 Squid 在硬盘缓存中建立 cache 目录。重新设置 cache_dir 字段的值后，也需要使用该命令重新建立硬盘缓存目录，如下所示。

```
[root@zhou~]#squid -z
2014/03/03 12:21:05| Creating Swap Directories
```

注意：cache 目录初始化可能要花费一些时间，这依赖于 cache 目录的大小和数量以及磁盘驱动的速度。要查看这个过程，可以使用-X 参数：

```
[root@zhou~]#squid -zX
```

在 cache 目录激活后，永远不要改变 L1 和 L2 的值。

2. Squid 服务的启动

```
[root@zhou~]#service squid start
Starting squid: .                                   [ OK ]
```

3. Squid 服务的停止

```
[root@zhou~]#service squid stop
Stopping squid:                                     [ OK ]
```

4. Squid 服务的重新启动

```
[root@zhou~]#service squid restart
Stopping squid:                                     [ OK ]
Starting squid: .                                   [ OK ]
```

5. Squid 服务配置重新加载

```
Service squid reload
```

或

```
/etc/rc.d/init.d/squid reload
```

注意：更改配置文件后，一定要记得使用重启服务，让服务器重新加载配置文件，这样新的配置才可以生效。

6. 自动加载 squid 服务

(1) chkconfig

使用 chkconfig 命令自动加载 Squid，如下所示。

```
[root@zhou~]#chkconfig --level 3 squid on        #运行级别 3 自动加载
[root@zhou~]#chkconfig --level 3 squid off       #运行级别 3 不自动加载
```

(2) ntsysv

使用 ntsysv 命令，利用文本图形界面对 Squid 自动加载进行配置，如图 13.2 所示。

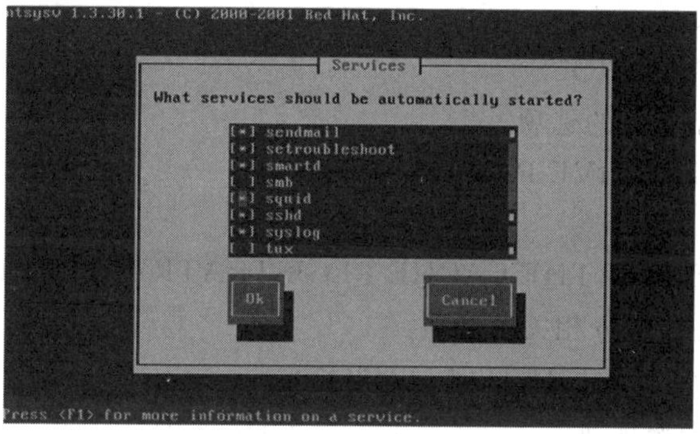

图 13.2　对 Squid 自动加载进行配置

13.3　Squid 服务器常规配置

13.3.1　Squid 主配置文件 squid.conf

1. 概述

squid.conf 是最核心的配置文件，位于/etc/squid/目录下。像大多数服务一样，几乎绝大部分设置都需要通过修改该配置文件来完成。不过 Squid 主配置文件的内容远比其他服务的主配置文件要多得多，大概有 4000 多行的内容，不过不用担心，因为绝大部分内容是注释信息，而且注释内容相当丰富，完全可以通过注释来了解 Squid 的功能、语法以及使用，甚至对 Squid 直接进行配置。

2. 设置

配置文件内容庞大，先整体分析 squid.conf 能从哪几个方面来进行配置还是很有必要的。主配置文件可分为 13 个部分。

(1) NETWORK OPTIONS

设置与网络相关的一些选项。如设置监听哪些 IP 地址的哪些端口。

(2) OPTIONS WHICH AFFECT THE NEIGHBOR SELECTION ALGORITHM

设置与邻居选择算法有关的选项。

(3) OPTIONS WHICH AFFECT THE CACHE SIZE

设置与cache(缓存)大小相关的选项。如设置内存缓冲区的大小。

(4) LOGFILE PATHNAMES AND CACHE DIRECTORIES

设置日志文件路径及cache的目录。

(5) OPTIONS FOR EXTERNAL SUPPORT PROGRAMS

设置与外部支持程序相关的选项。

(6) OPTIONS FOR TUNING THE CACHE

调整cache选项。

(7) TIMEOUTS

设置和超时相关的选项。

(8) ACCESS CONTROLS

设置和访问控制相关的选项。

(9) ADMINISTRATIVE PARAMETERS

设置管理参数。

(10) OPTIONS FOR THE CACHE REGISTRATION SERVICE

设置与cache注册服务相关的选项。

(11) HTTPD-ACCELERATOR OPTIONS

设置HTTPD加速选项。

(12) MISCELLANEOUS

杂项。

(13) DELAY POOL PARAMETERS

设置延时池参数。

下面先介绍经常要用到的选项。

13.3.2 设置Squid监听的端口号

为Squid设置端口号即告诉Squid在哪个端口上监听HTTP请求。可以使用默认设置，默认情况下所监听的端口为3218。当然也可以使用任何没有被使用的端口号，例如设置监听端口号为8080。

使用http_port字段进行设置，如下所示。

```
http_port 8080
```

http_port字段还可以指定监听来自哪些IP地址的HTTP请求，这种功能经常使用。当Squid服务器有两块网卡，一块用于和内网通信，另一块和外网通信的时候，管理员希望Squid仅监听来自内网的客户端请求，而不是监听来自外网的客户端请求，在这种情况下，就需要使用IP地址和端口号写在一起的方式。例如，让Squid在8080端口只监听内网接口上的请求，如下所示。

```
http_port 192.168.1.254: 8080
```

13.3.3 内存缓冲设置

内存缓冲设置是指需要使用多少内存来作为高速缓存。这是一个不太好设置的数值，因为每台服务器内存的大小和服务群体都不相同，但有一点是可以肯定的，就是缓存设置越大，对于提高客户端的访问速度就越有利。究竟配置多少合适呢？如果设置过大可能导致服务器的整体性能下降，设置太小客户端访问速度又得不到实质性的提高。在这里，建议根据服务器提供的功能而定。如果服务器只是用作代理服务器，平时只是共享上网用的话，可以把缓存设置为实际内存的一半甚至更多(视内存总容量而定)。如果服务器本身还提供其他较多的服务，那么缓存的设置最好不要超过实际内存的三分之一。

使用 cache_mem 字段来设置内存缓冲区的大小，如下所示。

```
cache_mem 512 MB
```

13.3.4 Squid 磁盘缓存

cache_dir 字段是用来告诉 Squid 以何种方式存储 cache 文件到磁盘的什么位置。它是主配置文件 squid.conf 中最重要的字段之一。该字段是否合理直接影响 Squid 代理服务器的性能。cache_dir 字段后面跟的参数较多，格式如下。

```
cache_dir 存储机制  目录  目录大小  L1  L2
```

存储机制：Squid 支持许多不同的存储机制。例如 ufs、aufs、diskd 等，默认情况使用的是 ufs。

目录：这里指的是在硬盘上设置的缓存目录，Squid 会将 cache(缓存)文件存放在这个目录下。当客户端访问网站的时候，Squid 会从自己的缓存目录中查找客户端请求的文件。可以选择任意分区作为硬盘缓存目录，最好选择较大的分区，例如/usr 或/var 等。建议使用单独的分区，可以选择闲置的硬盘，将其分区后挂在/cache 目录下，然后在配置文件中添加一行，如下所示。

```
cache_dir ufs  /cache  目录大小  L1  L2
```

目录大小：目录大小即设置缓存目录的容量。

L1：设置一级目录的数量。默认值是 16。

L2：设置二级目录的数量。默认值是 256。

定义这些子目录可以加速查找缓存文件的速度，如图 13.3 所示。

【例 13.1】 设置/var/spool/squid 为硬盘缓存目录，目录大小设置为 4096MB，L1 为 16，L2 为 256。

```
cache_dir ufs /var/spool/squid 4096 16 256
```

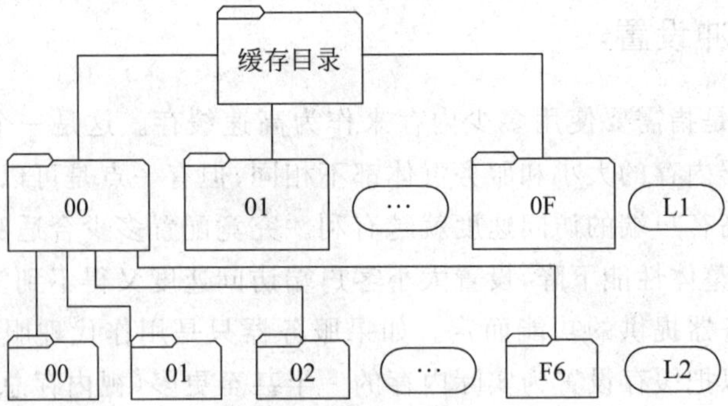

图 13.3 缓存目录结构

13.3.5 设置缓存日志

缓存日志记录有关状态性和调试性的消息。如果 Squid 运行失败了,答案也许会出现在 cache.log 文件的结尾处。当 Squid 运行的时候,可以关注该日志文件。

缓存日志通过 cache_log 字段设置,如下所示。

```
cache_log /var/log/squid/cache.log
```

13.3.6 设置访问日志文件

访问日志用于记录客户端的请求,这些日志记录用户访问 Internet 的详细信息,通过查看访问日志可以知道客户端的上网记录,起到监控的作用。

访问日志通过 cache_access_log 字段设置,如下所示。

```
cache_access_log /var/log/squid/access.log
```

13.3.7 设置网页缓存日志

网页缓存日志记录了缓存中存储对象的相关信息,例如存储对象的大小、存储时间、过期时间等。

网页缓存日志通过 cache_store_log 字段设置,如下所示。

```
cache_store_log /var/log/squid/store.log
```

13.3.8 设置 Squid 的拥有者

cache_effective_user 字段设置 Squid 的拥有者,默认情况下使用 squid 用户来供 Squid 服务使用。如果系统没有 squid 这个用户,则最好自行建立,或者更换其他权限较小的用户,如 nobady 用户,如下所示。

```
cache_effective_user nobady
```

13.3.9 设置 Squid 所属组

cache_effective_group 字段设置 Squid 的所属组。和 cache_effective 字段一样，默认情况下使用 squid 组来供 Squid 服务使用，也可以自行更换，如下所示。

```
cache_effective_group nobady
```

13.3.10 设置 DNS 服务器地址

dns_nameservers 字段可以设置 DNS 服务器地址，使 Squid 服务器可以解析域名，如下所示。

```
dns_nameservers 202.106.1.25
```

13.3.11 设置 Squid 可见主机名

visible_hostname 字段用来帮助 Squid 得知当前的主机名。如果不设置此项，在启动 Squid 的时候就会出现"FATAL: Could not determine fully qualified hostname. Please set 'visible_hostname'"这样的提示。可以使用 IP 地址来设置此项，如下所示。

```
visible_hostname 10.20.20.30
```

13.3.12 设置管理员 E-mail 地址

建议设置管理员的 E-mail 地址。当客户端出现问题的时候，管理员的 E-mail 地址会出现在网页提示中，这样用户就可以写信给管理员来告知发生的事情。

使用 cache_mgr 字段设置管理员 E-mail 地址，如下所示。

```
cache_mgr root@local.com
```

13.3.13 设置访问控制列表

访问控制列表可以过滤进出代理服务器的数据。过滤的方法是使用 acl 字段定义一个列表，然后使用 http_access 字段设置是否允许列表中对象的请求。使用访问控制列表可以灵活控制用户的上网情况，包括可以访问哪些网站，什么时间段可以上网等。在这之前，必须要清楚 acl 和 http_access 两个重要字段的用法，下面就逐一进行介绍。

1. acl

acl 字段用来定义一张列表，使用方法如下。

```
acl 列表名 列表类型 列表值
```

列表名：列表名就是列表的名称，完全是自己定义的。它是用于区分其他列表的标识。最好选择容易看出列表功能的名字，以便于管理，例如 ALL、MyGroup 和 client 等。

列表类型：Squid支持的列表类型多种多样，可以通过IP地址、MAC地址、域名、端口，甚至是用户/密码等来控制用户的访问行为。表13.1为常用Squid列表类型。

表13.1 常用Squid列表类型

列表类型	说明
src	通过源IP地址限制访问
dst	通过目的IP地址限制访问
srcdomain	通过源域名限制访问
dstdomain	通过目的域名限制访问
port	通过端口号限制对代理服务器的访问
url_regex	通过匹配URL规则表达式限制访问
urlpath_regex	和rul_regex类似，不同的是可以不包含传输协议，主机名不包含在匹配条件里，因此某些类型的检测非常容易
maxcom	来自客户IP地址的大量的同时连接数
time	控制基于时间的访问

列表值：对于不同的列表类型，列表值的内容也是不同的。例如，对于src类型的列表类型，列表值的内容是某个主机的IP地址或某个网段。

2. http_access

http_access字段用于控制允许或禁止acl列表所定义的内容。

其使用方法如下：

```
http_access allowd | deny 列表名
```

默认情况下配置文件拒绝所有的客户访问，所以为了使所有的客户端能够使用代理服务器上网，最简单的方法就是定义一个包含所有客户端的acl列表，然后使用http_access字段允许该列表访问，如下所示。

```
acl all src 0.0.0.0/0.0.0.0
http_access allow all
```

注意：如使用多个http_access字段需要注意先后顺序的问题。Squid是按照顺序读取访问控制列表的。所以若顺序放置不合理，则可能导致出现问题。

13.3.14 Squid代理服务应用案例

通过对以上字段的设置，Squid代理服务器基本可以工作了。下面以一个最为基本的案例进行配置。

【例13.2】 如图13.4所示，公司内部网络采用192.168.1.0/24网段的IP地址，所有的主机通过代理服务器接入互联网。代理服务器配有两块以太网卡，其中eth0用于连接内网，IP地址为192.168.1.254。eth1接外网，IP地址为自动获得。代理服务器仅用于代理服务，并不作为其他服务器用，内存大小为1GB，硬盘采用SCSI硬盘，容量为200GB。由于目前公司规模不大，客户端数量并不多，管理员使用10GB作为硬盘缓存。除此之外，要求所有主机都可以上网。

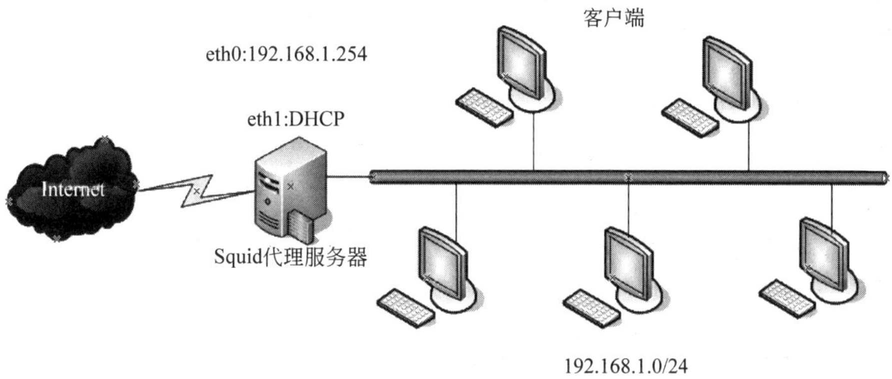

图 13.4 Squid 搭建拓扑结构

分析：这是一个最为基本的Squid配置案例。对于小型企业而言，类似这种接入互联网的方法经常用到。通过这种方法可以在一定程度上加速浏览网页的速度，而且可以很好地监控员工上网的情况。对于本案例，首先要做的是配置好Squid服务器上的两块网卡，并且开启路由功能；其次是对主配置文件squid.conf进行修改，设置内存、硬盘缓存、日志以及访问控制列表等字段；然后重新启动Squid服务器。在此，仅介绍服务器端配置，客户端配置请参考13.5节。

1. 配置网卡，并开启路由功能

```
#设置 eth0 的 IP 地址为 192.168.1.254
[root@zhou~]#ifconfig eth0 192.168.1.254
#设置 eth1 为自动获得 IP 地址
[root@zhou~]#ifconfig eth1 dhcp
#打开内核的路由功能
[root@zhou~]#echo "1" >/proc/sys/net/ipv4/ip_forward
```

2. 编辑主配置文件 squid.conf

```
[root@zhou~]#vi /etc/squid/squid.conf
#仅监听来自内网的 http 请求,在 192.168.1.254 上的 8080 端口监听 HTTP 请求
http_port 192.168.1.254:8080
#使用 512MB 内存作为高速缓存
cache_mem 512MB
#设置硬盘缓存大小为 10GB、目录为/var/spool/squid,一级子目录 16 个,二级字目录 256 个
cache_dir ufs /var/spool/squid 10240 16 256
#设置缓存日志
cache_log /var/log/squid/cache.log
#设置访问日志
```

```
cache_access_log /var/log/squid/access.log
#设置网页缓存日志
cache_store_log /var/log/squid/store.log
#设置 Squid 进程所有者
cache_effective_user squid
#设置 Squid 进程所属组
cache_effective_group squid
#设置 DNS 服务器地址
dns_nameservers 202.106.0.20
#设置 Squid 可见主机
visible_hostname 192.168.1.254
#设置管理员 E-mail 地址
cache_mgr root@local.com
#定义访问控制列表 all,该表的内容为所有客户端
acl all src 0.0.0.0/0.0.0.0
#允许所有客户访问
http_access allow all
```

3. 初始化 Squid

```
[root@zhou~]#squid -z
2014/03/03 14:01:05| Creating Swap Directories
```

4. 启动 Squid 服务

```
[root@zhou~]#service squid start
Starting squid: .                          [ OK ]
```

通过以上操作，服务器端基本配置完成，只需要在客户端进行设置即可实现所有客户端通过代理。

13.4 Squid 服务器高级配置

13.4.1 代理服务器用户访问控制

代理服务器需要对使用用户进行限制。如果让所有用户使用代理服务器，则会增加代理服务器负担，造成安全隐患。所以，通常在配置 Squid 服务器时，需要进行相应的访问控制设置。一般使用 acl 与 http_access 字段。默认情况下，Squid 已经做了相应的配置，管理员可以根据需要进行修改。

1. 访问控制配置方法

(1) 设置 acl 名称

```
acl 名称 类型 IP或者端口
```

(2) 设定 http_access 字段

```
http_access allow/deny acl 名称
```

2. 配置实例

【例 13.3】 禁止地址 1.2.2.1 的客户端上网。

```
acl client01 src 1.2.2.1
http_access deny client01
```

【例 13.4】 禁止 10.0.0.0/8 网段客户端上网。

```
acl client02 src 10.0.0.0/8
http_access deny client02
```

【例 13.5】 禁止来自.computers.com 域的客户端上网。

```
acl baddomain srcdomain .computers.com
http_access deny baddomain
```

【例 13.6】 限制所有员工只能在周一到周五的 8～17 点上网。

```
acl all src 0.0.0.0/0.0.0.0
acl managetime time MTWHF 8:00-17:00
http_access allow client02 managetime
```

time 列表类型允许控制基于时间的访问，可以设置星期和每天的具体时间，星期用大写字母表示，如表 13.2 所示。

表 13.2 星期对应表

字母代码	星期	字母代码	星期
S	星期天(Sunday)	H	星期四(Thursday)
M	星期一(Monday)	F	星期五(Friday)
T	星期二(Tuesday)	A	星期六(Saturday)
W	星期三(Wednesday)		

【例 13.7】 屏蔽 www.123hao.com 站点。

```
acl badsite src dstdomain -i www.123hao.com
http_access deny badsite
```

【例 13.8】 屏蔽所有包含“sex”的 URL。

```
acl sex src url_regex -i sex
http_access deny sex
```

【例 13.9】 限制 192.168.1.0/24 网段的客户端并发的最大连接数为 3。

```
acl client03 src 192.168.1.0/24
acl max maxconn 3
```

```
http_access deny client03 max
```

【例 13.10】 禁止用户访问 22 23 25 53 110 119 危险端口。

```
acl dangerous_port port 22 23 25 53 110 119
http_access deny dangerous_port
```

或者

```
acl dangerous_port port 22
acl dangerous_port port 23
acl dangerous_port port 25
acl dangerous_port port 53
acl dangerous_port port 110
acl dangerous_port port 119
http_access deny dangerous_port
```

假如不确定哪些端口具有危险性，也可以采取更为保守的方法，只允许访问安全的端口。默认的 squid.conf 包含以下安全端口 ACL，如下所示。

```
acl safe_ports port 80              #http
acl safe_ports port 21              #ftp
acl safe_ports port 443 563         #https、snews
acl safe_ports port 70              #gopher
acl safe_ports port 210             #wais
acl safe_ports port 1025-65535      #unregistered ports
acl safe_ports port 280             #http-mgmt
acl safe_ports port 488             #gss-http
acl safe_ports port 591             #filemaker
acl safe_ports port 777             #multiling http
http_access deny !safe_ports
```

http_access deny !safe_ports 表示拒绝所有非 safe_ports 列表中的端口。这样设置可使系统的安全性得到进一步的保障。“!”表示取反。

13.4.2 实现透明代理

Squid 代理服务器配置完毕后，客户机需要指定代理服务器地址，才可以正常访问 Internet，这无疑增加了客户机维护的难度。实际上，Squid 支持透明代理的功能，客户机不需要进行特殊设置，便可以直接浏览互联网信息。

1. 路由及防火墙设置

(1) 启用 IP 转发

```
[root@zhou~]#echo 1 >/proc/sys/net/ipv4/ip_forward
```

(2) nat

```
[root@zhou~]#iptables -t nat -A POSTROUTING -s 172.28.0.0/16 -o eth0 -j
SNAT --to x.x.x.x
```

客户端只需将自己的网关设置为这些命令就实现了让内网计算机上网的目的。如果想用代理服务器提供FTTP的缓存功能，可进行以下修改。

2. 修改 squid.conf

```
[root@zhou~]#cd /etc/squid
[root@zhou Squid]#vi squid.conf
```

字段修改如下：

```
http_port 80
cache_mem 80 MB
http_access allow all
httpd_accel_host virtual
httpd_accel_port 80
httpd_accel_with_proxy on
httpd_accel_user_host_header on
```

3. 运行 squid

```
[root@zhou~]#service squid restart
```

13.4.3 实现透明代理加速

配置 Squid 的配置文件，使其支持 httpd 加速器工作方式。

1. 编辑 squid.conf 文件

增加以下内容：

```
http_port 80                                    (1)
icp_port 0
acl QUERY urlpath_regex cgi -bin?
no_cache deny QUERY
cache_mem 16 MB
cache_dir ufs /tmp 256 16 256                   (2)
log_icp_gqeries off
buffered_logs on
emulate_httpd_log on
redirect_rewrites_host_header off
half_closed_clients of
acl all src 0.0.0.0/0.0.0.0
http_access allow all
cache_mgr admin
cache_effective_user squid
cache_effective_group squid
httpd_accel_host 210.51.0.124                   (3)
httpd_accel_port 81
```

(1) http_port 指定 Squit 监听浏览器客户请求的端口号 80。

(2) cache_dir 设定使用的存储系统类型。一般情况下应该是 ufs，目录应该是/tmp。在该目录下使用缓冲值为 256MB。允许在/tmp 下创建的第一级子目录数为 16，每个第一级子目录下可以创建的第二级子目录数为 256。

(3) httpd_accel_host 和 httpd_accel_port 定义了真正的 Web 服务器的主机名和端口号。在本例配置中，真正的 HTTP 服务器运行在 IP 地址为 210.51.0.124 的主机上，运行端口为 81。

2. 修改 httpd.conf

设置 Apache 很简单，只要把 httpd 监听端口设置为 81 就可以了，然后重启 Apache。

3. 重启 Squid 服务

重启 Squid 服务。现在的 Web 网站已经使用了 Squid 的 HTTP 加速工作模式，可以通过 Squid 的 Log 日记看到运行情况。

13.5 Squid 代理客户端配置

13.5.1 Linux 客户端配置

Linux 系统自带的浏览器为 Mozilla Firefox，下面以该浏览器为例讲解客户端配置。

(1) 打开浏览器，选择 Edit 菜单中的 Preferences 命令，如图 13.5 所示。

图 13.5 Linux 客户端配置

(2) 在 General 菜单中选择 Connection Settings 选项，如图 13.6 所示。

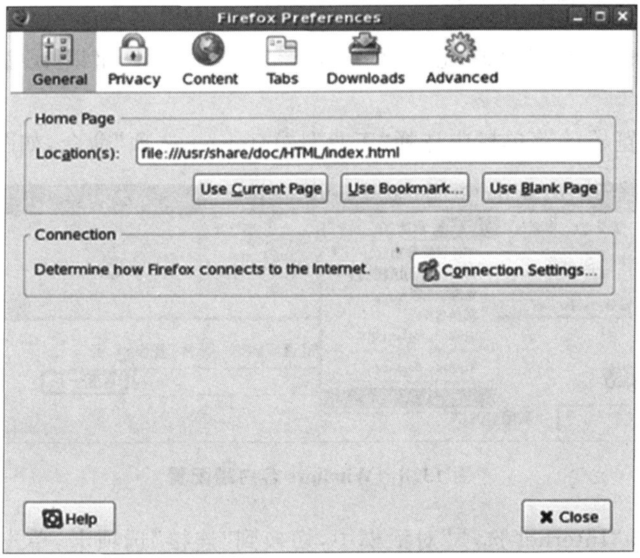

图 13.6　Linux 客户端配置

(3) 选中 Manual proxy configuration 单选按钮，手工配置代理服务设置。在 HTTP Proxy 右边的地址栏填写代理服务器的 IP 地址和相应的端口号，然后单击 OK 按钮完成设置，如图 13.7 所示。

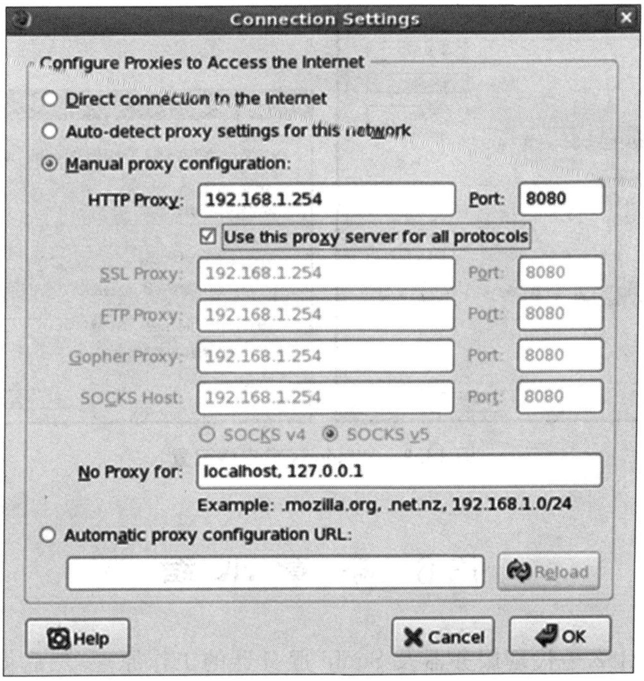

图 13.7　Linux 客户端配置

13.5.2 Windows 客户端配置

Windows 系统中的客户端配置和 Linux 系统类似，下面以 IE 浏览器为例进行讲解。

(1) 在 IE 浏览器的菜单栏中选择“工具”|“Internet 选项”命令，如图 13.8 所示。

图 13.8 Windows 客户端配置

(2) 在打开的“Internet 选项”对话框中，切换到“连接”选项卡，单击“局域网设置”按钮，弹出“局域网(LAN)设置”对话框。在地址栏中填写代理服务器的 IP 地址和相应的端口号，然后单击“确定”按钮即可，如图 13.9 所示。

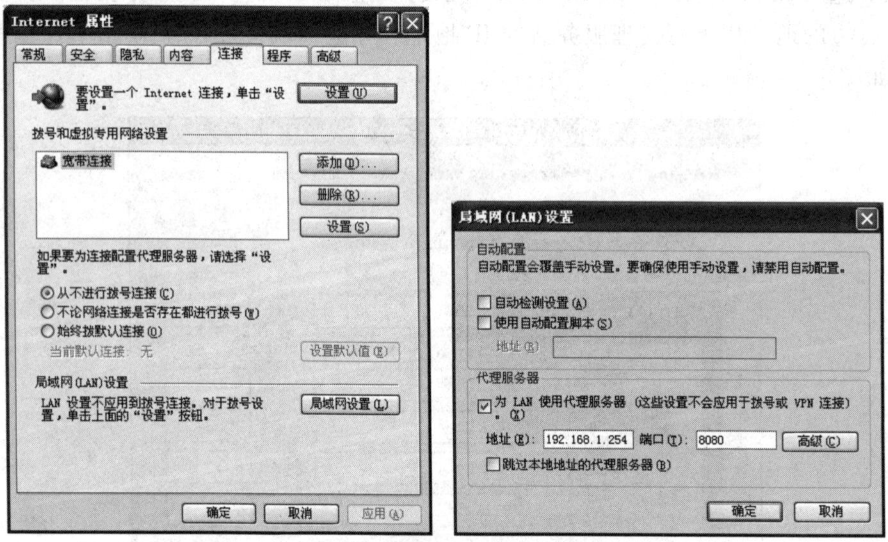

图 13.9 Windows 客户端配置

13.6 本章小结

本章介绍了什么是代理服务器及 Squid 服务器的工作原理，然后简单介绍了 Squid 的安装、启动及相关操作，重点是 Squid 常规服务器配置和高级配置，最后分别介绍了 Linux 和 Windows 客户端测试。

13.7 本章习题

1. 建虚拟目录

建立一个名为 text1 的虚拟目录,完成以下设置:

(1) 虚拟目录对实际目录为/eng/www。

(2) 将虚拟目录设置为允许 192.168.1.0/24 网段的客户访问。

2. 建立代理服务器,并完成以下任务

(1) 设置 Squid 监听的 IP 地址和端口号为 192.168.1.125:8080。

(2) 设置内存缓冲大小为 256MB。

(3) 设置硬盘缓存为 9000MB。

(4) 设置 Squid 进程的所有者和所属组为 squid。

(5) 设置缓存日志为/var/log/squid/cache.log。

(6) 设置访问日志为/var/log/squid/access.log。

(7) 设置网页缓存日志为/var/log/squid/stor.log。

(8) 设置 DNS 服务器为 192.168.1.1。

(9) 设置 Squid 可见主机名为 192.168.125。

(10) 设置管理员 E-mail 地址为 root@test1.org。

(11) 设置访问控制列表,允许所有客户端通过代理服务器上网。

13.8 本章实训

某学校内部网络采用 192.168.1.0/24 网段的 IP 地址,所有的主机通过代理服务器接入互联网。代理服务器配有两块以太网卡,其中 eth0 用于连接内网,IP 地址为 192.168.1.200。eth1 接外网,IP 地址为自动获得。代理服务器仅用于代理服务,不作为其他服务器用,内存大小为 2GB。硬盘采用 SCSI 硬盘,容量为 400GB。由于目前学校规模不大,客户端数量不多,管理员使用 20GB 作为硬盘缓存。除此之外,要求所有主机都可以上网。

请参考例 13.2 进行服务器和客户端配置和调试。

参 考 文 献

1 周奇. Linux 系统网络服务器组建、配置和管理实训教程. 北京：清华大学出版社，2009.

2 何世晓. Linux 系统管理师. 北京：机械工业出版社，2009.

3 易著梁. Linux 操作系统教程与实训. 北京：北京大学出版社，2008.

4 (美)Michael Jang 著. 红帽 Linux 9 从入门到精通. 邱仲潘译. 北京：电子工业出版社，2003.

5 郝维联. Linux 服务器配置实训教程. 北京：机械工业出版社，2009.